国家自然科学基金项目"康滇地轴粗粒晶质铀矿标型矿物学特征及形成机理"
成都理工大学珠峰科学研究计划项目"青藏高原东缘热液铀成矿机理"
四川省应用基础研究项目"四川冕宁—会理新元古代铀成矿规律研究"

康滇地轴新元古代铀成矿作用

徐争启 宋 昊 尹明辉 等 著

科学出版社

北 京

内 容 简 介

铀矿资源在康滇地轴广泛分布，且铀矿化类型丰富，有花岗岩型铀矿、火山岩型铀矿、砂岩型铀矿、碳硅泥岩型铀矿、变质岩型铀矿等，尤以变质岩型铀矿更为重要。近年来在扬子地台西南缘康滇地轴先后发现了一系列产于元古宙地层中的铀矿（化）。根据铀矿赋存地层和岩性，产于元古宙地层中的铀矿可以分为四种类型：①产于混合岩中的粗粒晶质铀矿及特富铀矿；②产于浅变质沉积岩中的铀矿；③产于变钠质火山岩中的铀矿；④产于苏雄组火山岩中的铀矿。通过晶质铀矿测年并结合前人研究结果，发现除产于苏雄组火山岩中的铀矿形成于中生代之外，其他三类铀矿化形成于830～700Ma，属于新元古代铀成矿。本书详细研究了四类产于新元古代地层中的铀矿特征，分析了铀矿成因，总结了新元古代铀成矿规律，揭示了新元古代铀成矿作用，填补了我国新元古代铀成矿理论的空白，为我国新元古代铀矿找矿提供了指导，具有十分重要的理论意义和实践指导意义。

本书可供地质矿产勘查专业的学生、铀矿勘查研究方面的专家学者使用。

图书在版编目（CIP）数据

康滇地轴新元古代铀成矿作用/徐争启等著. —北京：科学出版社，2023.5

ISBN 978-7-03-076394-5

Ⅰ. ①康… Ⅱ. ①徐… Ⅲ. ①康滇古陆－新元古代－铀矿床－成矿作用 Ⅳ. ①P619.14

中国国家版本馆 CIP 数据核字（2023）第 178677 号

责任编辑：罗 莉/责任校对：彭 映
责任印制：罗 科/封面设计：墨创文化

科学出版社 出版
北京东黄城根北街 16 号
邮政编码：100717
http://www.sciencep.com

四川煤田地质制图印务有限责任公司印刷
科学出版社发行 各地新华书店经销

*

2023 年 5 月第 一 版 开本：787×1092 1/16
2023 年 5 月第一次印刷 印张：14 1/2
字数：380 000

定价：249.00 元
（如有印装质量问题，我社负责调换）

本书作者名单

徐争启　　宋　昊　　尹明辉　　陈友良

张成江　　姚　建　　王凤岗

前　言

康滇地轴北起四川康定，南抵云南红河，南北长约 785km。金河-程海断裂为其西界，甘洛-小江断裂为其东界，面积约为 118000km²。大地构造位置位于扬子地台西南缘，西与三江褶皱系相邻，北与松潘-甘孜褶皱带相依，东南与昆明凹陷相连，是扬子地台西南缘相对较为稳定的地块，是我国前寒武纪地层的主要分布区之一。康滇地轴地质构造复杂，经历了多次构造运动，形成了大量的矿产资源，是我国重要的多金属成矿区带，也是重要的铀成矿带。

自 20 世纪 50 年代以来，经过 60 余年的勘查与研究，在康滇地轴发现了上百个铀矿化点，铀矿化类型丰富。前人在铀矿化点上做了大量的地质调查和研究工作，取得了较多的基础资料和认识。2008 年以来，在中国核工业地质局连续资助和国家自然科学基金项目"康滇地轴粗粒晶质铀矿标型矿物学特征及形成机理"、成都理工大学珠峰科学研究计划项目"青藏高原东缘热液铀成矿机理"、四川省应用基础研究项目"四川冕宁—会理新元古代铀成矿规律研究"等项目的大力支持下，本研究团队在康滇地轴铀矿科学研究和成矿理论方面取得了重要进展：在康滇地轴发现了以粗粒晶质铀矿为代表的特富铀矿，研究了粗粒晶质铀矿的矿物学特征和成因机理，发现了新元古代铀成矿事件，提出了新元古代铀成矿分带规律，深入研究了新元古代铀成矿作用，揭示了新元古代铀成矿规律，构建了新元古代铀成矿理论，填补了国内外新元古代铀成矿领域的空白，具有重要的理论意义和实践指导意义。

本书是对本研究团队在康滇地轴 10 多年来研究工作的总结和提炼，为康滇地轴铀成矿规律及铀矿找矿提供科学依据。本书是团队集体智慧的结晶，由项目组成员分工合作完成，徐争启负责统筹思路及提纲，并撰写前言、第 1 章、第 6 章、第 8 章，徐争启、姚建撰写第 2 章，徐争启、尹明辉、陈友良、张成江撰写第 3 章，宋昊撰写第 4 章，徐争启、尹明辉撰写第 5 章，徐争启、王凤岗、张成江撰写第 7 章。研究生李涛、李应财参与了第 5 章的撰写，田建民参与了第 6 章的撰写。全书由徐争启统稿。在项目实施和本书撰写过程中，得到了成都理工大学倪师军教授、李巨初教授的悉心指导和大力支持，得到了国家自然科学基金委员会、四川省科学技术厅、中国核工业地质局、核工业二八〇研究所、核工业北京地质研究院、四川核工业地质局二八一大队、云南核工业二〇九大队，以及成都理工大学科学技术发展研究院、珠峰科学研究计划办公室、地球科学学院领导的大力支持。成都理工大学部分研究生和本科生以及核工业二八〇研究所和核工业北京地质研究院多位技术人员参与了项目的部分研究工作。本书引用了大量前人的研究资料和成果。在此一并表示感谢！

由于研究工作程度和水平有限，本书仍有许多不足之处，敬请各位读者批评指正！

目　　录

第1章 绪 论

1.1 研究区概况

1.1.1 地理位置

康滇地轴北起四川康定，南抵云南红河，南北长约785km。金河-程海断裂为其西界，甘洛-小江断裂为其东界，面积约为118000km²。本书涉及的重点研究区主要为康滇地轴中段到中南段，北起四川汉源，经过米易、攀枝花大田、会理、会东，到云南牟定、武定、东川、易门，最南端到大红山。

1.1.2 自然地理经济条件

研究区跨度大，位于中国东部地台区和西部地槽区分界部位、太平洋构造域与特提斯构造域交接部，地处川西南横断山系东缘。

北部凉山州一带地势西北高、东南低，山脉多呈南北走向，岭谷相同，从东至西主要有小凉山、大凉山、小相岭、螺髻山、牦牛山、银屏山、柏林山、鲁南山等山脉，分别属于大凉山山系、小相岭-鲁南山山系、大雪山山系；境内以山地、高原为主，面积占全州辖区面积的90%以上，丘陵、盆地、平原面积占比不到10%。

凉山州属亚热带季风气候，气温日较差大、年较差小，冬无严寒，夏无酷暑，干湿季分明，立体气候显著。全州大部分地区四季不明显，冬暖夏凉，干季日照时间长。1981～2020年全州年平均气温为10.6～19.2℃，平均值为14.6℃；年均日照时数为1038.0～2611.4h，平均值为1981.8h。境内最热月为7月，平均气温为21℃，最冷月为1月，平均气温为6.3℃。凉山州府西昌城区海拔1510m，年平均气温为17.5℃。全州年均降水量为748.5～1185.0mm，平均值为995.5mm，其水平分布为南部多于北部、东部多于西部。山区降水量具有垂直变化规律，最大降水高度位于海拔1800～3500m。金沙江干热河谷年均降水量为600mm左右，最大降水高度以上的年均降水量一般为1300～2000mm。

攀枝花市地处攀西裂谷中南段，属侵蚀、剥蚀中山丘陵、山原峡谷地貌，具有山高谷深、盆地交错分布的特点，地势由西北向东南倾斜，山脉走向近南北向，是大雪山的南延部分。攀枝花市属南亚热带-北温带的多种气候类型，被称为"南亚热带为基带的立体气候"，具有夏季长，四季不分明，而旱、雨季分明，昼夜温差大，气候干燥，降水量集中，日照长，太阳辐射强，蒸发量大，小气候复杂多样等特点。年平均气温是四川省年平均气温总热量最高的地区，无霜期在300天以上。

滇北到滇中地处云贵高原，西北高而东南低，大部分地区海拔为1500～2000m，一些山地可高于 3000m，如东缘乌蒙山、西缘哀牢山等。高原内部的河流多数均从中部向南北分流，分别注入长江和珠江水系，落差大，富水力资源。云南高原有大小湖泊近 40 个，湖水面积为 1066km²，年平均气温为 15～18℃，冬暖夏凉，有"四季如春"的美誉，年均降水量为 1000～1200mm。

研究区是多民族聚居区，以汉族、彝族为主。农业主要沿河谷、平坝分布，农作物主要有水稻、玉米、蔬菜等，安宁河谷被称为"农业硅谷"。烤烟是研究区的重要经济作物之一。热带水果种类多样，攀枝花的杧果、会理的石榴闻名全国。

研究区水力资源丰富。在金沙江、雅砻江等大江大河上修建了若干梯级电站，著名的有二滩电站、溪洛渡电站、向家坝电站、乌东德电站等。

研究区矿产资源丰富，磷、煤、盐、石膏等非金属及铜、锡、铅锌、铁等金属矿产分布广泛，亦是铀矿分布区。著名的矿产有攀枝花钒钛磁铁矿、会理拉拉铜矿、东川铜矿、大红山铜矿、个旧锡矿及攀枝花大田铀矿等。

1.2　康滇地轴铀矿调查和研究现状

20 世纪 60～70 年代，先后有中南二〇九队云南分队、四川省队、云南五队、云南九队、四川一队及改编后的六四〇团开展过找矿与勘查工作。他们运用多种物化探方法进行了区调、普查和揭露工作，发现有铀矿点 9 处、矿化点 64 处，放射性异常数以万计，尤以四川冕宁—会理段、云南东川段工作程度较高。

1965 年 11 月，四川一队在石棉县李子坪孟获城一带踏勘中首先发现 126 号异常，随后集中力量开展普查，发现了以 711 号异常为代表的 53 个异常点，其中异常带 7 条。从1966 年起，四川一队及以后的六四〇团，先后集中五个普查小队（连）、两个工程连和一个综合研究队，对 6 个矿化点进行普查揭露。

1973 年，六四〇团在冕宁西部的钾长花岗岩（简称冕西岩体）中，发现了节节马、旗杆山（7302）、石梯子（7303）等矿点，随即组织力量揭露大桥 7302 矿点。

在小相岭火山岩中，四川一队在汉源县进行普查时发现了三谷庄南山村矿点。1972～1980 年，对南山村矿点进行了揭露。

云南五队自 1969 年以来，先后对东川 114 号、115 号和宝成 104 号、19 号铀矿点进行了浅深部揭露，尤其是对云南建水县境内产于碱性花岗岩接触带中的普雄铀钍矿（代号 414）进行了大量的浅深部揭露工作。共投入钻硐探 2.71 万 m，其中钍工业储量为8376.7t，铌远景储量为 4018t，锆远景储量为 1.71 万 t。这是在康滇地轴发现的唯一一个中型铀钍矿床，成因类型属碱性岩气成-热液接触交代型。

云南省地质局十三地质队于 1976 年发现了青龙潭（7801）矿点，1978 年 3 月云南五队进行了揭露，只见到一般矿化。为探索康滇地轴中南段老地层铀成矿条件及远景，相继对 7801 矿化点和小冲—长岭岗地段进行了深部探索，并系统进行了综合区调。

1991 年，西南地质勘查局在昆明市召开了"康滇地轴铀成矿远景评价研讨会"。会议以康滇地轴攻关突破为主题，总结交流多年来康滇地轴铀矿地质科研成果，广泛讨论了铀成矿条件及远景、主攻类型、远景靶区、突破的途径和方法。会议认为：主要找矿地区在地轴中、南段,主攻方向是中、新元古界不整合型,兼顾碱交代型,初步归纳了找矿的主要地质判据。会议提出"研究环境,查明判据,攻深找盲,顽强实践"的指导原则,制定了区域研究、重点地区和深部探索 3 个层次的攻关方案,按照"模式—靶区—方法—验证"的思路开展找矿工作。

1992～1993 年云南省核工业二〇九大队在江川县前卫乡小冲地段和长岭岗地段进行不整合型铀矿的深部探索。在长岭岗地段仅见一个表内矿化孔和二级表外矿化孔,而小冲地段深部未见矿化,探索虽未取得良好的地质成果,但对康滇地轴不整合型铀矿的成矿条件有了进一步认识。

1990～1993 年,成都理工大学李巨初、王剑锋等承担了中国核工业集团有限公司"康滇地轴中南段铀(金、铜)矿床成矿条件研究"科研课题,研究了康滇地轴中南段的地质演化、主要铀成矿类型和成矿条件。

1992 年,胥德恩、陈友良研究了康滇地轴铀矿物的年龄及地质意义,提出康滇地轴沥青铀矿及晶质铀矿脉生成于晋宁运动之后,集中在澄江期、泥盆纪、印支—燕山三个造陆时期,铀矿化期都处于地壳拉张减压阶段,并伴有断块活动及岩浆活动。

1996 年,李巨初等探讨了康滇地轴中南段元古宙主要铀矿化类型及其成矿远景,将康滇地轴中南段元古宙主要铀矿化类型划分为四个主要类型七个亚类,初步总结了元古宙铀成矿的基本特征,提出铀矿化是晋宁—澄江运动的产物(960～600Ma),与该区同层位中铜矿化改造富集时期一致。

2007～2008 年,核工业二八〇研究所与成都理工大学合作研究了康滇地轴中南段铀矿找矿方向,重点研究了康滇地轴新元古代晋宁—澄江期罗迪尼亚(Rodinia)超大陆构造地质事件及其与铀成矿的关系,建议以晋宁—澄江期地质构造演化重大转折事件与铀多金属成矿的关系作为研究重点,将安宁河断裂带两侧杂岩——花岗岩体的混合-交代带作为铀资源勘查的重点探索地带。

2010～2011 年,核工业二八〇研究所与成都理工大学合作研究了康滇地轴中南段米易—元谋地区结晶基底岩系混合-交代作用与铀矿化,系统地研究了攀枝花大田 505 地区混合岩化特征;确定了与混合-交代作用有关的铀矿化类型和主要控制因素;初步研究和提出了米易垭口—海塔地区华力西晚期—印支早期花岗岩边缘韧-脆性剪切带铀成矿作用。

2012～2013 年,核工业二八〇研究所与成都理工大学合作研究了康滇地轴北段冕宁花岗岩型铀矿成因,认为区内铀矿化主要受构造、煌斑岩脉及热液蚀变三者综合控制,总结了区域铀成矿的时间及空间分布规律,区内脉岩型铀矿化成矿时代为喜马拉雅早期,在空间上铀矿化产在断裂构造、煌斑岩脉及热液蚀变联合控制的部位。

2007～2013 年,核工业二八〇研究所在康滇地轴先后开设了 3 个评价项目,即康滇地轴铀矿资源潜力评价、四川省米易—云南省元谋地区铀资源潜力评价、康滇地轴北段冕宁地区花岗岩型铀矿调查评价。

2014 年以来,核工业二八〇研究所在康滇地轴投入了大量工作,持续进行铀矿勘查工作,取得了新的认识,使得大田铀矿点发展成为一个小型铀矿床,并在北侧发现了新的铀矿化带。

2013～2014 年,成都理工大学围绕康滇地轴的热液铀矿成矿作用与找矿方向进行了深入研究，项目组在大田 505 地区对前人发现的富铀滚石进行了追索与研究，在核工业二八〇研究所施工的剥土上终于确定了原生露头，通过研究发现露头处的矿化岩石与前人发现的滚石具有相同的矿物学组合和微量元素特征，解决了前人长期未找到原生露头的困惑，并对构造与成矿的关系进行了初步研究。

2014～2015 年，成都理工大学张成江教授在康滇地轴米易海塔地区产于混合岩化片岩的石英脉中发现了大量稠密分布的巨粒状晶质铀矿，这是康滇地轴上首次发现的铀矿新类型；在攀枝花大田 505 地区施工的剥土中亦发现有富含晶质铀矿的原生露头；在云南牟定 1101 地区发现有富含晶质铀矿的硅化带，这些构成了康滇地轴中南段独具特色的产于混合岩中的特富铀矿。

2016～2017 年，成都理工大学与核工业二八〇研究所合作开展了康滇地轴中南段混合岩中特富铀矿成矿机制研究，通过对米易海塔、攀枝花大田、云南牟定典型矿床（点）进行系统解剖，从矿床形成的大陆动力学背景、混合岩的形成时代、铀成矿时代、后期成矿流体来源、岩浆演化与铀成矿的耦合关系等方面开展了较系统的研究，初步探讨了康滇地区混合岩型特富铀矿的形成机理。

2017～2018 年，核工业北京地质研究院与核工业二八〇研究所针对康滇地轴大颗粒晶质铀矿开展了针对性的研究，在研究过程中限定了铀成矿年龄，识别出了"晶质铀矿-榍石（金红石）-磷灰石"及"金红石-钛铀混合物-钛铀矿-晶质铀矿"两个矿化序列，认为矿化围岩虽然具有多样性，但在成因上具有统一性，并初步探讨了铀矿化成因。根据成矿时代及其对应的地质事件，认为铀成矿主要与晋宁—澄江期造山运动有关。

2018～2019 年，成都理工大学与核工业二八〇研究所合作开展了"康滇地轴新元古代铀成矿特征对比研究""康滇地轴新元古代构造-岩浆演化与成矿作用耦合关系研究"两个项目，就康滇地轴新元古代铀成矿作用进行了研究，按富矿岩性不同划分了 4 种铀成矿类型，并初步探讨了分带规律，对新元古代铀成矿规律进行了探讨，对构造-岩浆演化与新元古代铀成矿关系进行了探讨。

2018～2020 年，核工业北京地质研究院、核工业二八〇研究所和成都理工大学以康滇地轴中段前寒武纪混合岩中铀矿化为主要研究对象，基本查明了晋宁—澄江期花岗岩岩石岩相学及岩石地球化学特征，识别了不同地区深变质岩的变质作用及变质过程，总结了区域铀成矿规律，初步建立了"变质作用-岩浆活动-铀成矿"之间的耦合关系，预测了铀成矿远景区。此外，在项目执行过程中发现了新矿物 1 个，即海塔铀矿。

2020～2021 年，成都理工大学与核工业二八〇研究所合作开展了"康滇地轴新元古代铀成矿关键控矿因素研究"项目，就康滇地轴新元古代铀成矿关键控矿因素进行了研究，综合分析构造、钠交代和石墨与铀矿之间的耦合关系和控矿规律，初步分析新元古代不同类型铀矿化的动力学背景，并探讨了铀矿保存条件，对新元古代铀成矿规律进行了探讨。

2021～2022 年，核工业北京地质研究院、核工业二八〇研究所和成都理工大学针对康滇地轴中南段前寒武纪铀成矿环境开展了研究，初步识别出岛弧环境、陆缘弧及弧后伸展共三种构造环境，并系统论述了不同地质环境中铀成矿特征、控制因素，明确了不同地质环境中铀矿找矿方向，在综合分析的基础上筛选了可供开展下一步地质工作的远景区。

2020～2022 年，成都理工大学珠峰科学研究计划项目"青藏高原东缘热液铀成矿机理"开展了包括康滇地轴在内的青藏高原东缘热液铀矿成矿机理、控制因素研究，特别是从矿物学角度和地球化学角度进行了热液铀矿成因机理探讨。

此外，四川省核工业地质局二八一大队、云南省核工业二〇九大队等单位，也在康滇地轴进行了大量的调查和研究工作。

在上述工作过程中，对康滇地轴铀矿成矿规律取得了诸多新的认识。本书正是成都理工大学铀矿地质研究团队在康滇地轴十多年来的工作基础上，在国家自然科学基金项目"康滇地轴粗粒晶质铀矿标型矿物特征及形成机理"（41872079）、"康滇地轴中南段新元古代钠长岩型铀矿成矿机理研究"（42072096）、四川省应用基础研究项目"四川冕宁—攀枝花地区新元古代铀成矿作用及成矿机理研究"（2020YJ0361）、成都理工大学珠峰科学研究计划"青藏高原东缘热液铀成矿机理"（2020ZF11413）、中国核工业地质局项目"康滇地轴新元古代铀成矿控矿因素及就位机理"（202137-3）等项目支持下进行综合研究而成，目的是为相关生产和科研单位在康滇地轴进行铀矿勘查，特别是为新元古代铀矿找矿提供参考，也为我国新元古代铀成矿理论进行探索提供依据。

1.3 研 究 意 义

铀资源是一种重要的战略资源，也是重要的清洁能源矿产，在国防安全和能源安全领域具有举足轻重的地位，特别是对实现"碳达峰、碳中和"的目标，必须有包括铀资源在内的清洁能源的替代（薛力，2008；段宏波和汪寿阳，2019；邹才能等，2021），因此铀资源成为我国今后社会经济发展中不可或缺的能源资源。经过 60 多年的工作，我国铀矿科研和找矿均取得了重要进展，根据赋矿岩性明确提出了我国的主要铀矿类型以砂岩型铀矿、花岗岩型铀矿、火山岩型铀矿、碳硅泥岩型铀矿、变质岩型铀矿等类型为主，在矿床类型、矿床成因、成矿规律等方面取得了众多成果（杜乐天和王玉明，1984；余达淦，1992；金景福等，1992；胡瑞忠等，2004，2019；李子颖等，1999，2021；聂逢君等，2007，2021；赵凤民，2009，2012；秦明宽等，2009，2017；张金带，2012；漆富成等，2012a，2012b；巫建华等，2017；徐争启等，2017a，2019a；宋昊等，2019；祁家明等，2020；张龙等，2020；涂颖等，2022）。特别是在北方砂岩型铀矿成矿理论和成矿模式方面取得了重要进展，找矿取得重大突破，使得我国砂岩型铀矿一跃成为资源量占比最大的铀矿类型（秦明宽等，2009，2017；聂逢君等，2007，2021；张金带，2012；李子颖等，2021）。同时，在南方硬岩型铀矿深部找矿亦取得了重要进展（祁家明等，2020；张龙等，2020），碳硅泥岩型铀矿找矿也取得了不少进展（赵凤民，2009，2012；漆富成等，2012a，2012b）。尽管取得了较多的研究成果，形成了多个铀资源基地，但在大力发展清洁能源的今天，我国铀资源量仍不能满足国家需求，而铀资源量的扩大需要科学的铀成矿理论进行支撑。

与其他金属矿产一样，铀矿分布也不是均匀的，在时空上有丛聚性。在空间上，全球铀资源主要分布在北美（加拿大和美国）、澳大利亚、中亚、非洲，我国铀资源主要分布在新疆、内蒙古、广东、江西、湖南、四川等地；在时间上，不同国家和地区铀矿形成时间分布规律有所不同，最早可以追溯到新太古代到古元古代。

在国际上，前人通过对不同时期铀资源量进行统计，认为铀成矿与不同地质时期的地质演化过程密切相关（Nash et al.，1981；Hutchinson and Blackwell，1984；Hazen et al.，2009；Cuney，2009，2010；Fayek et al.，2021）：第一个时期约在 4.5～3.1Ga，不具备铀成矿的条件；第二个时期约在 3.1～2.2Ga，出现少量铀矿床，以威特沃特斯兰德（Witwatersrand，南非）和布林德河（Blind River，加拿大）铀矿床为代表；第三个时期约在 2.2～0.45Ga，出现了许多新的铀矿床类型，包括不整合面相关型、岩浆岩型、火山岩型、钠交代型、脉状型、夕卡岩型和铁氧化物-铜-金（iron oxide-copper-gold，IOCG）矿床；第四个时期约从 0.45Ga 至今，以砂岩型铀矿为代表。从全球视角来看，1.1～0.7Ga 形成的铀资源量非常稀少（图 1-1）。

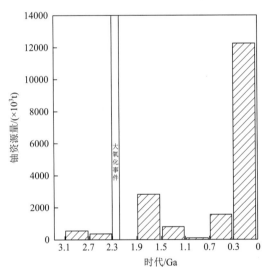

图 1-1　全球不同时期铀资源分布
［据 Cuney（2010）修改］

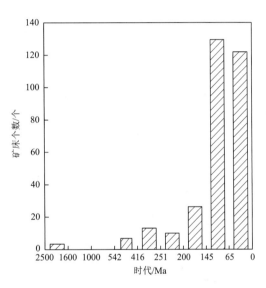

图 1-2　中国铀矿床成矿时代统计
［据蔡煜琦等（2015）修改］

如图 1-2 所示在中国，铀成矿作用最早发生在古元古代（2200～1800Ma），以连山关矿床、红石泉矿床为代表（Zhong and Guo，1988；吴迪等，2020；Zhong et al.，2020），铀成矿作用分布地区与钾质花岗岩及早期的混合岩化密切相关；早古生代（570～400Ma）铀成矿作用规模较大且类型较多，以陈家庄和光石沟矿床为代表（Yuan et al.，2019；Guo et al.，2021）；晚古生代（400～250Ma）铀成矿作用范围较广，以白杨河矿床以及达亮矿床为代表（衣龙升等，2016；徐争启等，2019a）；三叠纪（250～200Ma）的铀成矿作用相对较弱，以赛马碱性岩型为代表（Wu et al.，2016）；侏罗纪（200～135Ma）铀成矿作用较为发育且分布广泛；最主要的铀成矿期是自白垩纪以来（135Ma 至今），这与环太平洋构造带的活化和新特提斯洋构造带活动关系密切，以华南的花岗岩型铀矿、火山岩型铀矿和北方的超大型砂岩型铀矿为代表（蔡煜琦等，2015）。

Cuney（2010）总结的全球不同时代铀资源的分布情况表明全球铀资源主要集中在 0.3Ga 以后形成，而新元古代期间（1.0～0.7Ga）形成的铀资源较少（图 1-1）。值得注意的是，这与蔡煜琦等（2015）总结的中国铀矿床成矿时代成果一致（图1-2），表明1.0～0.7Ga铀成矿事件较少或缺失并非中国独有，而是一种全球现象。

从全球视角来看，前寒武系地层中铀矿不仅储量丰富且类型多样。例如，众所周知，南非威特沃特斯兰德盆地太古宙克拉通的古砾岩型铀矿（Minter，1977；Frimmel et al.，2014）、非洲产在杂岩体中的罗辛矿床（白岗岩型）（左立波等，2015）、产在古元古代高级变质岩及混合岩中的加拿大阿萨巴斯卡铀矿床（Jefferson et al.，2007；Mercadier et al.，2013）、产于太古宇-古元古界的塔秦群高级角闪岩相变质岩系班克罗夫特伟晶岩型铀矿床（Desbarats et al.，2016）、产于新元古代地层中的刚果（金）欣科洛布韦铀矿床（Frimmel et al.，2014）、产于中元古代与铁氧化物-铜-金（iron oxide-copper-gold，IOCG）相关的澳大利亚玛丽凯瑟琳铀矿床（McKay and Miezitis，2001）、产于太古宇-古元古界的变质杂岩与IOCG相关的澳大利亚奥林匹克坝铀矿床（Courtney-Davies et al.，2020），这类铀矿赋矿地层形成时代较老，矿石矿物主要为晶质铀矿和沥青铀矿，铀矿体形态以透镜体状居多，同时也有部分铀矿体在构造裂隙中以脉状产出，其中大部分为大型、超大型铀矿。

我国前寒武纪铀成矿不发育，特别是长期以来学界认为我国新元古代铀成矿作用较弱。经过数十年的研究，在我国北方的前寒武纪混合岩中相继发现了一些有工业意义的铀矿化，如形成年代较老的红石泉矿床（张诚和金景福，1987；尧宏福和张全傅，2017）以及辽东地区连山关矿床、弓长岭铁-铀矿床、六块地矿床、翁泉沟铁-硼-铀矿床（钟家蓉，1983；刘晓东等，2021），它们的含矿围岩无一例外均是前寒武系地层或高级变质岩，工业铀矿物是晶质铀矿或脉状沥青铀矿。此外，还有一类产于前寒武纪地层的伟晶岩铀矿床，如陈家庄、小花岔、光石沟、纸房沟伟晶岩型铀矿床（冯明月，1996），它们的特点是成矿时代较新，但是铀成矿作用与前寒武系混合岩地层关系密切。这几处铀矿化是我国与混合岩密切相关的铀矿化实例，其中最为典型的是辽东连山关地区和秦岭的丹凤地区铀矿床。

康滇地轴大地构造位置位于扬子地台西南缘，西与三江褶皱系相邻，北与松潘-甘孜褶皱带相依，东南与昆明凹陷相连，是扬子地台西南缘相对较为稳定的地块，是我国前寒武纪地层的主要出露区之一（图1-3）。由古元古代"结晶基底"、中元古代"褶皱基底"、新元古代—中新生代盖层组成，经历了三个大的构造旋回（潘杏南等，1987；周名魁和刘俨然，1988；Ran et al.，1995；耿元生等，2007）。康滇地轴地质构造复杂，经历了多次构造运动，形成了大量的矿产资源，是我国重要的成矿区带，分布有Cu、Pb、Zn、Au、Ag、Fe等多金属矿床，同时也分布有众多的铀矿点，是西南地区重要的铀成矿带。

康滇地轴是我国前寒武纪地层分布最为广泛的地区之一，岩石类型复杂，铀矿化类型多样，铀矿点（化）分布广泛。多年以来，多家地勘单位及高校包括成都理工大学、核工业北京地质研究院等在康滇地轴开展区调、普查和研究工作，获得了大量的地质资料，康滇地轴铀异常点带、矿化点星罗棋布，种类繁多，产出地质条件广泛，元素组合多样（李巨初等，1996；倪师军等，2014）。然而，由于康滇地轴所处的西南地区地壳厚度较大、沉积盖层厚度较大、地壳运动强烈、山高林密、地形陡峭，野外工作条件较差，目前尚未发现具有较高经济价值的铀矿床，呈现一种"只见星星，不见月亮"的状况（胥德恩，1992a；倪师军等，2014）。

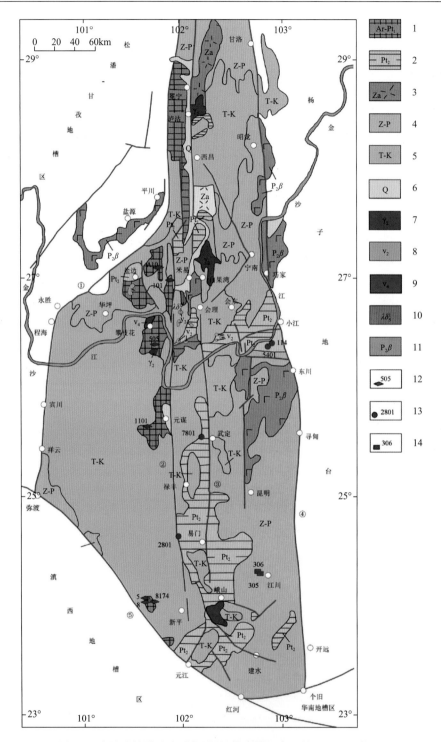

图 1-3　康滇地轴铀矿地质简图[据戴杰敏和朱西养（1992）修改]

1. 康定群、河口群、大红山群、苴林群；2. 会理群、昆阳群、盐边群、登相营群；3. 下震旦统火山岩；4. 新元古界-古生界地台型沉积；5. 中生界-新生界陆相盆地沉积；6. 第四系；7. 晋宁期花岗岩；8. 澄江期—晋宁期基性岩；9. 华力西期基性岩；10. 印支期石英闪长岩；11. 峨眉山玄武岩；12. 混合岩型铀矿点及编号；13. 碳硅泥岩型铀矿点及编号；14. 砂岩型铀矿点及编号；①箐河-程海断裂；②元谋-绿汁江断裂；③安宁河-易门断裂；④甘洛-小江断裂；⑤红河-元江断裂长期以来，由于新元古代铀矿床发现较少，广大铀矿科研工作者对新元古代铀成矿重视不够，研究程度相对较低。近年来，在中国核工业地质局项目、国家自然科学基金项目和四川省应用基础研究项目的支持下，成都理工大学及核工业二八〇研究所等单位在康滇地轴发现了多种类型的新元古代铀矿点，发现康滇地轴新元古代铀成矿类型复杂，矿床（点）分布较广，虽然尚未发现具有经济价值的中-大型铀矿床，但是晶质铀矿、沥青铀矿以及次生铀矿物较为常见，尤其是近几年在米易海塔、攀枝花大田、牟定戌街等多个地区的混合岩中发现了多处粗粒晶质铀矿（粒径一般为 5mm，大者可达 10mm）（张成江等，2015；徐争启等，2015，2017a，2019b；Yin et al.，2021；Xu et al.，2021），形成了以粗粒晶质铀矿为主的特富铀矿体（石）。同时在会理、会东地区发现有产于元古宇浅变质沉积岩中的铀矿点、产于变钠质火山岩中的铀矿点（如拉拉铜矿中的铀矿化）、产于新元古代苏雄组火山岩中的铀矿点，这为研究康滇地轴新元古代铀成矿作用提供了良好的研究条件和对象。

尽管前人做了大量的工作，但对于新元古代铀成矿作用的研究较为薄弱，对分布广泛的新元古代铀矿点的分布规律、成因机制、控矿因素等尚不清楚，严重制约了康滇地轴铀矿找矿工作的开展。因此，急需对康滇地轴新元古代铀成矿规律、成矿作用继续进行系统研究和总结，形成新元古代铀成矿理论，为我国铀矿科学研究提供重要的支撑。

基于上述背景和需要，本书在成都理工大学铀矿地质研究团队多个科研项目研究成果基础上，深入研究和总结康滇地轴新元古代不同类型铀矿化的基本特征、控矿因素及成矿规律，并结合罗迪尼亚（Rodinia）超大陆的聚合、裂解事件对康滇地轴铀成矿作用的影响，探讨康滇地轴新元古代铀成矿作用及动力学背景，建立新元古代铀成矿理论，为康滇地轴铀矿找矿提供指导。因而，本书具有十分重要的研究意义和价值。

第2章 区域地质背景

2.1 地层及含矿岩系

研究区位于特提斯-喜马拉雅与滨太平洋两大全球巨型构造域接合部位——扬子准地台西缘。区域内自新太古界以后各时代地层均有出露，主要地层组合有前震旦系、震旦系、寒武系、奥陶系、志留系、二叠系、三叠系、侏罗系、白垩系和新生界，以前震旦系的变质岩系和三叠至白垩系陆相沉积（红层）为主，其他时代的地层零星分布，区内前寒武纪地层基本发育完整（表2-1）。

根据前人的观点（潘杏南等，1987；周名魁和刘俨然，1988；Ran et al.，1995；耿元生等，2007），研究区的地层可以分为结晶基底、褶皱基底和盖层三大部分：古元古代以前的康定群构成结晶基底，古—中元古界大红山群、苴林群、河口群、昆阳群、会理群、盐边群构成褶皱基底；新元古界震旦系及古生界、中生界、新生界各系地层构成沉积盖层。

新太古界-古元古界康定群为一套古老变质岩系，其下部为中基性火山岩建造，中部为中酸性火山碎屑岩，上部为复理石建造，垂向上表现出一个巨大的火山-沉积旋回。古元古界（也有人认为地质时代属中元古代早期）大红山群（河口群）主要为一套细碧角斑岩建造。中元古界地层在东西部有一定的差异，西部盐边群存在海底火山喷发形成的蛇绿岩套，中东部昆阳群、会理群为一套巨厚的碳酸盐岩与细碎屑岩（含钠质火山岩）组成的复理石建造；东川区域内以麻塘-踩马水-菜子园断裂为界，北部为中元古界上部的会理群（自下而上分别为淌塘组、力马河组、凤山营组和天宝山组），其岩性为一套浅变质的细碎屑岩、变质碳酸盐岩夹少量变质火山岩及火山碎屑岩；褶皱基底河口群、昆阳群、会理群发育了一套早期为海相优地槽型具浊流沉积特征的远源火山混生沉积的岩石建造、晚期冒地槽型的浅-滨海相沉积的砂泥质-碳酸盐建造，经过会理运动和晋宁运动，结束了本区的地槽发展阶段。盖层为新元古界，盖层的沉积环境比较稳定，主要为陆表浅海相，间有部分陆缘海陆交互相或陆相碳酸盐岩；震旦系下部为粗粒碎屑岩和酸性火山岩，上部以细碎屑岩为主，顶部为碳酸盐岩。

其中，大部分地层已确定，部分依旧存在争议，如昆阳群出露于云南中部，主要为一套浅变质的陆源碎屑岩、碳酸盐岩及少量火山岩，厚度达万米。从出露情况看，该群以皎平-铜厂-杨武断裂为界划分为两部分：断裂以西，自下而上出露因民组、落雪组、鹅头厂组和绿汁江组；断裂以东，自下而上出露黄草岭组、黑山头组、大龙口组和美党组。东、西4组对比关系长期存在争议（王汝植等，1988；周名魁和刘俨然，1988；吴懋德和段锦荪，1990），有东4组在下的"正八"和东4组在上的"倒八"两种观点（李复汉等，1988；吴懋德和段锦荪，1990）。

表 2-1　区域前寒武纪岩石地层及含矿性简表

界	系	统	组	厚度/m	岩性	有关矿产
新元古界	震旦系		灯影组	200~1300	白云岩，条带状燧石白云岩，底部为紫红色页岩、粉砂岩、燧石层	铅锌矿、磷矿
			陡山沱组/观音崖组	0~178	陡山沱组为滨海相碎屑岩；观音崖组主要为碳酸盐岩	
			南沱组/列古六组	0~282	南沱组下部为冰碛砾岩，上部为紫红色砂、页岩；列古六组为紫红色粉砂岩、泥岩。与下伏地层不整合接触	
			开建桥组	2000~5700	酸性火山岩及火山碎屑岩	
			苏雄组	229~1173	中-基性夹少量酸性火山岩、火山碎屑岩。与下伏地层呈不整合接触	
	大营盘群			1600	板岩、千枚岩、砂岩、粉砂岩等	赤铁矿或菱铁矿
中元古界	昆阳群（会理群、盐边群、峨边群、元谋群）		美党组	8800	砂板岩，夹少量火山岩	铅锌矿，大龙口组似层状菱铁矿
			大龙口组		浅变质碳酸盐岩	
			富良棚组		浅变质的中、基性火山岩，火山碎屑岩和粉砂岩	
			黄草岭组		浅变质砂岩、粉砂岩、板岩、千枚岩。与下伏地层不整合接触	
	东川群		绿汁江组	>3300	灰黑、青灰色板岩和白云岩	铜
			鹅头厂组	>913	灰黑色板岩夹灰岩、白云岩和砂岩	
			落雪组	50~268	白云岩，局部夹板岩，含铜钴矿层	铜、钴
			因民组	>300	紫红色白云岩、板岩和砂砾岩	
古元古界	大红山群（河口群）		见后文第3章			铁、铜、金
	康定群		瓦斯沟组原岩主要为沉积碎屑岩、酸性火山岩、凝灰岩			
			泸定组斜长角闪岩、麻粒岩、变粒岩、闪长质混合岩、混合片麻岩、混合质石英闪长岩、云英闪长岩。原岩主要为拉斑玄武岩-钙碱性玄武岩，上部夹火山碎屑岩			
新太古界	哀牢山群		底巴都组/乌都坑组	>684/2887	混合岩、片岩、片麻岩及变粒岩/条带状混合岩、片岩、斜长片麻岩、大理岩	含金
			风港组	1415	斜长片麻岩、斜长角闪岩、变粒岩、浅粒岩及大理岩	
			阿龙组	4280	黑云斜长片麻岩、角闪岩、混合岩及变粒岩	
			小羊街组	>1067	石榴十字二云片岩、斜长片麻岩、角闪岩、混合岩	

注：据钱锦和和沈远仁（1990）修改。

通过跟踪近年来不同学者对大红山群、东川群、昆阳群等的研究成果（侯林等，2013；Zhao et al.，2010；Zhao and Zhou，2011；张传恒等，2007），重新梳理了研究区存在争议的前寒武系含矿层位（表 2-2），认为昆阳群（黄草岭组、黑山头组、大龙口组、美党组）与会理群同属于 1.1~0.9Ga 的沉积地层；东川群（含东川地区的东川群、汤丹群，滇中地区的下昆阳群、迤纳厂组等）虽然岩性组合与滇中地区昆阳群、会理群类似，变质程度均较低，但沉积时代为古元古代晚期至中元古代早期（朱华平等，2011；周邦国等，2013），与河口群、大红山群相同，应该属于同一时期（1.8～1.5Ga）不同沉积相的地层[古元古界（代）与中元古界（代）之间的界线年龄采用国际上的全球标准地层年龄1600Ma，下同]，因此河口群、大红山群同属于古元古代晚期大尺度的拉张环境下在断陷盆地中沉积的与大规模岩浆活动同期的沉积地层。

表 2-2　本书研究确定的滇中元古代地层简表

系	大红山群		会理群/河口群		昆阳群/东川群		东川
震旦系				灯影组		灯影组	灯影组
				观音崖组		陡山沱组	陡山沱组
				列古六组		南沱组	南沱组
				苏雄组		澄江组	澄江组
			会理群	天宝山组	昆阳群	美党组	麻地组
				凤山营组		大龙口组	小河口组
						黑山头组	
				力马河组		黄草岭组	大营盘组
	大红山群	坡头组	河口群	顶沉积变质岩段	东川群逸纳厂组	绿汁江组	青龙山组 绿汁江组
		肥味河组		上火山变质岩段		鹅头厂组	黑山组
				上沉积变质岩段			
		曼岗河组		下火山变质岩段		落雪组	落雪组
		老厂河组		下沉积变质岩段		因民组	因民组
	哀牢山群/底巴都群		康定群		苴林群		
	大红山		会理		滇中		东川

注：引自宋昊（2014）。

本书研究的新元古代铀成矿赋存的地层各不相同。西部以粗粒晶质铀矿为特征的产于混合岩中的铀矿赋存于康定群五马箐组（米易2811）、冷竹关组（大田505）及苴宁群之中。中部以细粒晶质铀矿和沥青铀矿为特征的产于变钠质火山岩中的铀矿赋存于河口群（会理拉拉）、大红山群（大红山）。东部以沥青铀矿为特征的产于浅变质沉积岩中的铀矿赋存在会理群（会理芭蕉箐）、东川群（东川112、会东102）、昆阳群（易门2801）。

2.2　构　　造

按板块学说的观点，本区属扬子板块西南缘。扬子西缘是川滇南北向构造带的主体部位，西界为金河-箐河断裂，东界为小江断裂，构造带向北于石棉一带略有收敛，向南交于金沙江-江河断裂带上，其内尚有绿汁江断裂、安宁河断裂、普定河断裂等南北向深大断裂（图2-1）。

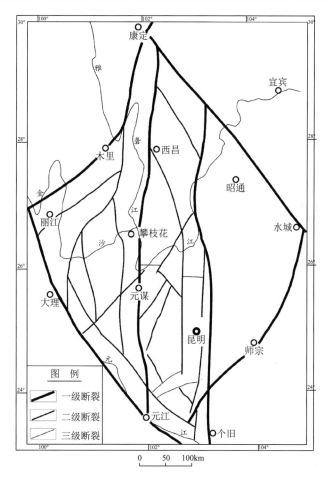

图 2-1　扬子地台西南缘主要断裂构造分布图[据刘家铎等（2004）修改]

区域内除新太古界-古元古界结晶基底构造线呈东西向展布外，南北向构造的展布格外醒目，如小江断裂带、武定-易门断裂带、绿汁江断裂带等。这些断裂活动表现出长期性的特点，即从元古宙一直到喜马拉雅期都有活动，断裂性质也曾多次发生改变。前人的研究表明，这种构造格局是多次古裂谷作用的表现，对成矿起了重要的控制作用（潘杏南等，1987）。南北向构造带是该区影响范围最广、规模最大、活动最强烈、演化历史最长的构造体系，控制了该区沉积作用、岩浆作用、变质作用及成矿作用的发生和发展，形成了多种富矿地质体。例如，古元古代大红山群（河口群）主要为代表优地槽环境的细碧角斑岩建造；中元古代形成昆阳群（会理群）；古生代再次发育了攀西裂谷，形成本区大面积出露的峨眉火成岩。也许正是这种构造的叠加作用导致康滇地区矿化富集。总之，本区基底构造为晋宁中期的东西向和晋宁末期的北西向或其叠加形成的构造格架。晋宁运动后，长期隆起，印支期后，开始接受沉积，并受到加里东、华力西、印支运动的波及和影响，特别是燕山运动的强烈影响，继承和改造了早期构造，形成南北向、北东向构造。

本区具典型的双层地壳结构，其基底由新太古代—古元古代结晶基底和中元古代褶皱基底组成，主要分布于康定至攀枝花一线，为南北向安宁河深大断裂带控制和限定，以构造-岩浆杂岩带形式出现，常保留有穹（环）状构造形态（石棉冶勒、西昌金林、盐边同德、攀枝花大桥等穹状体），显示了古老"陆核"特征。该带多期变形变质叠加，构造置换明显，片理、片麻理十分发育，线性构造以南北向为主，间有北东向、北西向、东西向及北东东向。褶皱基底主要出露于安宁河断裂以东的会理-会东和汉源-峨边两个东西向基底隆起带，并以断块形式出现，中元古界地层褶皱十分发育，轴向主要有南北向、东西向及北西向、北东向，在平面上构成弧形弯曲，在剖面上不同岩群（组）的褶皱形态则有明显的差异。

研究区自晋宁运动以来，经历了多次构造运动，在各时期的构造运动中，均形成了一系列规模不等、性质有别的断裂构造，如安宁河断裂，其位于研究区的中部，呈近南北向分布，为长期活动、性质复杂的复活断裂带，北起金汤，向南经西昌、会理延入云南，纵贯康滇地块（地轴），四川境内长 400km；在遥感图像上，安宁河断裂北端有明显的山脊错断现象，断裂两边呈不同的地貌现象显示，断裂南部在图像上显示为明显的负地形，在主干断裂带上，水平错动迹象明显，两边的岩石挤压破碎极为强烈，次生断裂、遥感大节理发育，断层三角面较多，低等级的叠瓦式冲断层很常见，此断裂带对两侧地层的出露具明显的控制作用。小江断裂带：位于研究区的中部偏东，走向为北北西—南南东，为逆断层带，从云南沿小江入川直达石棉，四川境内长 300km；图像上以负地形、明显的山脊错断、系列陡坎为界线；此断裂带具有强烈的挤压特征，东西两侧均有大量分支断裂及褶皱发育，这些分支断裂与主干断裂相交，但不越过主干断裂，它们的走向大多为北东—南西，与主干断裂之间所夹的锐角在东面朝南，在西面朝北。

2.3　岩　浆　岩

研究区岩浆岩分布广泛，时代从太古代、元古代到中新生代均有分布，其中以太古代—元古代、华力西期—印支期、喜马拉雅期为主。重点工作区的重要岩体有晋宁期的黑么花岗岩体、大田石英闪长岩体、花滩更长花岗岩体，华力西晚期—印支期的花岗岩最为重要。

本区前震旦纪岩浆活动表现为：古元古代和中元古代以碱质基性岩浆活动为主，形成一套与 Fe、Cu 矿化关系极为密切的富钠质的火山岩系。之后，岩浆向中性、酸性方向演化，至新元古代以中酸性岩浆活动为主，形成与 W、Sn 矿化有关的花岗岩和流纹岩，且由西向东，岩浆活动有由早到晚、由基性向中酸性演化的趋势。其中，在古元古代沉积河口群地层时，有四次大规模的中偏基性-中酸性火山喷发活动，表现为远源火山凝灰、碎屑与正常成分的砂泥质、碳质和钙质的混生沉积（具浊流沉积特征）。大规模的火山喷发活动，为本区铜、铁矿床的形成提供了丰富的物质来源。古生代以来最引人注目的岩浆活动是遍布全区的峨眉山玄武岩及与其有关的基性层状岩体和碱性岩类，统称为峨眉大火成岩省。其形成起始于泥盆—石炭纪，在晚二叠世达到喷发高潮，延续至三叠纪。燕山晚期至喜马拉雅期构造-岩浆活动又趋强烈，主要表现为富碱侵入岩类的形成，以富碱斑岩为主，其次为煌斑岩等基性脉岩。

总之，本区岩浆活动强烈，具多期次、多旋回的特点，主要以晋宁早期的中、酸性的火山喷发活动和晋宁中、晚期的基性侵入作用最为强烈。本区岩浆岩可分为八期（表2-3）。

表 2-3 区域岩浆岩建造简表

活动时代	岩石建造	火山岩			侵入岩			已知矿产
		岩石类型	特点	分布	岩石类型	产状特点	分布	
燕山期/白垩纪	花岗岩建造				花岗岩、超基性岩	岩墙、小岩株岩墙岩脉	哀牢山群	
印支期/三叠纪	花岗岩建造				碱长花岗岩、花岗斑岩	呈岩株、岩墙、岩脉状产出		
华力西期/二叠纪	泛流玄武岩建造	玄武岩（致密状、斑状、杏仁状）、玄武质集块岩及砾岩	脉状、岩墙状分布于二叠统之中	峨眉山大火成岩省	苦橄玢岩、橄榄辉绿岩、辉绿岩、辉绿玢岩	呈岩株、岩墙、岩脉状产出		铁、铜、铂
加里东期/早古生代					辉长辉绿岩、白云石钠长岩、闪长岩	岩墙、岩床	大红山群、河口群、元江群	
澄江期/早震旦世	流纹质火山岩建造＋辉长辉绿岩建造	流纹质凝灰岩、流纹质沉凝灰岩	层状分布于澄江期各组		辉长辉绿岩、辉绿岩、辉绿玢岩、橄榄辉绿岩、闪长岩	岩株、岩墙、岩床、岩脉		铁、磷、滑石
晋宁期—昆阳期	玄武质-流纹质双峰式火山岩建造	角闪质凝灰岩、熔岩、杏仁状玄武岩	海底喷发，成层产出	昆阳群因民组	石英闪长岩、二长花岗岩、辉绿辉长岩	岩基、岩株、岩脉	康定群、苴宁群	金、铜、铁、铅、锌、磷、稀有稀土、铀等
		凝灰岩、基性杏仁状熔岩	海底喷发，成层产出	昆阳群鹅头厂组				
		流纹岩、次火山岩、火山碎屑岩	海底喷发，成层产出	苏雄组				
古元古代	钠质中基性细碧角斑岩建造	变钠质熔岩（角斑岩）、角闪变钠质熔岩（细碧岩）	中基性熔岩，海底中心式喷溢	大红山群、河口群	石英钠长斑岩、变钠长岩、变辉绿岩、变斑状辉绿岩	岩床、岩株、岩盘、岩盆	大红山群、河口群	金、铜、钼、钴、铁、铀
		角闪钠长片岩、钠长角闪片岩、斜长角闪岩	海底中心式喷发，中基性火山碎屑岩					
太古宙	基性-中酸性混合岩建造	斜长角闪片岩、黑云角闪片岩	基性火山碎屑岩，成层产出	哀牢山群底巴都组	基性-超基性岩体及斜长角闪岩、混合质石英闪长岩、云英闪长岩	与沉积碎屑岩互层，呈层状、似层状分布	康定群上部	金

注：据潘杏南等（1987）、钱锦和和沈远仁（1990）、尹福光等（2012a）整理。

最早的有大规模海底基性火山喷发形成康定群并伴有小型超基性岩群侵入。晋宁期以花岗岩为主，分布在康滇地轴南北带，此外还有为数众多的基性-超基性岩体（群）。澄江期产出了早震旦世火山岩及岩浆岩，是基底褶皱成陆后碰撞造山的产物。加里东—华力西期在康滇地轴分布有基性岩群。华力西—印支（燕山）期主要表现为在拉张环境下产生的基性-超基性岩系列。晚二叠世为鼎盛时期的峨眉山玄武岩（大陆溢流拉斑玄武岩系），广布于本成矿区中西部；也分布有与此同源的浅成侵入岩——岩墙状、岩床状辉绿岩，与玄武岩形影相随并零星分布；还有零星分布的地幔深处分异的富镁质基性岩浆侵位形成的偏碱性超基性岩；在安宁河断裂西侧冕宁、西昌至攀枝花约 300km 狭长地带分布有与"层状杂岩"及峨眉山玄武岩（$P_2\beta$）有关的正长岩-花岗岩；喜马拉雅期四川段有壳幔混源型富碱浅成-超浅成侵入岩、幔源型碱性岩组合、钾质煌斑岩类及碱性杂岩体。

下面详细介绍与铀成矿关系密切的中酸性侵入岩。

1. 晋宁期大田石英闪长岩体

大田石英闪长岩体分布于大田北至仁和雅江桥一带，区内出露面积约为 300km²。大田石英闪长岩侵入红格群或与红格群紧密伴生，被花滩更长花岗岩侵入，部分地区见其与震旦系和三叠系不整合接触。

大田石英闪长岩具有岩浆成因特征，但岩性复杂，给岩石分类带来较大困难，甚至具体划分大田石英闪长岩与围岩都不容易。根据主要的矿物组合，大田石英闪长岩分为石英闪长岩和黑云母石英闪长岩。

（1）石英闪长岩常见中-粗粒结构，块状构造或似片麻状构造，主要成分由斜长石、石英及角闪石组成，有时含有少量黑云母。暗色矿物较多，其含量为 20%～40%。角闪石半自形粒状，属钙质角闪石系列的镁铁质角闪石类。斜长石一般含量为 60%左右，中-中粗粒半自形粒状，局部富集，且粒度较细，并呈较规则的镶嵌粒状结构。粒隙间常为不规则粒状石英充填。双晶普遍发育，以钠长石双晶为主，光学及电子探针分析都为中性斜长石（更-中长石），钙长石（anorthite，An）含量为 30%～40%（An30～An40）。石英为不规则粒状，粒度及含量不定，通常在 5%～10%变化，有时可达 20%，呈不规则粒状充填于长石及角闪石晶隙间，或呈不规则集合体，局部有交代斜长石和角闪石。黑云母一般含量不超过 5%，以较小的板状晶体充填于长石晶隙中。副矿物较少，见少量不规则粒状铁矿及细粒磷灰石。局部石英闪长岩由于后期改造出现不同的组构变化，特别是斜长石的变形、细粒化，使原生斜长石改变成不规则状，细粒部分则重结晶形成镶嵌粒状结构。偶见微斜长石和条纹长石。

（2）黑云母石英闪长岩宏观特征与石英闪长岩相似。暗色矿物含量较高，最高可达50%。黑云母含量一般大于 10%，到全由黑云母组成的不规则团斑状富集。黑云母增加，角闪石减少，石英含量增加，并与黑云母呈交错共生，这表明黑云母发育具有晚期岩浆岩形成特征，主要由石英闪长岩进一步改造而成。

大田岩体普遍遭受退变质作用的叠加改造。受中元古代晚期区域动热变质的影响，次生变化发育斜长石的绿帘石化、钠长石化及黑云母的绿泥石化，角闪石被镁质角闪石交代，整体侵入体遭受绿帘石-绿泥石及伴生的钠长石化，具面型分布，变质程度与盐边群相似，为绿片岩相。更晚期构造则引起局部碎裂变质并夹杂少量糜棱岩化。大田石英闪长岩侵入体主要侵入回龙组角闪斜长片麻岩中，岩体内含有较多围岩包体，没有波及上覆的湾湾组片岩及盐边群地层，被震旦系不整合覆盖。微量元素地球化学特征表明石英闪长岩的稀土特征和配分模式与回龙组有相似性，其成因与重熔岩浆有关。石英闪长岩的形成可能主要由回龙组遭受角闪岩相变质并发生局部熔融形成偏酸性的富钠质岩浆侵入形成。石英闪长岩与角闪斜长片麻岩的密切关系及大量包体表明，岩体具有原地或半原地就位特征。

2. 晋宁期花滩更长花岗岩

花滩更长花岗岩以分散且较小型岩株状岩体侵入红格群以及同德岩体、大田岩体等岩体中。在岩性上，不同地段及不同岩体中变化较大，大体上由更长花岗岩、花岗闪长岩和普通花岗岩组成。

更长花岗岩常见呈灰白色、中-粗粒花岗结构，一般为发育程度不等的片麻状构造，并常由于破碎和重结晶而具有不等粒结构，主要由斜长石（60%～70%）、石英，少量钾长石和不定量（$n<20\%$）暗色成分组成。暗色成分以黑云母为主，常见少量绿色角闪石。更长花岗岩中，特别是其边部，常见细粒斜长角闪岩的围岩包裹体，有的部分呈直径数厘米至数十厘米的透镜体平行片麻理分布，局部较密集分布并有不同程度的同化和混染。斜长石半自形至他形粒状，局部由于受构造影响出现碎裂变形，蚀变强烈，以黏土化和绢云母化为主。斜长石双晶发育，细密，光性测定其成分为 An25～An35，K_2O 含量低，含有 10%～25%的微斜长石，呈不规则粒状充填于斜长石等矿物晶隙间，局部交代斜长石，常见格子状双晶，较粗的微斜长石中偶见不规则脉状交代条纹。石英（20%～30%）呈不规则粒状充填于斜长石晶隙间或局部包裹斜长石，洁净，裂隙发育，波状消光强烈，局部交代斜长石。副矿物常见细粒磁铁矿、榍石及少量锆石和磷灰石，还见黄铁矿、黄铜矿、方铅矿等。

长期构造和后期岩浆活动的影响，更长花岗岩中斜长石普遍高岭土化，暗色矿物普遍绿泥石化，在较高温度热液的影响下，常出现强烈绿帘石化和黑云母的褪色化，局部长石受改造出现白云母化一致向云英岩化发展。更长花岗岩岩石组分、结构构造及岩性都有较大的变化。CIPW（Cross，Iddings，Pirsson，Washington）标准矿物分子在花岗岩分类中集于花岗闪长岩及斜长花岗岩，部分达到普通花岗岩的位置。实际岩石类型由英云闪长岩向更长花岗岩、花岗闪长岩以致钾长花岗岩变化。细晶花岗闪长岩作为补充侵入体，呈不规则细脉切穿更长花岗岩，浅色，细粒，几乎不含暗色矿物或偶见黑云母，以中性斜长石 An39 为主。

花滩更长花岗岩在成因上与石英闪长岩为同源，由低熔岩浆形成。类似的还有磨盘山石英闪长岩和大陆乡花岗岩岩体，初步研究，两者锶同位素初始比值分别为 0.70353、0.70398，表明其物质来源于上地幔和下地壳。大田石英闪长岩体和花滩更长花岗岩富钠质，被认定为 TTG［奥长花岗岩（trondhjemite）、英云闪长岩（tonalite）、花岗闪长岩（granodiorite）］组合。

3. 晋宁期黑么岩体

黑么岩体是康滇地轴中南段晋宁期花岗岩体之一，主要由中粗粒花岗岩组成，其中有中粒二云母二长花岗岩、似斑状花岗岩，有大量基性岩脉穿插。岩体的边部无锡和铀的异常。前人研究测得年龄为 783Ma，初步对黑么岩体进行地球化学研究，显示具有 A 型花岗岩特征，这可能是后造山伸展构造环境下的产物。本书研究测得黑么岩体年龄为 810Ma，穿插于其中的辉绿岩形成于 760Ma 左右。

4. 晋宁期田冲岩体

田冲岩体位于攀枝花平地以南，田冲一带，岩性以细粒二长花岗岩为主，暗色矿物少。锆石 U-Pb 测年显示，田冲岩体形成时代为 840Ma 左右，侵入其中的辉绿岩脉形成于 780Ma 左右。

从氧同位素来看，大田石英闪长岩氧同位素为 5.6‰～5.93‰，黑么岩体氧同位素为 7.37‰，田冲岩体氧同位素为 9.98‰，显然这三个相邻的岩体从北向南（田冲岩体、黑么岩体、大田岩体）形成时代逐渐变新（分别为 840Ma、810Ma 及 760Ma），氧同位素逐渐变大，且差异明显，说明这三个岩体不是同源演化的产物，而是三种不同的岩浆来源。

5. 华力西晚期—印支期酸性岩浆岩

华力西晚期—印支期酸性侵入岩以营盘梁子花岗岩和矮郎河花岗岩为代表，其分布与碱性岩相似，严格受攀枝花和昔格达岩浆构造带控制，较集中分布在大渡口至丙草岗一带以东和昔格达—安宁河一带，总体呈南北向带状，长达 70km，宽 1～10km，总出露面积约为 250km^2。岩体侵入震旦系、峨眉山玄武岩及正长岩，并被上三叠统宝顶组沉积覆盖。沿侵入体接触带形成宽数十至数百米的角岩带。它们是多期岩浆侵入形成的杂岩体，早期以二长花岗岩为主，晚期以钾长花岗岩为主，后期为钾长花岗斑岩。

（1）二长花岗岩，主要分布在红格以东、回箐沟、五马箐沟、和爱乡—猛粮坝—垭口—草场及黄草，岩石呈灰白色，中至中粗粒花岗结构，由钾长石（条纹微斜长石）、石英、斜长石（更长石，An15～An25）及少量黑云母组成。红格至垭口一带由于安宁河断裂的影响，矮郎河花岗岩被破碎成大面积分布的碎裂花岗岩，间有带状分布的糜棱岩和糜棱岩化花岗岩。岩石具有碎裂结构、碎斑结构等，在破碎带或围绕碎斑暗色矿物呈带状或透镜状聚集或定向排列，宏观上似片麻岩构造及似斑状结构，故长期被认为是前震旦系花岗片麻岩。碎裂花岗岩局部有较强烈的白云母化或云英岩化，粗大的白云母交代黑云母和钾长石。

（2）钾长花岗岩，区内见少量零星分布的小岩体，如回箐沟东侧的碎裂二长花岗岩局部钾长石增多，过渡为二云母钾长花岗岩。在矮郎河附近的典型的钾长花岗岩，岩石呈灰白色至浅肉红色细-中粒至中粗粒花岗状结构，主要由钾长石（微斜条纹长石）、斜长石（更长石，An20～An30）和石英组成。暗色矿物主要为棕色黑云母。常见石英呈穿孔状或蚕蚀状交代钾长石。

（3）钾长花岗斑岩，主要见于矮郎河附近，浅肉红色中细粒斑状结构，斑晶为钾长石及少量斜长石和石英。斜长石以 An4～An10 的钠更长石为主。常见具有细粒的电气石组成的暗色斑点。回箐沟东侧的碎裂二长花岗岩的局部钾长花岗岩中，含有钠长石及两种云母共生，局部见有细粒蓝色电气石散布。

二长花岗岩和钾长花岗岩的化学成分变化大，但都有富碱的特点，全碱分别达 7.97% 和 8.82%。钾长花岗斑岩全碱达 10.34%。K$_2$O/Na$_2$O[①]平均为 0.92～2.34。岩体岩石总体低

---

① 本书所用元素之间的运算，均指元素含量之间的运算。

Sr，低 Yb，U 含量一般较低（$1 \times 10^{-6} \sim 7 \times 10^{-6}$），Th/U 为 3～9。根据 CIPW 标准矿物分子计算，花岗岩为岩浆成因 I 型花岗岩。由于与层状岩体及正长岩共生，构成"三位一体"的密切关系，推测其成因与层状基性-超基性侵入岩和正长岩等同源，属地幔重熔型岩浆的产物。部分钾长花岗岩富钾、较富铝，表明有较多的壳源物质的参与，或有过渡为 S 型花岗岩的可能，具有板内花岗岩向同碰撞型花岗岩过渡的特征。有的学者将这类岩体定位为华力西—印支期，为地壳物质混染的壳幔混合岩浆的产物，或认为是深源熔融分异的偏碱性岩体，为 A 型花岗岩。

2.4　变　质　岩

扬子地层区广泛分布以前震旦系康定群、普登群为结晶基底，大红山群、河口群、会理群、昆阳群为褶皱基底的区域变质岩系。

康定群代表康滇地轴上一套以中基性间有中酸性火山岩及沉积岩、混合岩化显著的中深变质地层，主要岩性为斜长角闪岩，变粒岩，条带状、角砾状混合岩、混合片麻岩，云母片岩，石英片岩和少许大理岩。

河口群、大红山群是一套浅-中等变质的富钠质火山-沉积岩，主要变质岩性为细碧岩、角斑岩、石英角斑岩、变凝灰岩、变霏细岩、变钠斑岩、碳质板岩、大理岩。会理群、昆阳群的特点是变质浅，岩石类型为板岩、千枚岩、变质砂岩、石英岩、大理岩和变火山岩类，仅个别地段有云母雏晶出现而使岩石向片岩过渡。变质矿物组合以绢云母、绿泥石为主，变质强度均匀，为绿片岩相的单相变质，岩石应力作用明显，褶皱、劈理等发育，变质作用类型当属区域动力变质。浅变质的原岩都是正常的海相沉积岩，属陆源碎屑岩-碳酸盐岩建造，是陆壳的组成部分。金沙江流域变质的震旦系-下二叠统是华力西期低压型区域动力热流变质作用的产物，三叠系经受印支期区域低温动力变质作用。

此外，在区内还广泛发育后期动力叠加变质和热接触变质。因此，研究区内变质作用异常复杂，除前震旦纪强烈的区域变质作用外，晚古生代与峨眉大火成岩省有关的热接触变质作用和喜马拉雅期动力变质作用非常强烈，且多种变质作用常叠加在一起。区域动力变质发生后，随着褶皱和断裂的发生、发展，沿着主要断裂带（如安宁河-绿汁江深大断裂）及褶皱轴部产生叠加变质。在绿片岩相的绿泥石带上，形成黑云母带、绿帘石带或高级绿片岩相的绿帘石角闪石带。热接触变质则主要发生在辉绿辉长岩岩体与围岩的接触带上，出现角岩化。角岩带中岩石类型有钠化石英角岩、云母角岩、粗晶大理岩等。

2.5　地质构造演化特征

康滇地轴是我国最古老的地壳之一，在地质历史上经历了多次强烈的构造运动，几乎每一次大的构造运动均在该区留下了地质形迹。

古元古代（1800Ma 以前）变质作用是形成扬子结晶基底的重要变质事件。红格群变质作用属区域动力热流变质的低压类型，以角闪岩相为主，高绿片岩至角闪岩相组成。红格群的原岩建造为一套厚度巨大的火山岩-沉积岩建造，下部为大洋拉斑玄武岩和钙碱性玄武岩；中部为钙碱性系列中酸性火山岩及火山沉积岩-富碳富铝黏土质建造；上部为复理石型沉积建造。一般认为，红格群与康定群、大红山群底巴都组、茞林群下部的普登组可以对比。

中元古代褶皱基底形成时期大约在 1800～1000Ma，主要受变质作用的地层为盐边群和会理群，属区域低温动力变质作用，在晋宁旋回时形成扬子陆块的褶皱基底。会理群被澄江组不整合覆盖，盐边群被苏雄组或列古六组不整合覆盖，这个不整合即是晋宁运动的反映。在中元古代早期，通安洋的形成与闭合，侵入了大量的基性岩脉，分布在会理—会东一带，辉绿岩形成时代大致为 1700～1500Ma。

新元古代是康滇地轴重要的构造发展时期，随着罗迪尼亚大陆裂解，康滇古陆构造发育，同时形成了晋宁期和澄江期的大量岩浆岩侵入和喷发（苏雄组等），是康滇地轴岩浆活动最为活跃的时期之一，也是康滇地轴最为重要的铀成矿期之一。

加里东期，康滇古陆两侧沉积了古生代地层，形成了盖层，特别是在西侧盐边鱼门镇一带沉积了完整的古生代地层，成为研究古生代地层的理想区域。

华力西-燕山旋回，区内无造山运动，主要表现为地壳升降运动。华力西—印支期是攀枝花地区盖层构造演化中极为重要的阶段，主要表现为近东西向的拉张及缓慢的差异运动，并控制了攀西地区伸展构造的发育与攀西大陆裂谷的形成与演化，形成了峨眉山大火成岩省，侵入了大量的超基性、基性、中性、酸性、碱性岩体，同时峨眉山火山岩浆大量喷出，在米易地区形成一个喷发中心，厚度达到 3000m 以上。该期是攀枝花地区钒钛磁铁矿形成的主要时期，同时，在米易地区，该期的岩浆活动也对早期形成的铀矿产生了改造作用。

喜马拉雅运动是扬子陆块西缘最重要的构造运动。它使整个攀枝花地区自震旦纪至白垩纪的沉积盖层全部褶皱、隆升，也对结晶基底和褶皱基底进行了重要的改造。通过对米易海塔地区的磷灰石裂变径迹研究，发现该区在 35～30Ma 隆升最为强烈，与青藏高原在该时期的隆升时代一致，说明青藏高原的隆升演化对康滇地轴的抬升有重要的影响，也影响了铀的保存条件。

攀枝花地区断裂构造十分发育，主要的区域性深大断裂有两条，即攀枝花深大断裂带和米易-昔格达深大断裂带，纵贯全区，构成基本构造格架，控制着该区地质构造演化、岩浆岩发育和重要成矿作用。

2.6 区 域 矿 产

康滇地轴是我国重要的矿产资源分布区，是重要的成矿区带，分布有众多的铜、铅、锌、铁、金等金属矿产（图 2-2），同时也分布有石墨、石灰石、硅藻土、茞却石等非金属矿，亦有花岗石、大理石等建筑材料。

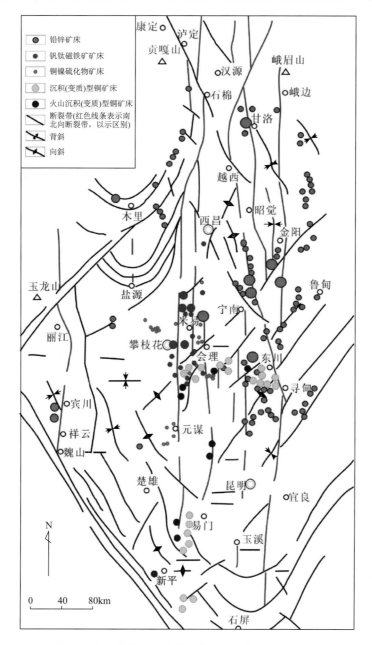

图 2-2　康滇地轴主要矿产分布图（刘家铎等，2004）

（1）元古宇与火山-沉积-变质作用有关的铁铜多金属成矿系统：包括沉积-变质铜矿成矿亚系统和海相火山岩型铁-铜成矿亚系统。铁铜矿床主要分布于基底；以安宁河断裂为界可以分为两部分，其中东侧以浅变质的东川式为主，西侧多以海相火山沉积-变质成因为主。

（2）晋宁—澄江期与岩浆-热液有关的成矿系统：其中可以分为与偏碱性花岗岩类有关的铌钽类成矿亚系统、与镁铁-超镁铁岩体有关的以铜、镍、铂族等元素组合为主的成矿亚系统、与中酸性侵入体有关的锡多金属类成矿亚系统。

（3）新元古—早古生代沉积-改造型为主要类型的铅锌多金属成矿系统：可以分为两类，如火山沉积-热液改造铅锌成矿亚系统、热水沉积-改造层间破碎带型铅锌成矿亚系统等。

（4）峨眉山大火成岩省成矿系统：与深成层状镁铁-超镁铁杂岩体有关的铁-钛-钒成矿亚系统；与超浅成镁铁-超镁铁岩体有关的铜-镍-铂族元素成矿亚系统；与花岗岩-碱性岩系有关的稀有金属成矿亚系统；与峨眉山玄武岩浆活动有关的热液成矿亚系统。

（5）喜马拉雅期构造-岩浆-流体活动成矿系统：与碱性岩有关的稀土成矿亚系统；与富碱斑岩有关的斑岩型铜-钼-金多金属成矿亚系统；与动（热）变质作用有关的韧性剪切带型金成矿亚系统。

第3章 深变质混合岩铀矿成矿作用

3.1 概　　述

康滇地轴深变质混合岩分布广泛，北部为康定群，南部为苴林群，岩性以片岩、片麻岩、混合岩为主，变质程度较高。在深变质混合岩中分布有多处铀矿化，且以粗粒晶质铀矿为代表的特富铀矿为特征，北起米易海塔，经过攀枝花大田，南到云南牟定，全长 250km。这是近年来在康滇地轴发现的新铀矿类型，一经发现，便在国内引起了极大反响，掀起了晶质铀矿的研究热潮（张成江等，2015；汪刚，2016；欧阳鑫东，2017；徐争启等，2017a，2017b，2019b；王凤岗等，2017，2020；王凤岗和姚建，2020；武勇等，2020；尹明辉等，2021；Yin et al.，2021；Xu et al.，2021；Cheng et al.，2021）。研究发现，混合岩中的铀矿以米易海塔 A10、A19、2811 铀矿点，攀枝花大田 505 铀矿床，云南牟定戌街 1101 铀矿（点）最为典型。三处铀矿以粗粒晶质铀矿为特征，晶质铀矿粒径可达 10mm，在世界上都属于罕见。矿（化）体呈脉状分布，与石英脉、长英质脉、碱交代岩关系密切，总体上属于特富铀矿。矿石矿物组合复杂，具有明显的高温矿物组合特征。三处混合岩中的铀矿既有相同之处，亦有不同之处。本章将较为详细地介绍产于混合岩中的铀矿特征及其控制因素，进而揭示混合岩特富铀矿成矿规律。

3.2 米易海塔地区铀矿特征

米易海塔地区是混合岩型铀矿最为典型的分布区之一，是单颗粒粗粒晶质铀矿分布区，因其产于长英质脉及石英脉中的粗粒晶质铀矿而闻名全国。米易海塔地区铀矿地质图见图 3-1。

3.2.1 赋矿围岩岩性特征

海塔地区的赋矿地层为五马箐组变质-混合岩类，赋矿岩石按混合岩化作用的程度可分为基体（混合原岩，为变质岩类）、混合岩化变质岩、混合岩类及后期脉体。

1. 基体（变质岩）

海塔地区出露的基体（变质岩）主要为各类片岩及片麻岩，片岩主要为二云母石英片岩、黑云母片岩、黑云斜长角闪片岩、斜长角闪岩等，偶见斜长变粒岩。片麻岩主要有黑云斜长片麻岩、黑云钾长片麻岩等。该类岩石基本未遭受混合岩化，属混合岩的基体变质岩。

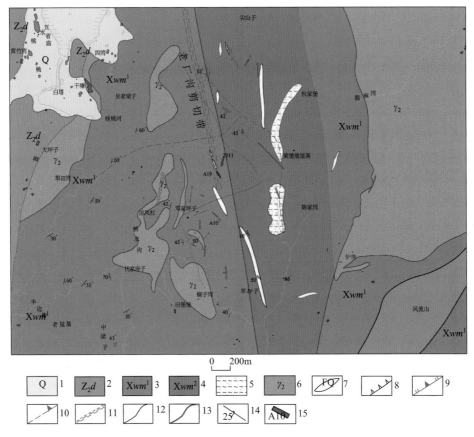

图 3-1 四川省米易县海塔地区铀矿地质图[据王凤岗等（2017）修改]

1. 第四系坡积物；2. 灯影组大理岩；3. 五马箐组黑云母片岩；4. 五马箐组斜长角闪片岩；5. 混合岩；6. 晋宁期花岗岩；
7. 长英质脉；8. 构造窗；9. 正断层；10. 实测及推测断层；11. 韧性剪切带；12. 实测地质界线；13. 角度不整合界线；
14. 产状；15. 铀矿点

二云母石英片岩（图 3-2）：岩石呈暗灰色，局部氧化铁质浸染呈褐-褐黄色，具片状构造，细粒鳞片粒状变晶结构。矿物成分以石英（60%～65%）为主，次为白云母、黑云母（35%～40%），另有微量的斜长石。副矿物主要为锆石。

图 3-2 二云母石英片岩野外及镜下照片（薄片，正交偏光）

Qz：石英；Mu：白云母；Bi：黑云母

角闪片岩（图 3-3）：岩石呈黑色，细微晶质结构，片理构造。岩石致密，片理纹清楚，矿物成分主要为斜长石、角闪石、黑云母，另有少量石英、菱铁矿等。另零星可见微量榍石、绿帘石，粒状。

图 3-3　角闪片岩岩心及镜下照片（薄片，正交偏光）

Qz：石英；Hb：角闪石；Kf：钾长石

黑云斜长角闪岩（图 3-4）：岩石具细粒柱状变晶结构，块状构造。矿物成分主要为斜长石（40%～45%）、角闪石（35%～40%）、黑云母（15%±），另见微量的石英。副矿物主要为榍石（1%～5%），另有少量磷灰石。

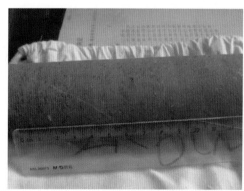

图 3-4　黑云斜长角闪岩岩心及镜下照片（薄片，单偏光）

Bi：黑云母；Am：角闪石；Pl：斜长石；Ttn：榍石

黑云斜长片麻岩（图 3-5）：岩石具细粒鳞片粒状变晶结构，片麻状构造。矿物成分主要为斜长石（40%～45%）、钾长石（5%±）、石英（25%±）、黑云母（25%～30%）。副矿物主要为微量的磷灰石和锆石。斜长石多呈他形晶，广泛大量存在，分布较均匀，主要为钠-奥长石，见聚片双晶。钾长石多呈他形晶，零星散布。石英呈他形晶，较均匀散布，局部见略有相对集中现象。黑云母呈鳞片状及集合体，分布较均匀，定向排列，定向性较好，显示片麻状构造特征。磷灰石多呈半自形晶，零星可见。锆石呈粒状，零星可见。

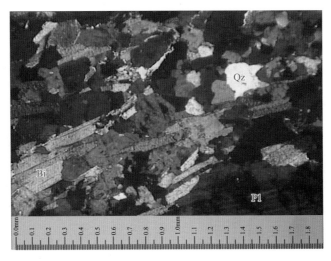

图 3-5 黑云斜长片麻岩（薄片，正交偏光）

Qz. 石英；Bi. 黑云母；Pl. 斜长石

2. 混合岩化变质岩类

海塔地区出露的混合岩化变质岩类主要为混合岩化黑云石英片岩、混合岩化黑云母片岩等。此类岩石可分为基体（暗色）和脉体（浅色）两个部分，二者界线较清楚，为混合岩化程度较低的产物，以暗色部分为主，浅色部分次之。暗色部分具片状构造。岩石为中细晶质结构，片理（条带）构造，肉眼可见黑白相间条带内充填物不同，白色条带为长石、石英、白云母；黑色条带内为暗色矿物，黑白条带宽 1～5mm（图 3-6）。

3. 混合岩类

海塔地区出露的混合岩类主要为各种条带状混合岩，主要有长英质角闪斜长黑云条带状混合岩、长英质斜长黑云条带状混合岩、长英质黑云二长条带状混合岩等。此类岩石的基体（暗色）和脉体（浅色）界线相对较为模糊，但仍具有较为明显的条带状构造（图 3-7），为混合岩化程度较强的产物。暗色部分具片状构造。

图 3-6 混合岩化黑云石英片岩片理（条带）构造

图 3-7 混合岩的条带状构造

4. 后期脉体

海塔地区混合岩中常见的脉体为长英质脉，与铀成矿关系较为密切。在本区存在两种产状的长英质脉体（图 3-8）：一种为混合岩化（地壳深熔作用）过程中顺片理产出的塑形长英质脉；另一种为较晚期沿韧脆性剪切带充填的长英质脉体（图 3-9），其总体方向仍与片理一致，但局部可切割片理，且微裂隙较为发育，据野外观察，此种产状的长英质脉体与铀矿化关系较为密切。矿物成分主要为长石（70%～95%，有些以钾长石为主，有些以斜长石为主），次为石英（5%～30%）。在长英质脉的微裂隙中，常见有少量的金属矿物，主要有黄铁矿、黄铜矿、磁黄铁矿、方铅矿和磁铁矿等。另在一些含矿的长英质脉中还常常可见辉钼矿。在一些富矿地段，通常可见后期热液成因的石英脉，与铀成矿存在直接的成因联系，在石英脉中可见细脉状针铁矿。

图 3-8　两种成因的长英质脉野外露头　　　　图 3-9　长英质脉体被晚期脆性裂隙所切割

长英质脉：为灰白色块体，不等粒他形粒状结构（图 3-10）。主要矿物为钾长石、斜长石和石英，有微量白云母、绿泥石和方解石，偶见绿帘石和榍石。矿物粒度大小不等，一般为 0.2～4mm，薄片中偶见粒度达 10mm 者。

图 3-10　长英质脉体岩心及镜下照片（薄片，正交偏光）

Qz：石英；Pl：斜长石

在长英质脉中常见微裂隙断续存在，沿裂隙带有金属矿物及集合体呈粒状、不规则状散布（图 3-11、图 3-12）。

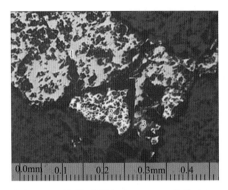

图 3-11　长英质脉光片（一）（单偏光）

1. 磁黄铁矿；2. 黄铁矿；3. 黄铜矿

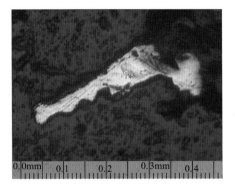

图 3-12　长英质脉光片（二）（单偏光）

1. 方铅矿

磁黄铁矿：多呈他形晶及集合体，分布不均匀，粒度一般为 0.05～0.7mm。见磁黄铁矿（主）、黄铜矿构成的集合体；见磁黄铁矿（主）、黄铁矿构成的集合体；见磁黄铁矿（主）、黄铜矿、黄铁矿构成的集合体。

黄铜矿：他形晶及集合体，分布不均匀，零星可见，多见于金属矿物相对集中的微条带状区域内，粒度（包括集合体）一般为 0.01～0.1mm。

黄铁矿：多呈自形-半自形晶，分布不均匀，零星可见，多见于金属矿物相对集中的微条带状区域内，粒度一般为 0.05～0.2mm±。

方铅矿：粒状集合体，偶见，大小为 0.1mm×0.35mm。

磁铁矿：粒状集合体，偶见，大小为 0.2mm×0.4mm，边缘见黄铁矿存在。

辉钼矿：在部分矿化地段的长英质脉中常见（图 3-13），鳞片状及集合体，零星散布，分布不太均匀，粒度（长径）一般为 0.1～0.8mm。

针铁矿：在混合岩化的黑云片岩矿石和石英脉中可见（图 3-14），呈集合体产出，零星可见。集合体呈细短脉状、粒状、不规则状等。细短脉状者脉宽一般小于等于 0.2mm；粒状、不规则状者脉宽小于 0.1mm。

图 3-13　长英质脉矿石光片（单偏光）

1. 辉钼矿

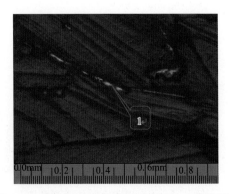

图 3-14　混合岩化黑云片岩矿石光片（单偏光）

1. 针铁矿

3.2.2 铀矿化体特征

海塔地区赋矿地层岩性为古元古界五马箐组混合岩化云母片岩、混合岩化斜长角闪片岩，前者产铀，后者产钍，分离明显。变质基底东侧发育晋宁期花岗岩体，两者侵入接触，西侧发育一套震旦系观音崖组大理岩，两者断层接触。控矿构造为南北向夹子沟韧性剪切带。根据不同地段矿化特征、矿物共生组合及控矿因素差异，海塔地区铀矿化划分了 3 条带。Ⅰ号带单铀型矿化（A10 铀矿点）；Ⅱ号带铀-钼型矿化（A19 铀矿点）；Ⅲ号带大颗粒晶质铀矿型矿化（2811 铀矿点）。

1. Ⅰ号带矿化特征

A10 铀矿点位于米易县撒莲镇，海塔水库南东约 2km 处。

围岩为灰褐色黑云母石英片岩，遭受了强烈变形变质作用，具糜棱岩化现象，层间褶皱及张性裂隙发育，两者控制了长英质脉体侵入。赋矿岩石为混合岩化作用形成的长英质脉，由石英、微斜长石和黑云母组成，交代原岩斜长石，石英具波状消光，碎裂纹发育，铁质充填。

矿体呈弧形，延伸方向为 330°，与片理走向一致。倾向北东，倾角为 40°~50°，矿化较连续，长约 40m，刻槽取样分析，真厚度为 1.36~1.38m，平均品位为 0.245%~0.346%。

矿石矿物主要为晶质铀矿、钛铀矿、黑稀金矿、硅钙铀矿、钙铀云母等，脉石矿物主要为石英、斜长石、钾长石等。

围岩蚀变主要为绢云母化、云英岩化、褐铁矿化、黄铁矿化。其中，云英岩化、黄铁矿化等蚀变与铀矿化关系密切。

A10 铀矿点地表风化严重，铀矿物仅见次生铀矿物，赋矿围岩及原生铀矿物已经很难识别，地表出露规模相对较大，宽约 1m，长 10 余米；铀矿化主要产出在长英质脉体中，少量分布于脉岩与围岩接触部位的片岩中，局部地区见大量钙铀云母及硅钙铀矿等次生铀矿物（图 3-15），长英质脉体长 10~20m，宽 1m 左右，风化强烈，已成粉末状，围岩为由浅色及暗色部分组成的混合岩化云母片岩，长英质脉体产状与围岩的片理方向一致，产状为 60°∠55°。

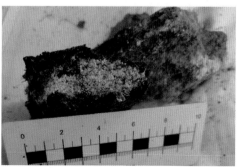

图 3-15 A10 铀矿点长英质脉中的铀矿化（铀矿物为黄色的次生铀矿物）

2. Ⅱ号带矿化特征

A19 铀矿点位于米易县撒莲镇，A10 矿点北北东 7°方位，直线距离为 400m。

铀矿化赋存于条带状混合岩的长英质脉体中，为铀-钼共生型矿化。地表发现两条含矿长英质脉体，分别是①号脉体和②号脉体。

Ⅰ号矿化脉位于夹子沟以西山坡上，含矿长英质脉体，矿物成分主要为石英、微斜长石及少量角闪石或黑云母（局部不含暗色矿物）、辉钼矿，副矿物有榍石、锆石，石英有拉长现象，常见波状消光，大多沿片麻理分布。长英质脉断续出露约 30m，宽度为 0.3～6.5m，产状为 230°∠60°。矿体长 3m，刻槽取样分析，平均厚度为 1.6m，平均品位为 1.48%。

Ⅱ号脉位于Ⅰ号脉以西 50m 处，脉宽 5m 左右，产状为 220°∠61°，脉体走向延伸不大，其方向与片理走向一致，局部见辉钼矿呈团块状、浸染状分布，脉体整体铀含量偏高，见辉钼矿处铀含量明显增高。

矿石矿物主要为晶质铀矿、硅钙铀矿、辉钼矿等，脉石矿物主要由石英、斜长石组成，见少量黑云母、角闪石等暗色矿物。副矿物有榍石、锆石、磁铁矿。

围岩蚀变主要有硅化、辉钼矿化、黄铁矿化、黄铜矿化及褐铁矿化等，铀矿化与硅化、辉钼矿化关系密切。A19 铀矿点长英质脉中主要可见铀-钼共生型铀矿化，赋矿岩性为长英质脉体，含晶质铀矿的长英质脉体沿片理侵位于斜长片麻岩中，同时在长英质脉体中发现了较多的自形暗色矿物（辉石、角闪石），暗色矿物可能是由交代片麻岩形成的，在石英脉中广泛分布着辉钼矿物（图 3-16）。

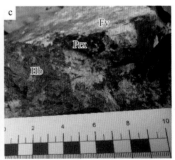

图 3-16　a. A19 铀矿点长英质脉体；b. 长英质脉体中的辉钼矿；c. 长英质脉体中的暗色矿物
Gne：围岩；Fv：长英质脉；Hb：角闪石；Prx：辉石；Mol：辉钼矿

3. Ⅲ号带矿化特征

铀矿化产于硅化长英质脉中，长英质脉顺片理产出，产状为 270°∠75°。刻槽取样分析，真厚度为 0.35m，平均品位为 4.7%。矿体两侧见强烈片理化黑云母片岩及构造透镜体。两侧围岩长英质脉体中可见灰白色石英细脉或小透镜体，长英质脉后期遭受了强烈硅化。矿化段长英质脉内发育密集裂隙，裂隙产状与长英质脉一致，显示含矿长英质脉体受韧-脆性构造控制的特征。

铀矿物主要为晶质铀矿、硅钙铀矿、钙铀云母等，原生铀矿物呈点状、条带状产出。晶质铀矿粒径大多为 0.5cm 左右，最大可达 1cm 以上（张成江等，2015）。受同构造作用影响，混合岩化作用形成长英质脉，到混合岩化作用晚期，长英质脉发生强烈硅化及赤铁矿化等蚀变，在裂隙发育处形成晶质铀矿。后期遭受脆性构造作用，形成剪切裂隙面。同时，在地表水作用下，通过构造裂隙发生淋滤作用，晶质铀矿氧化形成硅钙铀矿、钙铀云母等次生铀矿。

米易海塔地区铀矿化分布主要与石英脉、长英质脉等有关，与构造关系亦相当密切。构造较为发育，主要为一复式背斜构造，顶针杂岩分支穿插于褶皱构造之中。断裂构造亦较为发育，主要为近南北向的构造。南北向构造有两类，一类是张性脆性断裂，另一类是韧性剪切带。海塔地区铀矿化主要与近南北向的脆性断裂有关，粗粒晶质铀矿就赋存于构造断裂带内的石英脉之中（图 3-17），以及铀矿化与构造有关的长英质脉体中。

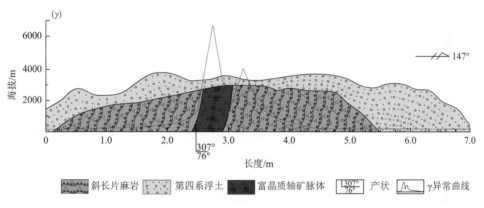

图 3-17　海塔粗粒晶质铀矿剖面编录图

米易海塔 2811 铀矿点石英脉中发现的巨粒晶质铀矿寄生于透镜状石英脉中，透镜体产于混合岩化的斜长片麻岩的构造裂隙带中，其产状与裂隙面的产状基本一致（图 3-17）。石英脉宽度约为 0.6m，而晶质铀矿富集区主要集中在 30cm 以内，赋矿与无矿石英无明显差别，但赋矿石英致密性较差（图 3-18），孔隙发育多呈蜂窝状。

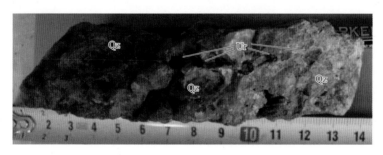

图 3-18　2811 铀矿点石英脉中的晶质铀矿

Qz：石英；Ur：晶质铀矿

3.2.3 围岩蚀变及矿物组合特征

海塔地区围岩蚀变主要有硅化、辉钼矿化、碱交代。

1. 2811 矿点

在石英脉中发现了数百颗粒度大且晶形完整的粗粒晶质铀矿。野外观察到的粗粒晶质铀矿呈黑色，金属光泽，肉眼可见晶质铀矿晶体形态生长完好，多呈等轴粒状镶嵌在石英脉中，粒径大多为 0.5cm 左右，最大可达 1cm 左右；断面呈钢灰色，条痕呈黑色；粒度粗大，呈单颗粒或聚形镶嵌于石英脉之中；晶型以立方体和八面体聚形及菱形十二面体为主，表现为明显的等轴粒状晶体（图 3-19a～图 3-19c）；当氧化强烈时，晶质铀矿全部变为六价铀矿物，晶质铀矿矿物外圈或全部发生氧化作用形成一圈次生铀矿物或完全蚀变为次生铀矿物（图 3-19d～图 3-19e），但仍保留晶质铀矿的形态。镜下可以看到晶质铀矿与锆石、钛铀矿、含铀钛铁矿、榍石等共生（图 3-20）。

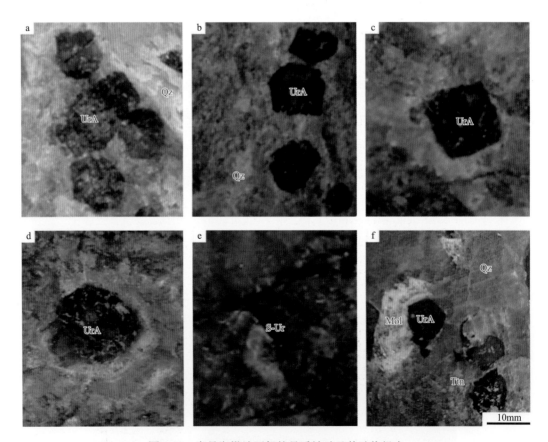

图 3-19　米易海塔地区粗粒晶质铀矿及其矿物组合

a～c. 晶质铀矿；d. 晶质铀矿边缘蚀变形成次生铀矿物；e. 晶质铀矿完全蚀变为次生铀矿物；f. 晶质铀矿、榍石、辉钼矿共生

S-Ur：次生铀矿物；Mol：辉钼矿；Ttn：榍石；Qz：石英；UrA：晶质铀矿

通过详细的镜下岩矿鉴定及 TESCAN 集成式矿物分析仪（TESCAN integrated mineral analyzer，TIMA）扫描测试工作发现（图 3-21a 和图 3-21b），可以通过与磷灰石和榍石的共生关系将晶质铀矿分为两类：一类与榍石矿物共生，晶质铀矿（UrA）颗粒相对较大且形态完整，部分榍石矿物蚀变为钛铀矿（图 3-21d 和图 3-22a）；另一类是与磷灰石共生，晶质铀矿粒径相对较小（UrB），可以见到磷灰石包裹榍石的现象，被包裹的榍石未发生明显的蚀变（图 3-21c 和图 3-22b）。

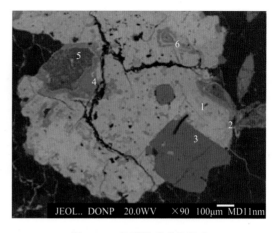

图 3-20　晶质铀矿矿物组合

1、2. 晶质铀矿；3. 锆石；4. 含铀钛铁矿；
5. 榍石；6. 钛铀矿

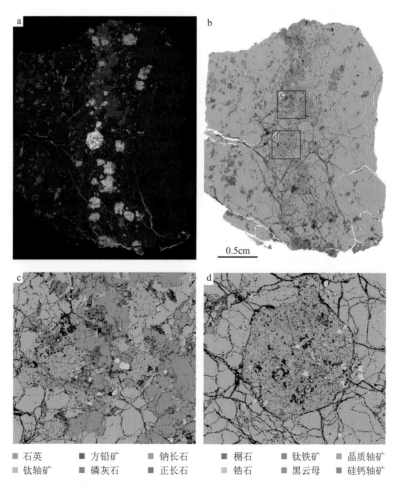

▓ 石英	▓ 方铅矿	▓ 钠长石	▓ 榍石	▓ 钛铁矿	▓ 晶质铀矿
▓ 钛铀矿	▓ 磷灰石	▓ 正长石	▓ 锆石	▓ 黑云母	▓ 硅钙铀矿

图 3-21　晶质铀矿 TIMA 扫描

a. 晶质铀矿（UrA 和 UrB）；b. 晶质铀矿背散射照片；c. UrB TIMA 扫描；d. UrA TIMA 扫描

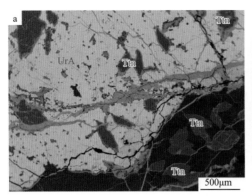
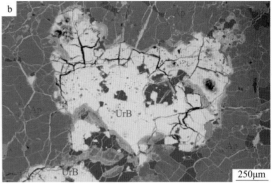

图 3-22　晶质铀矿（UrA 和 UrB）的矿物组合背散色照片

Ap：磷灰石；Ttn：榍石

与晶质铀矿共生的矿物较多，肉眼可见与晶质铀矿共生的矿物为石英、长石、榍石、辉钼矿、磷灰石（图 3-19f）；通过详细的镜下鉴定可以看出主要与晶质铀矿共生的矿物有石英、长石、榍石、磷灰石、钛铀矿（榍石蚀变形成）、钛铁矿以及少量的黑云母、锆石等，此外可以见到一些硅钙铀矿等次生铀矿物（图 3-21 和图 3-22）。

2. A19 铀矿点

A19 铀矿点作为铀-钼共生型铀矿化，长期以来并未开展实质工作，前人的主要研究工作也是围绕着辉钼矿展开的。2021 年在 A19 铀矿点的长英质脉体中再次发现了粗粒晶质铀矿的存在，表明海塔地区具有较大的铀成矿潜力。根据晶质铀矿的赋存关系可以将晶质铀矿分为两类：完全赋存于长英质矿物中的晶质铀矿（UrC）具有晶型较好但粒径较小的特征，在长英质矿物中也发现了榍石、磷灰石、辉钼矿等共生矿物（图 3-23）。在长英质脉中与暗色矿物共生的晶质铀矿（UrD）具有粒径较大但晶型较差的特点，同时还发现了榍石、辉钼矿等共生矿物（图 3-24）。

野外观察到的与晶质铀矿共生的矿物为长石、石英、辉钼矿及暗色矿物；经过详细的镜下鉴定可以看出赋存在长英质矿物中的晶质铀矿的矿物共生组合为长石、石英、磷灰石、榍石、辉钼矿等（图 3-24）；与暗色矿物共生的晶质铀矿的矿物共生组合为石英、榍石、角闪石、辉石、辉钼矿等（图 3-24）。前人研究认为，辉石可能是原地产物，

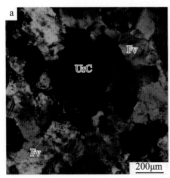
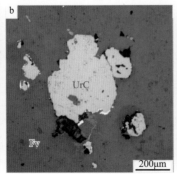
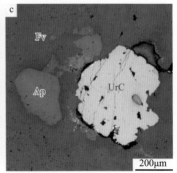

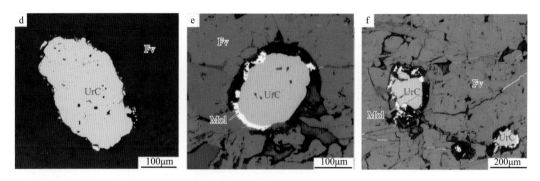

图 3-23　完全赋存于长英质矿物中的晶质铀矿及共生组合

a. 透射光；b～f. 背散射图像；Fv：长英质脉；Ap：磷灰石；Mol：辉钼矿

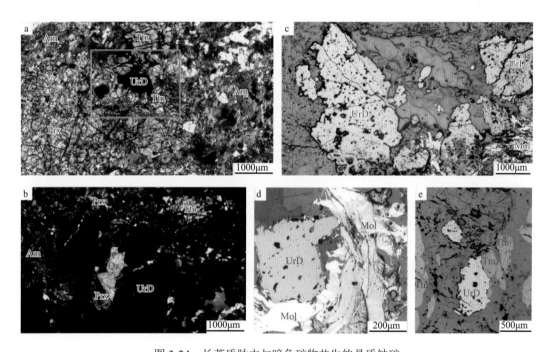

图 3-24　长英质脉中与暗色矿物共生的晶质铀矿

a、b. 透射光；c～e. 背散射图像；Qz：石英；Am：角闪石；Prx：辉石；Mol：辉钼矿；Ttn：榍石；UrD：晶质铀矿

角闪石可能是由辉石蚀变形成的，因此 A19 铀矿点长英质脉体中晶质铀矿矿物共生组合为长石、石英、磷灰石、榍石、角闪石、辉钼矿。

3.3　大田地区混合岩铀矿特征

大田 505 铀矿床位于攀枝花市仁和区大田镇西南一带，经过勘探现阶段落实为小型铀矿床，其地层属泸定-攀枝花变质地带的一部分，是一套以斜长角闪片岩、斜长角闪片麻岩及白云母石英片岩为主的中、深程度变质且普遍混合岩化的地层，属康定群咱里组和冷竹关组（图 3-25），其中大田地区咱里组位于上部，与下伏的冷竹关组呈整合接触关系。咱里组相当于康定群云母片岩段，以二云母片岩、石榴子石二云母片岩、夕线石云母片岩、二云母长英变粒岩等为主。冷竹关组相当于康定群混合岩化黑云斜长角闪岩段，以暗色基体为主，脉体相对较少。

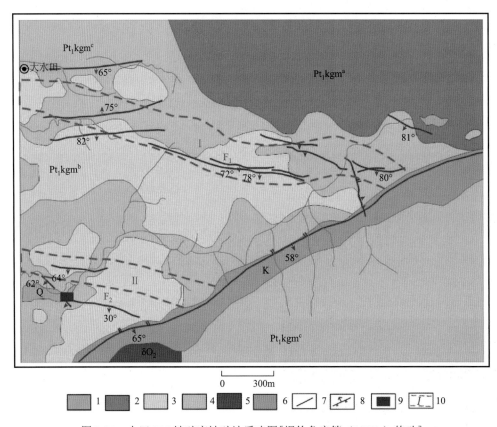

图 3-25　大田 505 铀矿床铀矿地质略图［据徐争启等（2017a）修改］

1. 第四系；2. 眼球状混合片麻岩（Pt_1kgm^a）；3. 混合岩化云母片岩（Pt_1kgm^b）；4.混合岩化斜长角闪岩（Pt_1kgm^c）；5. 石英闪长岩；6. 钾长石化、绿泥石化带；7. 地质界线；8. 断裂；9. 大田铀矿 II 号带铀矿出露点；10. 铀成矿带范围及编号

大田背斜位于攀枝花—大田地区，轴部近北东向展布，核部为大田石英闪长岩，南东翼为康定群、河口群，其中大田铀矿点位于该背斜南东翼。大田地区主要断层为元谋-绿汁江断裂的次级断裂，西起河边，东经地龙阱至大田街附近，长约 9km，大田地区的 F_3 断裂即为此断裂的一部分，断裂内见断层泥，岩石具糜棱结构。该断裂在大田矿区内派生出两条断裂，分别为 F_1 断裂和 F_2 断裂，分别对应大田铀矿点内的 I 号矿化带和 II 号矿化带。F_1 和 F_2 均呈东西向，大致平行展布，其中 F_1 长约 2.5km、宽 250m，F_2 长约 1.5km、宽 200m。区内出露的岩体主要为大田杂岩体和黑么岩体，前人研究测得黑么岩体年龄为 783Ma（李巨初，2009；王红军等，2009）。大田地区的基性脉岩较为发育，主要为各种辉绿（玢）岩，按照矿物组成不同，大致可分为两大类：辉绿（玢）岩、辉长岩。值得一提的是，区内还发育似伟晶岩脉体和花岗岩脉体，多见近东西走向产出。

3.3.1　赋矿岩性特征

大田 505 地区混合岩岩石类型按混合程度可以分为混合岩化（部分混合）斜长角闪岩、黑云母斜长片麻岩和混合岩（均质混合岩）。前者是区域变质-混合岩化结果，后者是被称为受隐伏构造控制的混合岩化产物。

1. 混合岩化（部分混合）斜长角闪岩、黑云母斜长片麻岩

部分混合岩化斜长角闪岩是指斜长角闪岩中出现浅色长石、石英脉体，呈似脉状、斑点、团块，或呈眼球状、条带状，似角砾状等，暗色基体部分较多（图 3-26～图 3-28）。有时能见到浅色脉体和基体同时发生弯曲和褶皱（图 3-29）。这些岩石被称为斜长片麻岩或斜长角闪片麻岩，是区域变质-混合岩化的结果。

图 3-26　DT-Y16 位置：ZK2801（206.27m）

注：混合岩化的斜长角闪岩，中粗粒，条痕状浅色脉体；含较多暗红色黑云母和棕红色斑块（石榴子石）。暗色矿物为深绿色，可能是蚀变结果

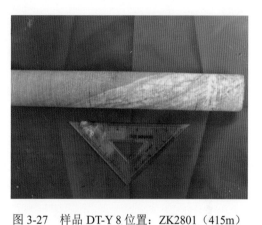

图 3-27　样品 DT-Y 8 位置：ZK2801（415m）

注：混合岩与斜长角闪岩界线清楚。在其界线部位的混合岩一侧的裂隙处具有放射性异常，γ 射线能谱测量值为 93×10^{-6}

图 3-28　地质点：D021

注：斜长角闪岩中见灰白色混合岩脉体，把斜长角闪岩分割成角砾状，为角砾状混合岩

图 3-29　混合岩脉体

注：斜长片麻岩中穿插多条相对平行的长英质脉体，并整体发生褶曲，说明此处发生了明显的区域变质混合作用

2. 混合岩（均质混合岩）

混合岩（均质混合岩）是指相对脉体部分占主要成分，较少或几乎没有暗色基体的岩石。均质混合岩与斜长角闪岩的界线相对清楚。有的均质混合岩显示有蚀变，岩石中暗色部分呈暗绿色。

均质混合岩有的岩石呈白色，很少含暗色矿物，暂称白色含白云母（均质）混合岩。岩石主要是白云母、石英和斜长石，斜长石可能是以钠-奥长石为主（图3-30～图3-33）。

图3-30　样品DT-Y 12 位置：ZK2801（102.05m）

注：灰白色混合岩，中粒，以斜长石、石英为主，见少量白云母鳞片，暗色矿物可能是黑云母和绿帘石

图3-31　样品DT-Y 9 位置：ZK2201（173.6m）

注：灰白色混合岩，见较多白云母，较少黑云母，以斜长石为主，含有石英（10%～15%）。镜下鉴定为白云母混合花岗岩

图3-32　DT-Y28　ZK2601（62m，横断面）

注：含白云母均质混合岩及其中的斜长石变斑晶。岩石中含有少量暗色残留体斑点

图3-33　DT-Y10 取样位置：ZK2201（278.58m）

注：白色混合岩（均质混合岩），颜色为白色，细粒，以灰色长石、石英为主，暗色矿物很少

均质混合岩还包括一种主要由斜长石、钾长石（常见为肉红色）和石英组成，含黑云母的岩石，暂称为二长花岗质混合岩。

根据野外观察及室内资料整理，总结混合岩空间分布特征及岩性特征，大田地区混合岩有以下特点。

（1）大田以北石英闪长岩，矿物定向排列，与围岩（斜长角闪岩）之间没有明显的侵入接触界面，未见冷凝边及侵入岩那样明显的结晶分异。

（2）混合岩岩性明显受变质原岩的岩性控制，如咱里组所在地段，其混合岩主要是闪长质混合岩。而冷竹关组所在的地段，则主要为花岗质混合岩。这是由于前者的原岩是斜长角闪岩（变基性火山岩），而后者的原岩是变质的碎屑沉积岩、酸性火山岩。

（3）混合岩的基体与脉体之间通常呈渐变过渡接触关系。

（4）混合岩中存在大量残留体（基体）。残留体大致定向排列，其长轴延伸方向与混合岩脉体矿物定向排列方向一致，亦与片麻理走向及区域构造线方向一致。残留体有的具明显的突变边界，有的界线则模糊不清。偶尔见到粗粒矿物定向排列，穿越残留体，两端在混合岩中尚隐约可见，说明这种混合岩是原地形成的。

（5）混合岩中发育大量交代结构，如石英交代斜长石，新生斜长石交代原岩斜长石，斜长石交代钾长石，黑云母交代角闪石等，构成残余溶蚀结构、蠕英石结构等。

3.3.2　大田地区铀矿化特征及控矿因素

1. 铀矿化特征

大田 505 铀矿化点发育三条铀矿化带，重点对Ⅰ、Ⅱ号矿化带开展了勘查工作。矿区出露一套古元古界康定群咱里组中高级变质岩，片理、片麻理总体走向近东西向，倾向南，倾角为 60°～80°。康定群咱里组地层可划分为三个岩性段。下部层位，原岩为基性火山岩（拉斑玄武岩），表现为一套斜长角闪岩、角闪斜长片麻岩、含角闪石混合岩的岩石组合（Pt_1zl^1），铀矿化产于该套混合岩化岩石中；中部层位，原岩为沉积碎屑岩，表现为一套黑云母片岩、片麻岩，夕线石片岩，石榴子石片岩，混合岩化片麻岩，含黑云母混合岩的岩石组合（Pt_1zl^2），铀及石墨矿化产于该套混合岩化岩石中。上部层位，原岩为酸性火山岩，表现为一套正片麻岩，眼球状混合片麻岩、花岗片麻岩组合（Pt_1zl^3）。区内赋矿岩性主要为混合岩化斜长角闪岩、阴影状含黑云母混合岩和角砾状混合岩。

出露岩体主要为晋宁期大田岩体（δo_2），岩性为石英闪长岩；晋宁期黑么岩体（γ_2），岩性为似斑状二长花岗岩。晚期基性岩脉、花岗岩脉发育。断裂构造发育，主要有北东向、南北向及近东西向三组构造。其中，近东西向的 F_1、F_2、F_5 韧性剪切带为主要含矿构造，铀矿体定位于剪切裂隙密集发育部位。对铀成矿最有利的围岩蚀变为硅化、黝帘石化、钠长石化、辉钼矿化、黄铁矿化。当绿色蚀变叠加暗红色的钠交代蚀变，往往见铀矿化。

矿床内深部共圈定了 18 个铀矿体，走向为 80°～100°，倾向南，倾角为 55°～67°。矿体长 100～500m，倾向延伸 100～200m。矿体较连续，呈透镜状、脉状产出。矿体品位变化系数为 28.36%～59.64%；厚度变化系数为 24.80%～39.44%；赋矿标高集中在 1400～1700m，矿体空间变化较大。矿体水平厚度为 0.74～1.14m，平均品位为 0.054%～0.321%，最高为 0.792%，矿体定位于"红化"的钠长石构造蚀变带内。

矿石矿物主要为晶质铀矿、钛铀矿等。晶质铀矿呈黑色，半金属光泽，不透明，粒状、团块状，部分呈集合体形态。晶质铀矿粒径一般为 0.1～0.2cm，大者可达 0.5～1.0cm，呈粒状分布于混合岩化岩石中，多与锆石、榍石、磷灰石、独居石等共生。另有次生铀矿物硅钙铀矿、红铀矿、钙铀云母、铜铀云母等。矿石结构为镶嵌粒状变晶结构、交代结构、碎裂结构等。矿石构造为阴影状、块状构造。

2. 控矿因素

区内断裂构造走向总体近东西向，广泛发育裂隙、劈理化带和长英质脉体。区内断裂构造角砾岩不发育，有少量碎裂岩。

1）断裂构造特征

区内断裂构造主要发育走向为北东向和近东西向断层，少量近南北向和其他走向的断层，其规模很有限。

（1）北东向区域性大断裂（F_3）。前人研究划定的北东向区域性大断裂（F_3）出露在矿区的东南部边界，断裂带总体向南倾，倾角为 70°～80°，在地表表现为岩石破裂，岩石颜色发绿、微红，曾被认为是钾化（钾长石、白云母）-绿泥石化带。断裂带中长英质脉体镜下见斜长石双晶纹弯曲、错断，矿物细粒化。这条断裂带区域上延伸很大，可能为一条多期活动的脆-韧性断裂带。

（2）近东西向断裂带（F_1, F_2）。近东西向断裂带是矿区主要与铀矿化有关的断裂。

Ⅰ号断裂带（F_1）与相应的矿化带对应。总体上断裂带由不太连续的断层组成，主要为碎裂-裂隙发育带，局部见断层角砾岩。地表覆土和风化壳较厚，难以直接判断，爱曼测量、γ射线能谱测量异常，近东西向分布，可以推测断层位置。总体走向为北西西向到近东西向，向南陡倾。根据上述断层特征和矿化特征，可将 F_1 划分为三条断层，即 F_{1-1}、F_{1-2}、F_{1-3}，分别对应三个矿化段。

Ⅱ号断裂带（F_2）与相应的矿化带对应。总体走向亦是北西西向到近东西向。其中可见流变褶曲-混合岩化-长英质脉体充填所显示的深层次构造（F_{2-1}）。该构造两侧具有挤压-剪切特征，中间部分见流变褶曲，被混合岩化，并被后期长英质脉体充填，表明具有多次活动特点。Ⅱ号断裂带另一种断裂为脉壁平直的剪切断裂（如 F_{2-2}），它可能是矿化后的断裂。Ⅱ号断裂带铀矿化大体受控于这两条断裂，但具体的控制矿化的断裂并没有查明。

在断裂带内沿剪切断裂面有铀的次生铀矿物，为钙铀云母类。

大田地区铀矿化主要分为两个铀成矿带，铀矿化带受到区内断裂构造（F_1，F_2）的控制呈东西向展布。Ⅰ号铀矿化带主要受到 F_1 断裂的控制，成矿段受断层控制明显，同时该带岩石裂隙发育且倾角较大，显示出张性裂隙和共轭剪切裂隙的性质，Ⅱ号铀矿化带中成矿段受到 F_2 断裂的控制，岩石裂隙显示出韧性-脆性的剪切性质。大田 505 特富铀矿陡壁位于大田 505 铀矿床Ⅱ号铀矿化带西侧，产于 F_2 断裂次级构造的破碎带中（图 3-34a）。在Ⅰ号铀矿化成矿带多个钻孔的浅色脉体中发现了粗粒晶质铀矿（图 3-34b）。核工业二八〇研究所在Ⅰ号铀矿化带北侧开展工作后又发现了Ⅲ号铀矿化带，新发现的铀矿化带与已知铀矿化带具有相似的地质特征，具有很好的找矿前景。

图 3-34 大田地区铀矿地表（a）和深部（b）轴矿特征

a. Ⅱ号铀矿化带陡壁富铀矿体；b. Ⅰ号铀矿化带浅色脉体中的晶质铀矿

2）裂隙发育特征

区内常以裂隙发育为特征，据统计，Ⅰ号矿带区内裂隙的走向有四组：30°～60°、60°～90°、270°～280°、300°～320°，以北东东和北西西走向两组裂隙最为发育，与矿化关系最为密切。

深部揭露的黄铁矿脉（部分与铀矿化有关）、方解石脉以细脉-网状充填为主，部分胶结角砾。脉体大体上有两组产状，一组陡倾，与岩心轴夹角很小；另一组倾角较缓，与岩心轴夹角为 50°，这两组裂隙都由黄铁矿充填，脉壁形态平直，可能为共轭节理，显示主压应力以垂向为主（图 3-35）。

矿化后期大量黄铁矿脉、石英脉、方解石脉、石英-方解石脉发育，产状各异，有缓倾，但以陡倾为主，在深部 500m 处还见到陡倾的方解石晶洞。深部裂隙发育可能显示该区以隆升应力为主导。

3）劈理化和劈理化带

花岗片麻岩和其中的长英质脉体被劈理化，部分花岗片麻岩被劈理化，发育眼球状变斑晶。它们常表现为比较"干"的构造，不见伴生有热液蚀变，是一种较晚期发育的构造。部分混合岩化斜长角闪岩和混合岩接触带附近的劈理化带，在地表局部有增高的放射性含量和异常。

在Ⅰ号断裂带内见有劈理化，劈理化带的走向也是北西西向到近东西向。该处岩石出现大量白云

图 3-35 ZK2202 中矿化部位岩心素描图

注：矿化岩石为蚀变的破碎混合岩。可见钾长石交代（K），呈脉状；黑色点表示黄铁矿，呈细脉和胶结角砾状，细脉一组陡倾，与岩心轴夹角很小；一组倾角较缓，与岩心轴夹角为50°

母，呈白云母片岩状。但仔细观察，白云母主要是沿劈理面发育，被劈理化的岩石应为混合岩（或白云母斜长片麻岩），所以初步认为可能为构造-蚀变的产物，有待进一步研究。

热液蚀变控矿特征：特殊蚀变组合控制铀矿化产出。绿色蚀变构造带发育，岩石裂隙发育地段，伴有硅化、黄铁矿化、钠长石化、黝帘石化等蚀变组合往往有矿化显示。发育绿色蚀变地段，多见异常或矿化显示，当充填暗红色钠长石、黄铁矿时，矿化往往较好，矿石品位更高。

不同岩性结构面控矿特征：铀矿化主要产于三个部位，即含黑云母混合岩与含角闪石混合岩接触部位；混合岩基体与脉体的接触部位，脉体中含矿；灰绿色含角闪石混合岩中。脉体与混合岩化斜长角闪岩易破碎，裂隙发育。断裂通过力学性质显著不同的地质体时，因断层折射发生转弯等地段，即为矿化有利赋存场所。

含碳质（石墨）地层控矿特征：含碳质层位原始富铀，经历变质深熔作用阶段，两者分离，碳质经高温变质形成大片径晶质石墨，而铀活化迁移，在晚期结晶分异熔融体中富集成矿。含石墨层位可作为铀矿找矿标志层，平面分布上，石墨矿体紧邻铀矿体南侧，石墨受层位控制，铀矿受控于断裂构造；垂向分布上，石墨矿体位于铀矿体上部。

变质深熔作用控矿特征：研究区赋矿围岩（浅色体）显示了交代结构特征，为变质深熔作用产物，铀矿化产于低融合混合岩中。韧-脆性剪切作用控制着混合岩带的分布，进而控制着铀矿体的空间定位。

3.3.3　围岩蚀变及矿物组合特征

常见的蚀变主要有白云母化、绢云母化、绿泥石化、绿帘石化、硅化、钠长石化、黝帘石化、辉钼矿化、黄铁矿化、黄铜矿化、碳酸盐化、高岭土化等。混合岩型铀矿中，总体上，有以下五类。

（1）铀及含铀矿物：晶质铀矿、沥青铀矿、钛铀矿、铀石、铈铀钛铁矿、钍石、方钍石，其中以晶质铀矿为主，还有后期氧化形成的次生铀矿。

（2）高温热液矿物：榍石、磷灰石、锆石、独居石、钛铁矿等。

（3）硫化物：辉钼矿、磁黄铁矿、黄铁矿、黄铜矿等。

（4）富含挥发分矿物：氟磷灰石、电气石等。

（5）非金属矿物：钠长石、石英、绿帘石、黑云母等。

核工业二八〇研究所在针对Ⅰ号铀矿化带的铀异常开展钻探工作过程中，发现了粗粒晶质铀矿的存在，晶质铀矿呈自形粒状分散分布，晶形与米易海塔 2811 铀矿点石英脉中粗粒晶质铀矿相似，以立方体与八面体聚形和菱形十二面体为主（图 3-36 和图 3-37），少量呈立方体；粒径一般为 1～5mm，晶质铀矿基本没有发生后生氧化；详细的岩矿鉴定显示，晶质铀矿主要赋存在长英质脉体中，脉体主要由长石和少量的石英矿物组成，因此Ⅰ号铀矿化带钻孔中晶质铀矿的矿物共生组合为长石、石英、榍石、辉钼矿、独居石、黄铁矿等。

在Ⅱ号铀矿化带水沟中连续发现特富铀矿滚石（图 3-38），最高品位达 58%。核工业二八〇研究所在Ⅱ号铀矿化带异常位置开展槽探工作并揭露出富铀陡壁，发现多条富铀的钠长岩透镜体顺层侵位于围岩中，近年来的研究成果也表明富铀滚石来自富铀陡壁。富铀滚石中晶质铀矿呈团块状分布，晶质铀矿后生氧化明显；受氧化作用影响，晶质铀矿的矿物共生组合不明，但是可以见到较多的榍石、石英等矿物，榍石边缘发生了明显的钛铀矿化现象（图 3-38b 和图 3-38c），表明钠长岩透镜体中也含有一定量的石英矿物，其矿物组合为长石、石英、晶质铀矿、榍石。

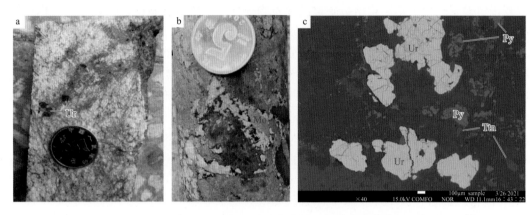

图 3-36　大田地区 I 号铀矿化带矿石标本及镜下特征

a. 钻孔中的晶质铀矿；b. 钻孔中与晶质铀矿共生的辉钼矿；c. 晶质铀矿、榍石、黄铁矿共生的背散射照片；Py：黄铁矿；Mol：辉钼矿；Ttn：榍石；Ur：晶质铀矿

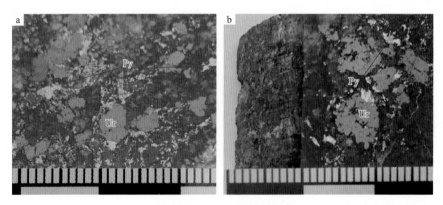

图 3-37　钻孔中的晶质铀矿

Py：黄铁矿；Ur：晶质铀矿

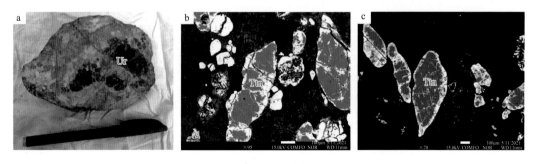

图 3-38　大田地区 II 号铀矿化带矿石标本及镜下特征

a. II 号铀矿化带水沟中连续发现特富铀矿滚石；b 和 c. 富铀陡壁与晶质铀矿共生的榍石边缘发生钛铀矿化

3.4　牟定地区混合岩铀矿特征

　　1101 铀矿点位于云南省牟定县戌街乡上村西约 2km（图 3-39），地层从古元古界到第四系均有发育，区内褶皱构造位于戌街黄草坝地区，轴部近北东向，核部为晋宁期黄草坝片麻状花岗岩，由茧林群花岗片麻岩构成，牟定 1101 铀矿点赋存于该背斜北西翼。区内的牛街-上村断裂呈北东向展布，为元谋-绿汁江断裂的次级断裂，断裂带宽数十米，断裂带内见构造角砾岩等。110 断裂呈北西向展布，位于 110 矿化段河沟内，与牛街-上村断裂带相交，长大于 500m，断裂带宽 1～2m，带内由构造角砾岩、断层泥等构成，走向为 290°～300°。该断裂直接影响矿区的地层展布与构造格局，造成矿区地层重复与缺失。牟定地区岩浆活动频繁，超基性-酸性岩均有出露，尤其是花岗岩分布面积最大，并较集中地分布在姚兴村、白沙滩一带，出露面积约为 47km²，可分为晋宁期、华力西期、印支期、燕山期等 4 个时期。

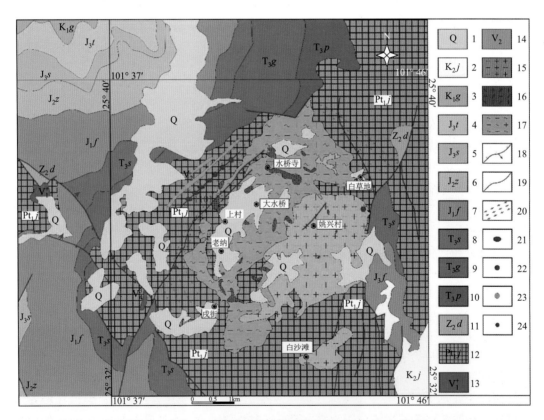

图 3-39　牟定 1101 地区铀矿地质略图［据郭锐（2020）修改］

1. 第四系；2. 上白垩统江底河组；3. 下白垩统高峰寺组；4. 上侏罗统妥甸组；5. 上侏罗统蛇店组；6. 中侏罗统张河组；7. 下侏罗统冯家河组；8. 上三叠统舍资组；9. 上三叠统干海子组；10. 上三叠统普村组；11. 上震旦统灯影组；12. 古元古界茧林群；13. 华力西期辉长岩；14. 晋宁期辉长岩；15. 晋宁期黑云母花岗岩；16. 晋宁期二长花岗岩；17. 晋宁期片麻状花岗岩；18. 实测逆断层；19. 性质不明断层；20. 韧性剪切带；21. 铀矿化点；22. 铀异常点；23. 铌钽矿；24. 钨矿

3.4.1 牟定地区混合岩特征

牟定 1101 铀矿化点混合岩主要有片岩、片麻岩、混合花岗岩和伟晶岩。苴林群普登组出露较多的岩石主要有云母片岩、伟晶岩、辉绿岩、斜长角闪岩、花岗糜棱岩和花岗片麻岩。云母片岩中多见石英脉体，野外观察发现石英脉体可能对云母片岩的产状有较大影响。伟晶岩中见较多白云母，占 60%以上，粒度为 1～2cm。辉绿岩与石英脉体方向基本一致，二者产状也基本一致，但是具体的穿插关系不明确。在 ZK006 附近，见较多斜长角闪片岩，富钠质，灰黑色，具有片理化。ZK006 围岩中见花岗糜棱岩和花岗片麻岩，在花岗糜棱岩和花岗片麻岩中可见构造平行分布，见有石英、长石、黑云母等定向排列，并有石英脉沿裂隙填充。在部分混合岩中见钾长石化、绿泥石化和绿帘石化，而在部分矿化混合岩中，见有硅化和绿泥石化。所以，可能硅化和绿泥石化同时存在，有利于矿化的形成。

牟定 1101 地区，铀矿化主要产出于斜长角闪岩、斜长角闪片岩、斜长角闪片麻岩和二云母石英片岩等。含矿岩石岩性如下所述。

斜长角闪片岩：灰黑色，粒柱状变晶结构，片理构造。矿物成分：普通角闪石（70%～75%）、中长石（20%～25%）、石英（约 3%）、黑云母（约 2%）、榍石（可达 1%），个别含磷灰石等。角闪石镜下显黄绿、蓝绿多色性，常包裹细粒石英、斜长石、榍石，呈连续定向分布；中长石多已绢云母化，偶见聚片双晶及环带构造。

斜长角闪片麻岩：铀矿体直接含矿围岩，分布局限，仅限于牛街-上村断裂带，呈浅灰、灰白色，粒状变晶结构，片麻状构造或眼球状片麻构造，长石斑晶直径可达 2～3cm，具定向排列。底部由较多黑云母（40%～50%）、斜长石（30%～40%）、碱性角闪石（5%～10%）和榍石等组成，向上暗色矿物减少，95%以上为斜长石，黑云母仅占 1%～2%。斜长石有两种，一种绢云母化较强，双晶不明显，形态不规则，似镶嵌状，为早期变质产物；另一种为半自形板状，常具聚片双晶，属奥长石，系晚期变质产物。二者均呈拉长状并定向分布。黑云母呈黄-淡黄色多色性，已向绿泥石过渡。

二云母石英片岩：灰白-褐色，粒状变晶结构，片理构造。矿物成分：石英（30%～50%）、斜长石（10%～15%）、黑云母（20%～30%）、白云母（15%～20%），另有少许石榴子石、锆石、电气石等副矿物。石英具波状消光，显带状，镶嵌状消光，粒间呈齿状、缝合线状接触，有时为眼球状，边缘有许多细小碎粒状石英。斜长石具强绢云母化，见聚片双晶及卡钠联合双晶，属奥长石。黑云母与白云母常呈集合体，定向分布，有时出现显微褶皱。

研究中发现含矿岩石类型可能还要更复杂一些，定名也还要进一步确定。在野外定为硅化、赤铁矿化角闪岩或角闪片岩，镜下鉴定为斜长岩，有粒度在 0.5～0.1mm 的白钛矿化榍石和 0.03～0.01mm 金红石条带。具有明显的变质到岩浆岩结构。岩石中石英有较多的分布，常见交代长石，呈略具定向分布。结合野外产状，常见石英脉体沿裂隙分布等特征，本书认为是硅质交代的反映，是矿化前的交代作用。矿化角闪片岩经镜下鉴定为闪长玢岩，斑晶为奥长石，粒度为 8～5mm，占岩石的 25%，略有绢云母蚀变；基质为半自形粒状 2～0.5mm 的奥长石和黑云母。奥长石边缘常有钠长石净化边,黑云母分解为绿泥石。这种岩石类似我们在野外初步确定在含矿带的上部有一带斑点(长石)的斜长角闪岩或角闪片岩,是蚀变的产物。

含矿岩石中的斜长石为奥长石,有钠长石的净化边。钠长石的净化边是变质岩和岩浆岩形成晚期的一种普遍现象,备受关注的钠长石化并没有显示。含矿岩石中斜长石绿帘石化、黝帘石化、绢云母化,黑云母绿泥石化。后期大量石英脉体穿插,或发生硅化,还有少量的方解石细小脉体。

除了以上矿化混合岩,牟定 1101 地区其他混合岩主要有变质较严重的混合岩夹片岩(图 3-40)、粒度较大的混合岩(图 3-41)、伟晶岩和花岗岩。通过野外地质观察可以发现脉体较为发育,主要有石英脉和伟晶岩脉。在矿化点周围还见较大石英脉体(图 3-42),后期的一些构造运动导致错断;从图 3-43 可以看出有较大的伟晶岩脉,且伟晶岩脉体中可见白云母和石英。本区花岗岩也较为发育,主要是钾长花岗岩(风化较严重,图 3-44)和细粒花岗岩(图 3-45)。

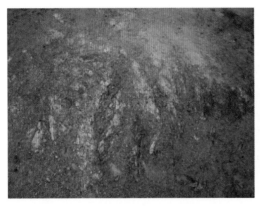

图 3-40　变质较严重的混合岩夹片岩

图 3-41　粗粒混合岩

图 3-42　石英脉体

图 3-43　白云母伟晶岩

图 3-44 钾长花岗岩

图 3-45 细粒花岗岩

3.4.2 牟定地区铀矿特征

1959 年云南省地质队发现 1101 铀矿点，后经工作，发展为 111 铀矿点、165 铀矿点、110 铀矿点、116 铀矿点。该点位于云南省牟定县戌街乡，紧邻勐岗河，其东侧为一套中、新元古代花岗岩体，两者侵入接触；西侧为中新生代地层覆盖，两者呈不整合接触。构造发育，早期以韧性剪切构造为主，沿岩体边部呈弧形展布。晚期以脆性深大断裂为主，呈北东向、北西向及南北向展布。铀成矿与不同岩性接触界面、韧脆性构造、花岗岩体（脉）、多期蚀变作用有关。

经详细工作，发现 1101 铀矿点由 7 个矿化段组成，位于黄草坝背斜的北西翼，牛街-上村断裂带内，自南向北 6575、7022、120 三个矿化段规模较小，116、165、110、111 四个矿化段规模较大，前人在 111 矿化段地表露头处的钠长岩脉发现了粗粒晶质铀矿的存在。

1. 111 矿化段

围岩为古元古界苴林群（Pt$_1$$j$）斜长角闪片岩，片理面整体产状为 300°∠80°。含矿主岩为钠长岩，岩石呈灰白色，细粒结构，块状构造，岩石矿物组分主要为钠长石，含量约为 98%。钠长石呈他形粒状，粒径为 0.3～1.0mm，个别达 2mm，略显定向排列，发育弱绢云母蚀变。铀矿化产于构造破碎带膨大部位，形成局部膨大的脉状矿体，靠近构造复合部位铀矿化规模和强度均有明显增大的趋势。地表北段矿化有分叉现象，由浅部向地表一分为二，由地表向浅部矿化厚度变宽，发育大量角砾状高品位铀矿，主矿体很可能在浅部及其下方。地表矿化出露宽度为 1.5～2.5m，延伸长度约为 18m，矿化延伸方向与片理走向基本一致。刻槽取样分析发现真厚度为 1.10m，铀品位最高为 27.100%，平均品位为 10.195%。

矿石矿物以晶质铀矿、沥青铀矿为主，另有次生铀矿物硅钙铀矿、钙铀云母等。其中，晶质铀矿呈浸染状、单颗粒状，新鲜面呈黑色，弱金属光泽，粒径大多为 0.4cm 左右，最大的可达 1.5cm 以上；沥青铀矿表面呈灰黑色，表面不干净、裂纹发育，呈脉状、

团块状、角砾状分布。共生矿物主要有辉钼矿、赤铁矿、方铅矿、黄铁矿、黄铜矿、锌锰矿、白铁矿、重晶石等。

脉石矿物主要为角闪石、石英、斜长石、黑云母等。

111 矿化段沥青铀矿形成时代为 954～950Ma（U-Pb 同位素定年）（武勇等，2020）。

111 矿化段的铀矿的钠长岩脉赋存于断裂构造裂隙中（图 3-46）。赋矿围岩为斜长角闪片岩、斜长角闪片麻岩，产状为 120°∠85°；地表矿化出露宽约 1m，长约 18m，矿体倾向南东，产状近直立（倾角为 87°），111 矿化段发现了较多的晶质铀矿的集合体（图 3-47）。

图 3-46　1101 铀矿点 111 矿化段富铀钠长岩脉

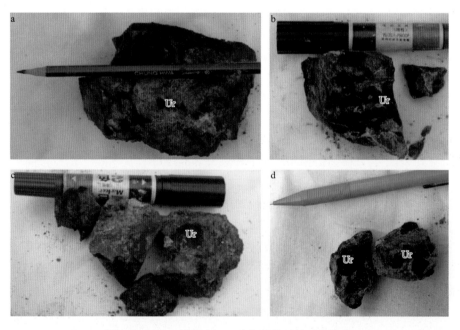

图 3-47　1101 铀矿点 111 矿化段晶质铀矿集合体

Ur：晶质铀矿

2. 165 矿化段

该矿化段位于 111 铀矿点北东侧约 110m 山坡处，岩性为古元古界普登岩群（Pt_1p）斜长角闪片岩，含矿主岩为浅黄白色蚀变钠长岩，岩石新鲜面显黄白色，细粒结构、块状构造。矿物成分主要由钠长石和铁质矿物组成。铀矿化产于强褐铁矿化、赤铁矿化的钠长岩脉中，矿化脉体呈似层状，层厚 5～30cm，以 5～10cm 厚脉体为主，个别厚度达 30cm，厚薄不等的钠长岩脉组成脉体群。脉体整体走向为 25°～30°、倾角为 81°，倾向南东，地表矿化延伸长度大于 30m。含矿脉体严格受斜长角闪片岩片理裂隙控制，延伸方向基本与片理方向一致。刻槽取样分析发现两段矿化，第一段铀矿化体真厚度为 0.98m，平均品位为 0.080%，最高品位为 0.124%；第二段铀矿化体真厚度为 2.30m，平均品位为 0.032%，最高品位为 0.041%。

1101 铀矿点在岩体与变质岩接触带断层-裂隙构造发育，铀矿化和异常点带沿北东向断裂构造展布。在接触带，花岗岩内有大量石英脉体，在斜长角闪片岩和片岩中也有大量细小石英脉体，并且在部分地段片岩中脉体有铜的次生矿物。在矿点露头，有明显硅化和赤铁矿化。这些都表明铀矿化与构造和热液活动有关。

3.4.3　围岩蚀变及矿物组合

围岩蚀变主要有钠长岩化、赤铁矿化、黄铁矿化、褐铁矿化、绿泥石化、高岭土化等。早期以钠长石化为主，晚期以赤铁矿化、黄铁矿化为主，与铀成矿关系密切。

1101 铀矿点 111 矿化段露头上发现的粗粒晶质铀矿呈聚合体形式存在，晶质铀矿最大颗粒可达厘米级（图 3-48 和图 3-49）。晶质铀矿团块角砾化明显，有时也见呈脉状产出（图 3-48、图 3-50）。晶质铀矿的形态与海塔铀矿点和大田 505 铀矿床有较大的区别，主要表现为晶质铀矿晶粒相对细小，以立方体为主，偶见立方体与八面体聚形，电子探针图像显示有较明显的环带结构（图 3-48、图 3-50）。

晶质铀矿赋存在钠长岩脉中，经过对钠长岩脉开展详细的岩矿鉴定，发现脉体中也有部分石英矿物的存在，榍石矿物与晶质铀矿紧密共生，可以见到部分榍石被晶质铀矿包裹，因此晶质铀矿矿物共生组合为钠长石、石英、榍石、金红石、电气石、方铅矿、白云母等，此外还可以见到大量的次生铀矿物（图 3-51）。

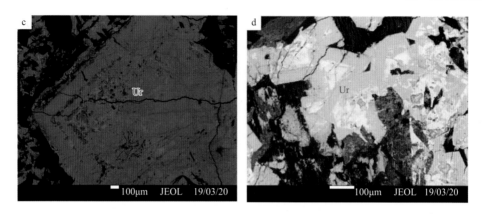

图 3-48　牟定地区 1101 铀矿点矿石标本及镜下特征

a 和 b. 钠长岩脉中角砾状晶质铀矿；c 和 d. 晶质铀矿的背散射图像；Ur：晶质铀矿

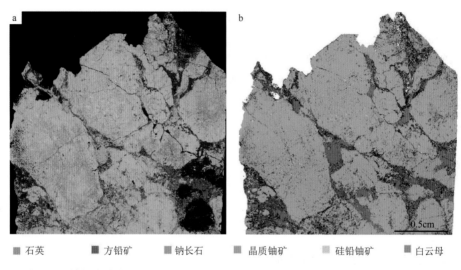

■ 石英　　　■ 方铅矿　　　■ 钠长石　　　■ 晶质铀矿　　　■ 硅铅铀矿　　　■ 白云母

图 3-49　钠长岩脉中晶质铀矿 TIMA 扫面（a 为背散射图像；b 为 TIMA 扫面图像）

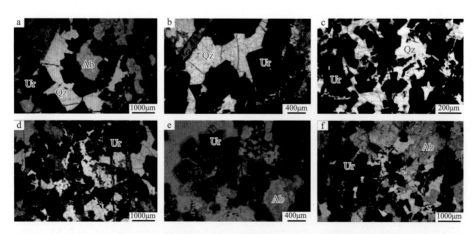

图 3-50　钠长岩脉中晶质铀矿的形态（透射光）

Ur：晶质铀矿；Ab：钠长石；Qz：石英

图 3-51　钠长岩脉中电气石、白云母及次生铀矿物

Tou：电气石；Ab：钠长石；Mu：白云母

牟定地区混合岩铀矿中，见有沥青铀矿和铀酰氢氧化物，锌锰矿（$ZnO \cdot Mn_2O_3$）、褐铁矿沿裂隙分布，表明是后期构造破碎后的热液活动产物。矿化的斜长角闪片岩光片中见有较多的金属矿物，如黄铁矿、黄铜矿、褐铁矿等，沿岩石角砾边部或破碎裂隙分布。硅化、赤铁矿化斜长角闪片岩为大量的块硫锑铅矿（$5PbS \cdot 2Sb_2S_3$），锌锰矿（$ZnO \cdot Mn_2O_3$）呈细脉状分布，块硫锑铅矿、锌锰矿的出现均反映中低温热液成矿环境，水锌锰矿（Zn_2，$Mn_4O_8 \cdot H_2O$）往往沿裂隙及晶间充填，呈纤维状集合体或形成皮壳状，针铁矿和纤铁矿沿裂隙分布。

3.5　混合岩型铀矿控矿因素

本节从混合岩、脉体及构造对铀矿的控制作用进行探讨。为了探讨混合岩型铀矿化与脉岩之间的关系，本书研究团队采集大田地区的辉绿岩脉和酸性岩脉进行了深入研究，通过岩石学、矿物学、年代学、地球化学等方法对岩脉形成的地质背景及其与铀矿化的关系等进行了探讨。

3.5.1　混合岩对铀矿的控制

混合岩型铀矿的赋矿主岩是混合岩。康滇地轴混合岩类型较多，变质程度亦有差异。如前文所述，混合岩对铀矿有一定的控制作用，目前发现的米易海塔、攀枝花大田和云南牟定戌街地区铀矿均产于混合岩内部，但混合岩的类型稍有差异。米易海塔铀矿化受五马箐组混合变质岩控制，与混合岩中的长英质脉体及石英脉关系密切，五马箐组以云母片岩为主，少量斜长角闪岩、长英质脉体发育。大田地区的混合岩变质程度要高一些，铀矿化产于片麻状花岗质混合岩中的硅质、长英质透镜体（脉体）之中，铀矿化区域也存在片麻状斜长角闪岩。牟定地区铀矿化产于苴林群黑云斜长片麻岩、斜长角闪岩、云母片岩等组成的混合岩之中。混合岩中铀的背景值较高,可以给铀成矿提供铀源,同时混合岩化过程可以使原岩中的铀进一步活化迁移,最后在合适的位置沉淀富集成矿。总体而言,混合岩对铀矿化的控制作用主要表现在混合岩与构造的叠加控矿方面。

3.5.2 脉岩与铀矿化的关系

康滇地轴混合岩型铀矿化区分布有大量的岩性不同的后期脉体,主要分为酸性长英质脉岩和基性的辉绿脉岩。对这些脉体与铀矿化的关系一直以来没有进行深入研究,本书在研究过程中对大田地区的花岗质岩脉和辉绿岩脉及其与铀矿化的关系进行了深入研究,结果发现,岩脉与铀矿化存在一定的成因关系。

1. 岩脉岩石矿物学特征

本书所研究的岩脉是指分布在大田 505 铀矿点区域且产出于大田混合岩、大田石英闪长岩和黑么岩体中的基性辉绿岩脉、酸性长英质岩脉及花岗岩脉;基性岩脉及酸性岩脉在整个区域广泛出露,一般规模较小,且在地表上剥露的程度较低,仅仅通过河谷地段和钻孔工程对岩脉的野外地质特征进行描述。

该区域的基性岩脉岩性以浅层的灰绿色细粒辉绿岩为主,辉绿结构,块状构造,部分辉绿岩的矿物颗粒较小,肉眼较难辨别,同时也见斜斑玄武岩的基性岩分布于 505 铀矿点附近的断层中,区域内基性脉体一般规模较小,脉体宽 40~70cm,在大田地区二号带附近的河谷地段,可见较大脉体宽度可达 2m,岩脉一般以较大的倾角侵入产出于围岩中,岩脉平面上延伸方向一致性较差,在北东向、北西向及东西向均有分布,但北西向的脉体最多;岩脉岩石均具有不同程度的蚀变,大多为绿泥石-绿帘石化,部分可见赤铁矿化。

酸性岩脉以长英质岩脉为主,岩石颜色一般呈纯白色-灰白色,块状构造,矿物成分以浅色的石英和长石为主,偶见暗色矿物分布其中,岩脉宽度一般小于 50cm;值得注意的是,在大田特富铀矿所在陡壁处可见长英质脉体,其 γ 射线能谱仪测得异常值大于1000,部分岩石具有硅化现象。

在前人对该地区岩脉进行研究的基础上,结合大田区域内的基性脉岩和酸性脉岩的出露情况,重点对辉绿脉岩及长英质脉岩样品进行采集。本次实际采集样品共 12 件(辉绿脉岩样品 9 件,斜斑玄武岩样品 1 件,长英质脉岩 4 件)。

在攀枝花仁和区夜苦喇村附近采石场剥露岩壁及河谷两侧采集样品 4 件(NW01、NW02、NW03、EW01),4 件样品均采于辉绿岩脉中,脉体宽度为 50cm 左右,倾角较大,脉体中可见多组节理(70°~80°),NW01、NW02、NW03 样品所在脉体在空间上呈北西向展布,EW01 样品呈东西向展布;在河边村水库附近采集脉体样品 3 件(NW04、NE01、NE02),样品也采集于辉绿岩脉中,脉体规模相对于北侧脉体较大,脉体宽度为1~2m,NW04 样品所在岩脉走向北西,NE01、NE02 所在脉体走向北东;在大田地区铀矿异常一号带 A 钻孔中采集样品 3 件(DDT202-1、DDT202-3、DDT202-4),异常一号带 B 钻孔中采集样品 2 件（DDT203-3、DDT203-4），其为长英质脉岩，均为长英质脉体；异常一号带 C 钻孔中采集样品 1 件（DDT104-1）；在异常 2 号带特富铀矿陡壁附近采集样品 1 件（DDT102-1），其为斜斑玄武岩样品，附近可见基性脉体侵入产出于花岗质岩石中，样品采集位置及采样深度如表 3-1 所示，部分脉岩采样样品图如图 3-52 所示。

表 3-1　样品采集位置及采样深度一览表

序号	样品编号	采样位置	样品岩性
1	NW01	沿夜苦喇采石场东西西向支流由东向西依次采集（地表）	细粒辉绿岩
2	NW02		细粒辉绿岩
3	NW03		细粒辉绿岩
4	EW01		细粒辉绿岩
5	NE01	河边水库西边河流河谷处（地表）	细粒辉绿岩
6	NE02		细粒辉绿岩
7	NW04		细粒辉绿岩

钻孔采样表

序号	样品编号	采样位置		样品岩性
8	DDT202-1	钻孔 A	244.1～245.0m	长英质脉体
9	DDT202-3		215.64～221.6m	细粒辉绿岩
10	DDT202-4		176.5m 左右	长英质脉体
11	DDT203-3	钻孔 B	307.1m 左右	长英质脉体
12	DDT203-4		204.0m 左右	长英质脉体
13	DDT104-1	钻孔 C	174.4～175.7m	细粒辉绿岩
14	DDT102-1	2 号带陡壁附近（地表）		斜斑玄武岩

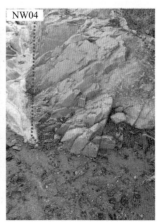

图 3-52 部分脉岩采样样品图

2. 脉岩地球化学特征

选取大田地区岩脉中的 10 个基性岩样品和 6 个酸性岩样品进行主、微量元素含量分析测试，本次常微量测试在核工业二三〇研究所测试中心进行。在测试的数据基础上，同时也搜集前人对该地区脉岩的测试研究成果，使用相关的地球化学图版投图，以反映研究区基性脉岩与酸性脉岩的主量、痕量元素特征，讨论脉岩的化学组成特征。

1）基性脉岩地球化学特征

本次所采集的基性脉岩样品均具有相当的烧失量（1.51%～3.22%），岩石总量处于误差范围之内（98.09%～100.36%），根据现有总量再排除烧失量后重新计算各主量元素含量（表 3-2），基性脉岩中辉绿脉岩与玄武岩的地球化学组成基本相似，SiO_2 含量为一般基性岩地球化学组成，为 43.52%～51.18%，平均值为 48.42%；Al_2O_3 含量较高，为 11.11%～18.14%，平均含量为 13.80%；K_2O 含量为 0.35%～2.09%，平均含量为 1.08%；Na_2O 含量为 1.92%～3.84%，平均含量为 2.67%；整体上均具有 Na＞K 的特点，Na_2O/K_2O 为 1.10～10.88，平均值为 3.15；MgO 含量为 5.35%～12.29%；平均含量为 8.53%；TiO_2 含量较高，为 0.74%～3.00%，平均值为 2.15%；P_2O_5 含量为 0.06%～0.34%；平均值为 0.23%；MnO含量为 0.19%～0.28%；平均值为 0.21%；TFe_2O_3 含量为 11.17%～15.12%，平均值为 13.49%。上述基性脉岩的主量元素含量表现出高铁、高镁、高钛，具有基性岩的含量特征。

表 3-2　基性脉岩主量元素含量（%）和其他指标组成表

主量元素（指标）	DDT102-1（斜斑玄武岩）	DDT202-3（辉绿岩）	DDT104-1（辉绿岩）	NW01（辉绿岩）	NW02（辉绿岩）	NW03（辉绿岩）	NW04（辉绿岩）	NE01（辉绿岩）	NE02（辉绿岩）	EW01（辉绿岩）
MgO	5.54	10.36	5.35	7.89	8.05	8.02	12.29	9.28	7.86	10.65
Al_2O_3	14.33	11.60	14.79	13.08	14.83	13.89	12.56	18.14	13.70	11.11
SiO_2	49.47	48.99	48.42	48.21	48.50	49.18	43.52	46.81	51.18	49.95
P_2O_5	0.34	0.24	0.32	0.30	0.24	0.20	0.21	0.06	0.20	0.18
Na_2O	3.82	2.19	2.94	3.57	2.80	2.43	1.92	2.30	2.76	2.01
K_2O	1.37	0.76	1.14	0.35	1.24	1.12	0.67	2.09	1.21	0.84
CaO	7.49	11.21	9.94	10.73	9.54	10.12	12.49	10.08	9.00	11.44
TiO_2	3.00	2.17	2.75	2.61	2.10	2.14	2.07	0.74	1.98	1.97
MnO	0.21	0.20	0.20	0.28	0.22	0.20	0.23	0.22	0.19	0.19
Fe_2O_3	5.18	4.31	4.30	7.77	4.10	4.86	5.03	2.65	4.00	4.38
FeO	8.92	7.66	9.37	5.22	8.39	7.84	9.02	7.64	7.92	7.28
TFe_2O_3	15.12	12.85	14.74	13.58	13.44	13.59	15.08	11.17	12.82	12.49
$Na_2O + K_2O$	5.19	2.95	4.08	3.92	4.04	3.55	2.60	4.39	3.97	2.85
Fe/Mn	65.79	58.46	65.91	43.73	54.44	60.20	60.10	46.74	61.58	60.61
Mg 指数	42.34	61.77	42.10	53.77	54.54	54.17	62.02	62.48	55.11	63.08
CaO/Al_2O_3	0.52	0.97	0.67	0.82	0.64	0.73	0.99	0.56	0.66	1.03
SI	22.31	41.01	23.15	32.24	32.75	33.09	42.57	38.72	33.09	42.39

在全碱-硅图解（图 3-53）中，岩石大部分投点落在玄武岩区域，NW04 样品投点落入苦橄玄武岩区域，DDT102-1 样品落入粗面玄武岩区域内；在 $K_2O\text{-}SiO_2$ 图解（图 3-54）中，岩石投点大多数落于钙碱性系列区域，NE01 样品落入钾玄岩系列区域；在考虑岩石蚀变（烧失量为 1.51%～3.22%）对岩石地球化学组成的影响后，本书采用不活泼元素的 $Nb/Y\text{-}Zr/TiO_2$ 图解来进一步讨论岩石的类型；在图 3-55 中，NE01、DDT202-3、DDT104-1 样品 Nb/Y 小于 0.65；样品落入亚碱性玄武岩区域，其他样品落入碱性玄武岩区域；在

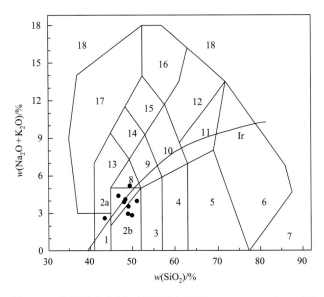

图 3-53　基性脉岩全碱-硅图解［底图据 Middlemost（1994）］

1. 苦橄玄武岩；2a. 碱性辉长岩；2b. 亚碱性辉长岩；3. 玄武安山岩；4. 安山岩；5. 英安岩；6. 流纹岩；7. 英石岩；8. 粗面玄武岩；9. 玄武岩质粗面安山岩；10. 粗面安山岩；11. 粗面英安岩；12. 粗面岩；13. 碱玄岩；14. 响质碱玄岩；15. 碱玄质响岩；16. 响岩；17. 副长火山岩；18. 方钠岩/霞石岩/纯白榴岩；Ir. Irvine 分界线，上方为碱性，下方为亚碱性

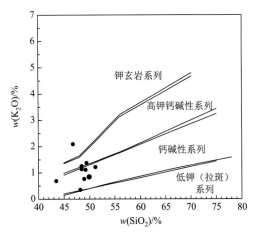

图 3-54　基性脉岩 $SiO_2(\%)\text{-}K_2O(\%)$ 图解
底图据 Peccerillo 等（1976）

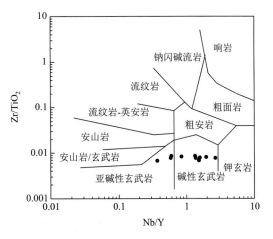

图 3-55　基性脉岩 $Nb/Y\text{-}Zr/TiO_2$ 判别图解
底图据 Winchester 和 Floyd（1977）

Ce/Yb-Ta/Yb 图解（图 3-56）中，除 DDT102-1
落入钙碱性系列区域内，其余样品落点于钾玄
质系列区域，同时岩石 $Mg^\#$ 为 42.10～63.07，
$Mg^\# = 100 \times nMgO/(n\ MgO + n\ FeO_T)$，平均值为
55.13，低于原始岩浆 $Mg^\#$（68～75）的组成，同
时结晶分异指数 SI 为 22.31～42.57，SI = MgO×
$100/(MgO + FeO + Fe_2O_3 + Na_2O + K_2O)(\%)$，平
均值为 33.85；SI 越大，表明结晶分异程度越
低]，均显示该区域基性脉岩经历了一定程度的
结晶演化。

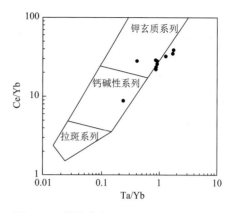

图 3-56　基性脉岩 Ce/Yb-Ta/Yb 判别图解
底图据 Pearce（1982）

　　基性脉岩微量元素组成特征如表 3-2 所示，
引入典型的 OIB（ocean island basalt，洋岛玄武
岩）、N-MORB（normal-mid ocean ridge basalt，大洋中脊玄武岩）及 E-MORB（enriched -mid
ocean ridge basalt，大洋中脊异常玄武岩）的微量元素组成作为参考对象；在微量元素原
始地幔标准化蛛网图（图 3-57）中，脉岩的微量元素标准化曲线明显区别于 E-MORB 与
N-MORB，整体上具有与 OIB 类似的特征，表现为富集 K、Sr、Rb、Ba、Th 等大离子亲
石元素和 Ta、Nb、Zr 等高场强元素，但相较于 OIB 曲线，脉岩样品表现出轻微的 P 负
异常，结合哈克图解中 P 元素含量相较于 $Mg^\#$ 的负相关，表明 P 元素在结晶分异过程中
不存在磷灰石的结晶分异，认为这种 P 元素的负异常源于源区的 P 亏损。微量元素含量
较 N-MORB、E-MORB 更富集，明显区别于岛弧玄武岩的微量元素特征（岛弧玄武岩
微量元素含量较低并具有明显的 Nb、Ta 负异常），暗示该岩石可能与 OIB 同源的岩浆有
关。值得注意的是，NE01 具有与其他脉岩不同的微量元素特征，表现为标准化曲线的较
大波动，同时处于矿化带中的 DDT102-1、DDT104-1、DDT202-3 脉岩样品均表现出明显
的 U 正异常。

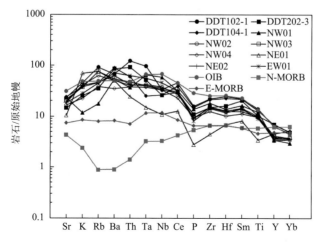

图 3-57　基性脉岩微量元素原始地幔标准化蛛网图

原始地幔标准值据 Sun 和 McDonough（1989）

基性脉岩稀土元素组成特征如表 3-3 所示，同样以典型的 OIB、N-MORB 及 E-MORB 的稀土元素组成作为参考对象（Sun and McDonough，1989）；脉岩稀土元素含量较高，$71.13 \times 10^{-6} \sim 208.09 \times 10^{-6}$，平均值为 147.45×10^{-6}，接近 OIB 的稀土总量（198.6×10^{-6}），明显区别于岛弧玄武岩的稀土含量组成；在稀土配分型式图（图 3-58）上，富集 LREE，亏损 HREE，配分曲线呈右倾型，除 NE01 样品外其余样品明显区别于 N-MORB 与 E-MORB 的型式配分曲线；与 OIB 型曲线相接近；LREE/HREE 为 $3.26 \sim 8.28$，平均值为 6.84；La_N/Yb_N 为 $3.39 \sim 14.57$，平均值为 10.84；轻重稀土分异较小（同 OIB 相似）。同时曲线具有轻微的 Eu 负异常，Ce 无异常（δEu 为 $0.70 \sim 0.91$，平均值为 0.84），Eu 轻微负异常（δCe 为 $0.61 \sim 1.10$，平均值为 0.95）；表明岩石在形成时可能受到了轻微的斜长石分离结晶的影响。

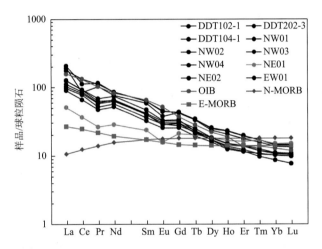

图 3-58　基性脉岩稀土元素球粒陨石图标准化分布型式图

球粒陨石标准值据 Sun 和 McDonough（1989）

2）酸性脉岩地球化学特征

本书所采集的酸性脉岩烧失量较小，为 1.76%~3.7%，属于轻微蚀变岩石，岩石总量处于误差范围（99.70%~99.80%）之内，在排除烧失量（含水分）后重新计算各主量元素含量（表 3-4），酸性脉岩的硅质含量较高，为 68.22%~77.31%，平均含量为 73.02%；属于花岗岩类范畴；Al_2O_3 含量较高，为 10.42%~18.98%，平均含量为 14.76%；K_2O 含量变化范围较大，为 1.30%~5.95%，平均含量为 3.53%；Na_2O 含量为 2.42%~5.67%，平均含量为 3.85%；部分样品具有 Na>K 的特点，但整体上 Na、K 含量相当，并未表现出较大的差异；CaO 含量变化较大，为 0.15%~4.26%，平均含量为 1.52%，整体 CaO 含量偏低，结合镜下特征表明这可能是斜长石黏土化造成的；镁、磷含量较低，MgO 含量为 0.03%~0.62%，平均含量为 0.33%，P_2O_5 含量为 0.01%~0.05%，平均含量为 0.03%；部分样品 Fe 含量较高，TFe_2O_3 最高可达 6.13%；平均含量为 1.60%，在整体上处于全国花岗岩平均水平。

表 3-3　基性脉岩微量及稀土元素含量组成表

（单位：μg/g）

主量元素（指标）	DDT102-1（斜斑玄武岩）	DDT202-3（辉绿岩）	DDT104-1（辉绿岩）	NW01（辉绿岩）	NW02（辉绿岩）	NW03（辉绿岩）	NW04（辉绿岩）	NE01（辉绿岩）	NE02（辉绿岩）	EW01（辉绿岩）	OIB（玄武岩）	N-MORB（玄武岩）	E-MORB（玄武岩）
La	41.7	44.9	48.3	29.7	22.8	26.3	21.3	12.0	24.4	29.7	37	2.5	6.3
Ce	80.4	52.3	68.8	56.8	47.5	53.0	40.6	22.2	50.3	55.9	80	7.5	15
Pr	10.6	9.81	11	6.52	4.93	5.70	4.49	2.49	5.50	5.96	9.7	1.32	2.05
Nd	40.1	35.7	39.9	34.7	26.7	30.9	24.3	13.3	29.3	30.1	38.5	7.3	9
Sm	9.67	8.99	9.63	7.18	5.53	6.34	4.93	3.59	6.14	6.17	10	2.63	2.6
Eu	2.65	2.18	2.56	1.90	1.67	1.85	1.48	0.91	1.75	1.64	3	1.02	0.91
Gd	8.68	8.8	8.9	6.85	5.64	6.56	5.22	4.30	6.19	6.12	7.62	3.68	2.97
Tb	1.24	1.28	1.26	0.86	0.83	0.93	0.73	0.75	0.86	0.80	1.05	0.67	0.53
Dy	5.94	6.3	6.46	4.28	4.32	4.65	4.02	4.70	4.58	4.34	5.6	4.55	3.55
Ho	1.17	1.29	1.31	0.73	0.79	0.86	0.70	0.93	0.84	0.77	1.06	1.01	0.79
Er	2.9	3.21	3.24	1.92	2.29	2.32	1.88	2.67	2.27	2.01	2.26	2.97	2.31
Tm	0.4	0.43	0.43	0.25	0.30	0.32	0.27	0.43	0.30	0.27	0.35	0.456	0.356
Yb	2.3	2.39	2.46	1.46	1.87	1.84	1.71	2.54	1.80	1.74	2.16	3.05	2.37
Lu	0.34	0.36	0.37	0.19	0.27	0.26	0.25	0.38	0.26	0.25	0.03	0.455	0.354
Y	28.3	31.4	30.8	15.5	17.1	18.6	15.2	20.9	17.9	16.5	29	28	22
Zr	245.00	166.00	236.00	200.16	163.66	166.48	139.22	49.70	168.17	159.44	280.00	74.00	73.00
Nb	23.80	18.40	18.50	41.61	26.74	25.55	23.31	7.68	23.84	32.42	48.00	2.33	8.30
Re	0.00	0.00	0.00	0.00	0.01	0.00	0.00	0.01	0.00	0.00	／	／	／
Hf	7.53	4.90	6.94	4.20	3.81	3.89	3.10	2.11	3.92	3.63	7.80	2.05	2.03
Ta	3.93	2.10	1.02	2.64	1.71	1.62	1.53	0.61	1.62	2.27	2.70	0.13	0.47
Li	18.80	10.70	11.60	13.43	16.90	22.10	9.99	11.66	9.33	14.38	5.60	4.30	3.50
Rb	57.80	22.30	28.90	11.05	39.93	47.75	24.37	47.71	29.22	28.11	31.00	0.56	5.04
Sr	486.00	304.00	503.00	481.20	411.60	450.10	349.50	217.50	388.00	384.10	660.00	90.00	155.00
Cu	205.00	137.00	62.00	78.12	87.79	100.50	115.00	34.14	103.60	133.70	／	／	／

续表

主量元素（指标）	DDT102-1（斜斑玄武岩）	DDT202-3（辉绿岩）	DDT104-1（辉绿岩）	NW01（辉绿岩）	NW02（辉绿岩）	NW03（辉绿岩）	NW04（辉绿岩）	NE01（辉绿岩）	NE02（辉绿岩）	EW01（辉绿岩）	OIB（玄武岩）	N-MORB（玄武岩）	E-MORB（玄武岩）
Pb	5.66	2.76	4.74	95.74	55.60	28.88	20.42	391.10	37.34	20.67	3.20	0.30	0.60
Zn	148.00	106.00	91.10	213.30	142.40	156.60	127.60	213.30	143.80	107.40	/	/	/
V	435.00	288.00	376.00	328.60	298.60	344.30	327.50	237.40	325.30	303.00	/	/	/
Cr	104.00	471.00	23.50	330.40	143.10	270.70	820.30	540.80	200.20	839.70	/	/	/
Cd	0.10	0.10	0.08	0.65	0.36	0.64	0.36	0.95	0.39	0.30	/	/	/
Mo	1.55	1.56	2.10	1.23	0.83	0.72	0.63	0.32	0.71	0.69	2.40	0.31	0.47
Co	52.60	60.10	44.40	49.08	59.75	54.52	61.92	37.62	50.22	56.62	/	/	/
Ba	469.00	594.00	618.00	367.50	353.80	376.90	243.00	350.20	435.50	489.40	350.00	6.30	57.00
Be	1.46	1.04	1.53	1.19	0.98	0.90	0.89	0.64	0.85	1.06	/	/	/
Sc	29.60	37.30	26.60	0.00	0.00	0.00	0.00	0.00	0.00	0.00	/	/	/
Ga	24.10	18.20	24.90	19.26	19.44	21.17	17.15	16.47	19.89	18.02	/	/	/
In	0.10	0.09	0.10	0.10	0.09	0.09	0.09	0.10	0.09	0.08	/	/	/
Cs	1.07	0.34	0.45	1.03	1.10	1.39	1.20	3.08	1.23	0.94	0.39	0.01	0.06
Ni	84.20	188.00	33.90	101.80	103.50	116.30	202.90	22.91	107.00	199.60	/	/	/
W	2.35	0.93	0.61	0.61	0.53	0.56	0.51	0.48	0.51	0.61	0.56	0.01	0.09
Tl	0.23	0.11	0.15	0.10	0.19	0.19	0.12	0.42	0.25	0.16	0.08	0.00	0.01
Bi	0.14	0.08	0.32	0.09	0.07	0.08	0.07	0.05	0.09	0.09	/	/	/
Th	10.30	7.76	5.06	3.11	3.45	3.97	3.19	2.04	3.52	5.28	4.00	0.12	0.60
U	18.00	18.20	78.50	1.74	0.79	0.89	0.72	0.77	0.92	1.33	1.02	0.05	0.18
Sb	0.19	0.28	0.36	1.09	0.32	2.34	0.77	1.39	0.80	0.80	0.03	0.01	0.01

注：OIB、N-MORB、E-MORB 微量及稀土元素含量引自 Sun 和 McDonough（1989）；"/"表示引自原文且未测试，后同。

表 3-4　酸性脉岩主量元素（%）及其他指标表

主量元素（指标）	DDT202-4（后期石英脉）	DDT203-3（长英质脉体）	DDT202-1（长英质脉体）	DP1-15-2（长英质脉体）	DDT203-4（长英质脉体）	DP1-13-1（花岗质脉体）	DT06-1[1]（长英质脉体）	DT07[1]（灰白色花岗岩）	PR13-1[1]（酸性岩脉体）	DT05-1[1]（细粒花岗岩）	DT-Y23[2][长英质脉体（含黑色条带状石英）]
MgO	0.50	0.14	0.50	0.42	0.54	0.57	0.04	0.62	0.25	0.07	0.03
Al_2O_3	18.98	13.33	13.80	13.70	18.71	15.34	13.68	15.33	14.96	14.07	10.42
SiO_2	68.22	75.95	74.96	77.31	68.41	73.52	76.33	71.05	72.54	73.85	71.08
P_2O_5	0.02	0.02	0.03	0.03	0.05	0.03	—	—	—	—	0.01
Na_2O	5.67	4.00	4.28	3.97	5.56	2.43	2.57	5.44	3.13	2.86	2.42
K_2O	2.61	4.49	3.25	3.17	1.30	2.76	5.07	2.36	3.99	5.95	3.91
CaO	2.98	1.35	2.09	0.30	4.26	0.15	1.03	1.44	2.25	0.44	0.39
TiO_2	0.09	0.05	0.16	0.11	0.14	0.26	—	—	—	—	0.02
MnO	0.03	0.03	0.03	0.02	0.02	0.02	—	—	—	—	0.01
Fe_2O_3	0.25	0.15	0.26	0.89	0.44	2.63	—	—	—	—	0.59
FeO	0.66	0.49	1.32	0.22	0.86	0.22	0.31	2.23	3.99	0.80	
TFe_2O_3	0.99	0.69	1.72	1.14	1.40	2.88	0.35	2.48	4.44	0.89	0.59
Na_2O+K_2O	8.27	8.49	7.54	7.14	6.86	5.19	7.64	7.80	7.12	8.81	8.81
AR	2.21	3.39	2.80	3.08	1.85	1.92	2.07	2.74	2.14	2.30	2.62
A/CNK	1.08	0.96	0.96	1.30	1.02	2.11	1.18	1.08	1.10	1.18	1.17
A/NK	1.56	1.16	1.31	1.37	1.77	2.19	1.41	1.33	1.58	1.26	1.27

注：[1]引自王红军等（2009）；[2]引自季莎莎（2011）。
A/CNK 为 $Al_2O_3/(CaO + Na_2O + K_2O)$。
A/CK 为 $Al_2O_3/(Na_2O + K_2O)$。
AR 为碱度率，alkalinity ratio。

　　根据酸性脉岩的 SiO_2 与 $K_2O + Na_2O$ 的含量进行全碱-硅图解投图（图 3-59），本次投点均位于 Irvine 分界线之下，属于亚碱性系列；投点大部分落于花岗岩区域，部分岩石类型属于花岗闪长岩与石英二长岩；在岩石的 SiO_2-K_2O 图解（图 3-60）中，岩石投点十分散乱，岩石 K 含量可能受到后期热液活动的影响；酸性脉岩的 AR 计算范围为 1.85～3.39，在 AR-SiO_2 图解（图 3-61）中，酸性脉岩投点落于钙碱性和碱性区域，大部分落于钙碱性区域，认为大田地区酸性脉岩样品为钙碱性-碱性岩石。

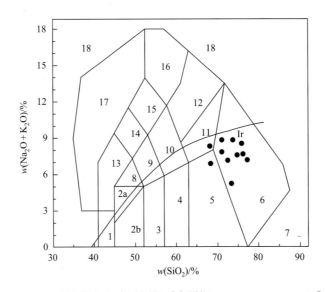

图 3-59　酸性脉岩全碱-硅图解 ［底图据 Middlemost（1994）］

1. 橄榄辉长岩；2a. 碱性辉长岩；2b. 亚碱性辉长岩；3. 辉长闪长岩；4. 闪长岩；5. 花岗闪长岩；6. 花岗岩；7. 硅英岩；8. 二长辉长岩；9. 二长闪长岩；10. 二长岩；11. 石英二长岩；12. 正长岩；13. 副长石辉长岩；14. 副长石二长闪长岩；15. 副长石二长正长岩；16. 副长正长岩；17. 副长深成岩；18. 霓方钠岩/磷霞岩/粗白榴岩；Ir. Irvine 分界线，上方为碱性，下方为亚碱性

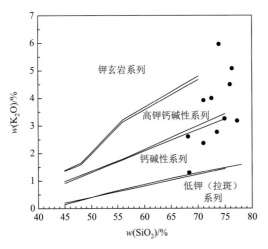

图 3-60　酸性脉岩 SiO_2(%)-K_2O(%)图解

［底图据 Peccerillo 和 Taylor（1976）］

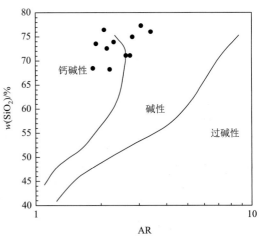

图 3-61　酸性脉岩 AR-SiO_2(%)图解

［底图据 Wright（1969）］

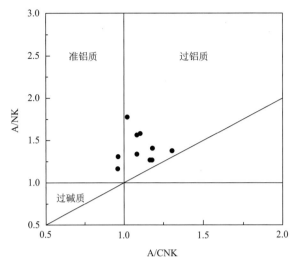

图 3-62　酸性脉岩 A/CNK-A/NK 图解

[底图据 Maniar 和 Piccoli（1989）]

酸性脉岩 A/NK 为 1.16～2.19，平均为 1.47，A/CNK 为 0.96～2.11，平均值为 1.19；在 A/CNK-A/NK 图解（图 3-62）上酸性脉岩投点大部分落于过铝质区域，DDT202-3 和 DDT203-4 样品投点落于准铝质区域边缘，酸性脉岩整体具有弱过铝质的特征，区别于 S 型花岗岩的高铝质特征。综上所述，该地区酸性脉岩具有相似的主量元素特征，表现为高硅、弱过铝质、钙碱性的花岗岩，具有 I 型花岗岩的主量元素特征。

酸性脉岩的微量元素组成特征如表 3-5 所示，酸性脉岩具有低的 Y 含量（3.18×10^{-6}～12.20×10^{-6}，平均值为 6.75×10^{-6}）和 Yb 含量（0.32×10^{-6}～1.66×10^{-6}，平均值为 0.80×10^{-6}），但却没有普遍较高的 Sr 含量（68.00×10^{-6}～649.00×10^{-6}，平均值为 239.37×10^{-6}），不具有典型埃达克岩的 Sr/Y 特征（Sr/Y 大多小于 27，部分具有较高的 Sr/Y 值），在微量元素球粒陨石标准化蛛网图（图 3-63）中，酸性脉岩具有明显的 Nb、Ta、P、Ti 亏损，富集 Ba、Th、U 等大离子亲石元素，明显区别于 A 型花岗岩的微量元素特征，具有 I 型花岗岩的微量元素特征。

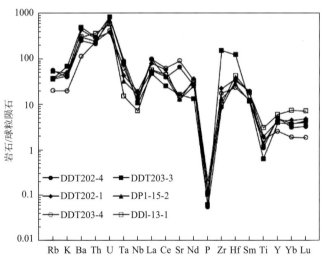

图 3-63　酸性脉岩微量元素球粒陨石标准化蛛网图

球粒陨石标准值据 Sun 和 McDonough（1989）

酸性脉岩的稀土元素组成特征如表 3-5 所示，酸性脉岩相对于正常的花岗岩，具有较低的稀土元素总量（ΣREE 为 17.26×10^{-6}～224.18×10^{-6}，平均值为 82.57×10^{-6}，大多数

表 3-5 酸性脉岩微量及稀土元素含量

（单位：μg/g）

微量及稀土元素	DDT202-4 （后期石英脉）	DDT203-3 （长英质脉体）	DDT202-1 （长英质脉体）	DP1-15-2 （长英质脉体）	DDT203-4 （长英质脉体）	DP1-13-1 （花岗质脉体）	DT06-1[1] （长英质脉体）	DT07[1] （灰白色花岗岩）	PR13-1[1] （酸性岩脉体）	DDT05-1[1] （细粒花岗岩）	DDT08-3[1] （含矿长英质脉体）	DT-Y23[2] [长英质脉体（含黑色条状石英）]
Rb	128.00	86.00	85.90	122.00	46.20	82.70	141.00	109.00	85.80	148.00	73.00	105.00
K	21637.55	37293.81	26983.30	26304.47	10776.35	22910.34	420.70	195.83	331.09	493.72	/	324.45
Ba	597.00	1180.00	1030.00	708.00	271.00	731.00	78.50	500.00	1628.00	122.00	160.00	/
Th	6.09	8.75	8.23	7.07	6.77	10.50	/	/	/	/	/	/
U	6.55	6.60	3.08	5.35	3.28	4.70	/	/	/	/	/	/
Ta	1.24	1.09	0.59	0.45	0.86	0.21	<30	<30	<30	<30	<30	/
Nb	3.42	2.56	4.72	3.87	2.85	1.74	<10	<10	<10	<10	<10	1.90
Sr	471.00	118.00	90.60	92.00	649.00	109.00	307.00	180.00	480.00	68.50	68.00	/
Nd	12.10	6.13	16.80	11.70	15.40	14.50	23.60	12.60	7.96	4.11	9.42	/
P	66.97	75.13	151.80	125.02	236.64	133.94	/	/	/	/	/	34.93
Zr	33.00	585.00	85.70	50.80	67.80	38.90	71.10	105.00	44.50	48.10	61.00	/
Hf	3.48	13.00	3.83	2.89	2.48	4.54	/	/	/	/	/	/
Ti	488.54	281.66	858.97	590.55	751.60	1342.15	/	/	/	/	/	102.00
La	22.90	11.10	18.60	13.00	23.00	13.50	12.60	4.55	13.60	14.20	8.25	69.00
Ce	23.80	15.20	34.80	24.50	37.80	27.10	24.90	2.96	23.70	35.40	11.60	147.00
Pr	3.79	1.99	4.31	3.05	4.27	3.49	2.35	1.06	2.59	3.54	1.16	0.86
Nd	12.10	6.13	16.80	11.70	15.40	14.50	7.96	4.11	9.42	13.10	3.99	2.96
Sm	2.94	1.77	2.77	1.81	1.88	2.70	0.75	0.55	1.29	2.44	0.70	0.52
Eu	1.20	1.23	1.00	0.43	0.94	0.79	0.86	0.31	0.31	0.50	1.19	0.94
Gd	2.42	1.16	1.87	1.20	1.30	2.01	0.88	0.82	1.39	2.20	0.54	0.51
Tb	0.35	0.16	0.29	0.19	0.17	0.35	0.12	0.16	0.21	0.44	0.11	0.10
Dy	1.69	0.83	1.39	0.94	0.71	1.89	0.57	0.94	1.22	2.67	0.63	0.68

续表

微量及稀土元素	DDT202-4（后期石英脉）	DDT203-3（长英质脉体）	DDT202-1（长英质脉体）	DP1-15-2（长英质脉体）	DDT203-4（长英质脉体）	DP1-13-1（花岗质脉体）	DT06-1[1]（长英质脉体）	DT07[1]（灰白色花岗岩）	PR13-1[1]（酸性岩脉体）	DT05-1[1]（细粒花岗岩）	DDT08-3[1]（含矿长英质脉体）	DT-Y23[2]［长英质脉体（含黑色条状石英）］
Ho	0.32	0.26	0.26	0.20	0.13	0.39	0.12	0.21	0.29	0.55	0.16	0.17
Er	0.77	0.59	0.79	0.64	0.39	1.25	0.34	0.60	0.85	1.62	0.41	0.52
Tm	0.10	0.09	0.12	0.10	0.05	0.19	0.06	0.11	0.16	0.25	0.76	0.09
Yb	0.52	0.62	0.75	0.63	0.32	1.24	0.48	0.75	1.21	1.66	0.62	0.70
Lu	0.08	0.11	0.12	0.10	0.05	0.18	0.09	0.13	0.22	0.18	0.08	0.13
Y	7.93	6.16	6.80	7.65	3.98	9.31	3.18	4.95	8.14	12.20	3.93	4.48

注：[1]、[2]数据来源同表 3-4。

样品 ΣREE 含量小于 100×10^{-6}），在稀土元素球粒陨石标准化分布型式图（图 3-64）中，配分模式曲线一般具有轻稀土右倾而重稀土较为平缓、Eu 的正异常（或无 Eu 异常）左倾的倒"V"模式，酸性脉岩的轻稀土富集，重稀土亏损。La_N/Yb_N 为 $4.35 \sim 70.71$，平均值为 25.51；LREE/HREE 为 $3.64 \sim 76.36$，平均值为 19.42；表明酸性脉岩的轻重分异较明显，同时 La_N/Eu_N 平均值为 6.53，Gd_N/Lu_N 平均值为 1.75；表明轻稀土内具有分异，重稀土内基本上没有分异。同时大部分样品 Eu 的正异常（δEu 为 $0.71 \sim 5.58$，平均值为 1.95）推测酸性脉岩中含有大量富 Eu 的斜长石，这种稀土配分模式不同于常规的花岗岩，不具有普遍花岗岩的 Eu 负异常。具有类似奥长花岗岩的稀土元素含量特征（稀土含量低，具有 Eu 正异常）。

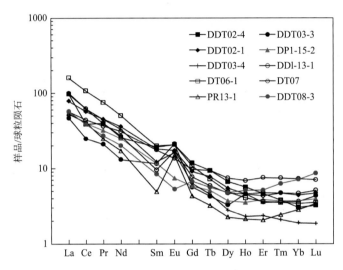

图 3-64　酸性脉岩稀土元素球粒陨石标准化分布型式图

球粒陨石标准值据 Sun 和 McDonough（1989）

3. 脉岩年代学特征

前人对大田地区的脉岩年代学研究较少，仅对区内构造蚀变带中长英质脉岩与花岗质脉岩做过锆石的 U-Pb 年代学分析（779.4Ma、784.0Ma），基性脉岩的侵入年代仍未探明。本书通过研究脉岩的锆石 U-Pb 年龄，探究脉岩的形成时代及形成背景。同时前人的年代学数据表明，大田石英闪长岩的成岩年龄接近 800Ma（姚建等，2017；胥德恩，1992b）；黑么花岗岩成岩年龄为 783Ma（李巨初，2009）；而大田混合岩不同的研究对其形成年龄还存在争议，包括 $1255 \sim 1171Ma$（李复汉等，1988）、$900 \sim 840Ma$（徐争启等，2017a）、$770 \sim 740Ma$（姚建等，2017），对大田地区混合岩的年龄还需进一步厘定；在对攀枝花大田地区的野外调查中发现脉体侵入混合岩中，表明混合岩形成于脉体形成之前，探究基性脉体的侵入时代，可以限定混合岩的年龄范围，讨论该区的构造演化历史。

本次脉岩的锆石 U-Pb 定年样品共 5 件，由于辉绿脉岩空间上大体呈现三个方向，可能反映了辉绿脉岩的多期次性，所以本次选取不同方向的辉绿岩样品共 3 件（NE02，

NW04，EW01），同时选取侵入大田石英闪长岩中的花岗质脉体 2 件（RM01、RM02）开展本次测年工作。

　　本次 U-Pb 年龄测定的阴极发光图像如图 3-65 所示，年龄测定的数据如表 3-6 所示。

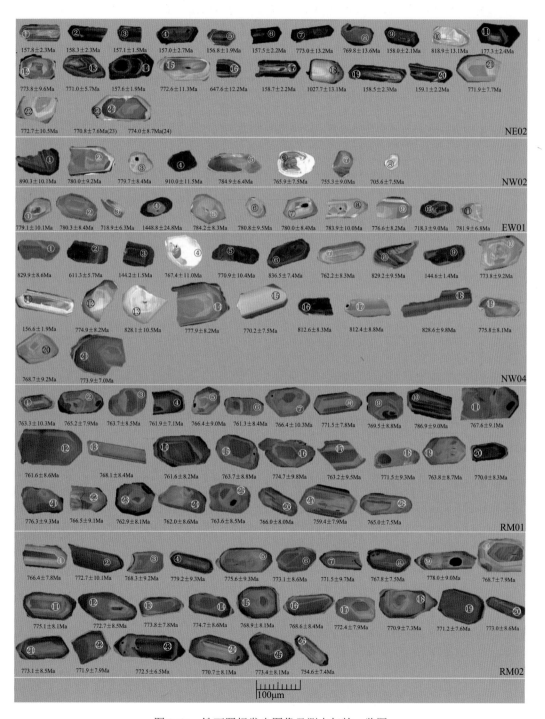

图 3-65　锆石阴极发光图像及测点年龄一览图

表 3-6　大田地区岩脉测年结果统计表

样品编号	岩石名称	测年结果
NW04	辉绿岩	（771.9±5.3）Ma，MSWD = 0.30，$n = 10$
		（825.5±9.1）Ma，MSWD = 1.2，$n = 7$
		140～150Ma，$n = 3$
NE02	辉绿岩	（772.0±5.7）Ma，MSWD = 0.023，$n = 9$
		（157.8±1.2）Ma，MSWD = 0.12，$n = 11$
EW01	辉绿岩	（780.9±5.9）Ma，MSWD = 0.086，$n = 8$
RM01	花岗质脉岩	（764.7±3.4）Ma，MSWD = 0.14，$n = 24$
RM02	花岗质脉岩	（771.7±3.3）Ma，MSWD = 0.109，$n = 25$

　　在本次的年代学数据中，辉绿岩样品中均存年龄为 780～770Ma 的锆石，其中 NW02 与 NW04 还含有一定数量的年龄为 150Ma 左右和 825Ma 左右的锆石，但样品 EW01 中并没有这两个阶段的年龄。同时结合辉绿脉岩的野外产出特征，辉绿脉岩产于大田石英闪长岩、混合岩、花岗片麻岩、黑么花岗岩中，在邻近的震旦系地层中未出露，且这种分布并未受到明显的构造控制，认为辉绿岩的产出时代在黑么花岗岩侵入之后（小于 783Ma）、震旦系地层沉积之前，本书研究认为 150Ma 与 825Ma 两个阶段的年龄均不为岩石的成岩年龄。年龄为 825Ma 左右的锆石微量元素特征显示岩浆锆石的特征，形成于成岩之前，可能是成岩时所捕获的继承锆石。年龄为 150Ma 左右的锆石微量元素也显示岩浆锆石的微量元素组成特征，结合镜下的矿物学特征，NW04 样品与 NE02 样品均具有强烈的阳起石化蚀变，两者的取样位置相近，认为 NW02 与 NE02 在后期均遭受了高温的变质重结晶作用，从而继承了原锆石的微量元素特征。

　　如前文所述，5 件样品的锆石阴极发光图像中，锆石大部分呈短柱状，部分样品可见岩浆环带，锆石颜色大致可分为深色、浅色。部分锆石呈现扇形分布的特征，且锆石遭到破碎和溶蚀，锆石可能受到一定程度的变质作用影响。但锆石微量元素特征显示，5 件样品几乎锆石测点 Th/U 均大于 0.2，绝大多数锆石 Th/U 为 0.4～1.4，显示岩浆锆石的化学特征，同时在锆石稀土配分模式型式图中，均呈现明显的 Ce 正异常和 Eu 负异常，整体呈左倾的模式配分曲线，显示岩浆锆石的一般特征。本书认为锆石受到变质影响的程度不大，部分锆石的年龄在一定程度上反映了岩石的成岩年龄，其中 3 件辉绿脉岩样品（NW04、NE02、EW01）的年龄均集中在 780～770Ma，为同一构造运动的产物，辉绿脉岩成岩的年龄在 780～770Ma，而年龄较老的锆石[(822.7±3.2)Ma]应该是辉绿岩形成时所捕获的继承锆石，基性岩脉形成于 780～770Ma，脉体的方向性可能受到当时已存在的裂隙的影响。同时样品 NW02 及 NE02 样品部分锆石点集中在 150Ma 左右，这个年龄与前人对康定杂岩中锆石的增生边的年龄（177Ma）十分接近（Zhou et al.，2002b），并且在 NE02 样品中与其他锆石点构成了良好的不一致谐和曲线，可能代表了变质事件的时间，这次变质事件跟燕山期变质作用有关。花岗质岩脉的形成时间集中分布于 770～760Ma，与前人对该地区构造蚀变带中的 D1-13-1[（784±18）Ma]、D1-15-2[（779.4±3.1）Ma]

的形成时代相接近，认为区域内的酸性脉岩可能为同一时期形成，属于晋宁期末澄江期初的构造岩浆活动的产物。同时辉绿岩脉体侵入于黑云斜长混合岩中，因此黑云斜长混合岩应该早于辉绿岩脉形成，其形成时间应该大于 780Ma，是晋宁期造山运动下的产物。

4. 脉岩形成与铀成矿的关系

大田地区铀矿主要的赋矿岩石为黑云斜长混合岩、角闪斜长混合岩、混合岩化花岗岩及混合岩中长英质脉体（硅质脉体），同时在大田地区还发现晚期的基性脉岩存在铀（钍）矿化异常，而在混合岩周边的石英闪长岩、黑幺岩体中均未发现铀矿化特征。大田地区铀矿石类型比较复杂，包括硅钙云母、钙铀云母、铜铀云母等次生氧化矿石和晶质铀矿与沥青铀矿原生铀矿石，晶质铀矿为黑色的粒状、团块状呈集合体形态产出，晶质铀矿与黄铁矿的空间位置具有紧密的联系。沥青铀矿呈肾状、浸染状、胶状充填于已形成的矿物之间。

近年来，对于大田铀矿的年代学研究分歧较小，大多集中在 780~740Ma，如表 3-7 所示，大多数学者认为该区域晶质铀矿的形成晚于混合岩。

表 3-7　大田晶质铀矿年代学统计表

测试方法	测试对象	测试结果/Ma	资料来源
锆石 U-Pb 同位素年龄	晶质铀矿/沥青铀矿	679.2	胥德恩（1992b）
锆石 U-Pb 同位素年龄	晶质铀矿	749.6~746.4，887.5~885.0	转引自赵剑波（2018）
锆石 U-Pb 同位素年龄	晶质铀矿	777.6~775.0	徐争启（2017a）
电子探针定年	晶质铀矿	779.9~779.0	徐争启（2017b）

铀矿化与蚀变密切相关，跟铀矿有关的蚀变有黄铁矿化、黄铜矿化、辉钼矿化、硅化、碳酸盐化、黝帘石化、绿帘石化和绿泥石化等。赵剑波（2018）根据蚀变的特征将本区的蚀变类型分为两类，即绿泥石-黝帘石-绿帘石等退变质热蚀变和钠长石化-黄铁矿化-碳酸盐化-硅化等构造热液蚀变；李巨初（2009）对与矿化有关的黄铁矿的 S 同位素，碳酸岩脉的 C、O 同位素进行测试，结果显示黄铁矿中的 $\delta^{34}S_{V\text{-}CDT}$ 为 3‰~10‰，变化较窄，呈正态分布形式，具有岩浆硫同位素特征；碳酸岩细脉中 $\delta^{13}C_{V\text{-}PDB}$ 为 −10.86‰~−6.09‰，显示出岩浆源 C 同位素特征，$\delta^{18}O_{V\text{-}SMOW}$ 为 12.45‰~14.52‰，显示出造山带深部变质流体特征；钠长石化-黄铁矿化-碳酸盐化-硅化等构造热液蚀变可能与深部流体有关；同时在野外的观察中，在两者之间的相互作用区域更容易发现工业铀矿化（赵剑波，2018）。

综上所述，大田地区铀矿化与混合岩的空间位置相吻合，但是铀矿化严格受到构造与裂隙的控制，同时矿化与热液蚀变也存在着十分密切的关系，铀矿的形成时间晚于赋矿的混合岩，铀矿的形成与深部流体有关，具有典型热液型铀矿床的特征。

铀矿的形成具有典型的热液型铀矿床特征，结合晶质铀矿的形成年代（表 3-7），在时间上跟基性脉岩的形成时代十分接近，推测铀矿的形成跟脉岩的形成可能具有某种联系，在野外的空间产出位置上，虽然发现部分基性脉岩附近构造裂隙中具有铀矿化，但基性脉岩整体上并未发生明显的控矿行为，而酸性脉岩相较于基性脉岩与铀矿具有更好的空间联系。

前人对该地区混合岩地化特征的研究内容较为丰富，结合本次在该地区所采集的基性脉岩和酸性脉岩计算各个岩石的钍铀比值和变异系数，混合岩、基性脉岩、酸性脉岩的变异系数均小于 1，认为平均值具有较好的代表性；基性脉岩、酸性脉岩、具 Eu 正异常的混合岩均具有较低的铀含量平均值，具有 Eu 负异常的混合岩铀含量为 12.49×10^{-6}，铀含量相对较高。Eu 负异常的混合岩 Th/U（2.21）<基性脉岩 Th/U（3.50）<酸性脉岩 Th/U（3.57）<Eu 正异常的混合岩 Th/U（5.00），同时具有 Eu 负异常的混合岩变异系数较大，可能说明该岩石的成矿潜力较好，岩石中铀可能发生了活化迁移。李耀菘等（1995）认为锆石形成后，晶体在一般温压条件下为封闭的体系，晶体的元素含量相对较为稳定，锆石晶体的铀含量与所在岩石的铀含量具有正相关关系。前人对混合岩、酸性脉岩的锆石 U-Pb 测年结果显示部分混合岩（如 DY-1、DT505-4、DT505-3）的锆石 CL 阴极发光图像上锆石晶体具有较暗的色泽，铀含量相对较高（平均值分别为 1752×10^{-6}、1314×10^{-6}、1082×10^{-6}），另一部分混合岩具有较为明亮的色泽，铀含量较低（大部分锆石测点铀含量小于 100×10^{-6}）。本次基性脉岩及酸性脉岩锆石 U-Pb 测年结果显示年龄为 850～700Ma 的基性脉岩锆石具有较为明亮的色泽，测点铀含量较低（平均值为 172×10^{-6}），酸性脉岩 U-Pb 测年结果显示锆石具有较为明亮的色泽，测点铀含量处于基性脉岩与混合岩之间（样品 D1-15-2、D1-13-1 的铀含量分别为 296×10^{-6}、531×10^{-6}），上述特征表明混合岩形成时相较于基性脉岩与酸性脉岩形成时具有更高的铀含量。Th/U 特征与大田地区混合岩相对较高的铀含量显示混合岩更可能为铀源体，而生成基性脉岩与酸性脉岩岩浆源并未含有较高的铀含量，Th/U 较高代表岩浆并未具有较好的铀源条件。

大田地区铀矿石的类型主要为混合岩，但仍包括部分花岗质片麻岩、长英质脉体、硅化体、含矿透镜体，推测铀矿化的时间应在该地区混合岩化后，明显受到热液活动的控制。

矿石、矿化、围岩岩石地球化学分析结果显示铀的富集与 LOI（loss on ignition，烧失量）、CaO 含量呈现明显的正相关关系，这也说明后期的热液蚀变是控制铀富集的主要因素，同时铀含量与硅质和钾质存在负相关关系，铀矿的成矿作用与碳酸盐化、钠质交代作用存在着密切的联系。野外铀矿化特征显示，铀矿化与碱交代作用具有密切的关系，区内碱交代作用包括钠交代与钾交代作用，但钠交代作用与铀成矿具有更好的相关性（赵剑波，2018），认为钠交代作用对于铀矿化具有铀活化富集作用，不同于典型的碱交代铀矿床，大田铀矿化不存在明显的去硅作用（高钠质岩石具有高硅含量）及"上酸下碱"的蚀变特征（李莎莎，2011）；但不可否认的是，钠交代（富钠质热液）在铀矿化的过程中具有重要的作用。

矿石、矿化、围岩岩石地球化学分析结果也显示岩石铀矿化明显伴随着稀土总含量和重稀土含量的增加、轻稀土的减少，重稀土表现出与铀相似的富集趋势，已有研究表明，稀土元素是中等不活动元素，在岩石中往往起到示源的作用，而当热液流体中富含络合剂时，稀土元素的活性大大增加（凌其聪和刘丛强，2001），前人研究认为 CO_3^{2-}、

F⁻对 REE 的活化有极大地促进作用（Oreskes and Einaudi，1990；Constantopoulos，1988），同时结合大田铀矿石存在着普遍的碳酸盐化（发育方解石脉），认为促成铀矿形成的热液活动富含 CO_3^{2-}。结合 C、O 同位素的组成特征，认为 $\delta^{18}O_{V\text{-}SMOW}$ 继承于混合岩的氧同位素特征，其可能显示了热液中的水主要来自混合岩退变质热液，而 $\delta^{13}C_{V\text{-}PDB}$ 同位素特征与变质热液具有较大的差异，可能与该时期的岩浆有关，而该地区脉岩与该地区晶质铀矿的年龄相当，认为形成脉岩的岩浆活动为该时期热液活动提供了 CO_2 的来源。

根据前文的年代学证据推断，大田地区辉绿岩脉和花岗质岩脉的形成是罗迪尼亚大陆裂解活动的产物，在大田地区的构造演化中，混合岩应该形成于晋宁期造山运动时期，即罗迪尼亚大陆聚合期间（1000～800Ma），在这期间，康滇地轴上古老的地槽在造山运动中发生了深部重熔，在形成混合岩的过程中和后期的退变质作用中（该区普遍发育绿化蚀变），使得该区较老的混合岩和花岗质的岩石的铀初步富集。而在罗迪尼亚大陆聚合结束到开始裂解的转折期间，受到了裂解时期地幔柱活动的影响，双峰式的岩浆活动形成了大田地区的辉绿岩脉和花岗质岩脉，岩浆活动的过程中，认为基性脉岩及酸性脉岩、黑么岩体所代表的岩浆热液活动与铀矿的形成具有十分重要的作用，根据铀矿化特征认为这次岩浆活动并未能为铀矿的形成提供铀源，张裂性的环境可能为铀矿的形成提供了热液活动的运移通道和储矿场所（一号带铀矿化受到该地区产状陡倾斜的张性裂隙的控制），同时为区内热液（混合岩退变质热液参与）活动重新提供了热源和矿化剂（CO_2），富含钠质的热液与岩石发生钠交代作用使得区内初步富集在混合岩中的铀进一步富集到热液当中，在一定适宜的条件下富集成矿。

3.5.3　构造对铀矿的控制

混合岩型铀矿除混合岩控矿外，构造是另一个最为重要的控矿因素，没有构造，即使有混合岩也难以成矿。在已经发现的混合岩化铀矿中，铀矿均赋存于混合岩的断裂带中。米易海塔地区铀矿化主要产于混合岩顺层断裂带的石英脉及长英质脉中，断层呈北北东向，与区域断裂构造线方向一致，而且北北东向的长英质-石英脉有多组近于平行出现。大田地区铀矿化则主要产在北东向断裂 F_3 的次级近东西向 F_1、F_2 断裂带之中，而且大田地区至少可以发现三组断裂，即北东向、北西向和近南北向，其中北东向规模最大，北西西向次之，近南北向相对较小，也是形成时代最晚的，而矿主要赋存于北西西向断裂带的长英质透镜体中。牟定地区铀矿化产于北北东向的断裂带中，与钠长石化、硅化关系密切。

总体而言，康滇地轴混合岩中的铀矿受构造控制明显，构造是成矿的必要条件，是混合岩-构造-热液共同控制的产物。

1. 海塔地区构造与铀矿

海塔地区构造以北北东向为主，出露一系列沿北北东向断裂发育的长英质脉体。海塔发现的 A10 和 2811 点均与北东东向的长英质及石英脉有关，此外，与辉绿岩等基性岩关系密切（图 3-66～图 3-68）。

图 3-66　海塔地区 2811 粗粒晶质铀矿出露点构造　　图 3-67　海塔地区 A10 长英质脉、粗粒晶质铀矿、
　　　　　　　　　岩性图　　　　　　　　　　　　　　　　　　　辉钼矿及基性岩照片

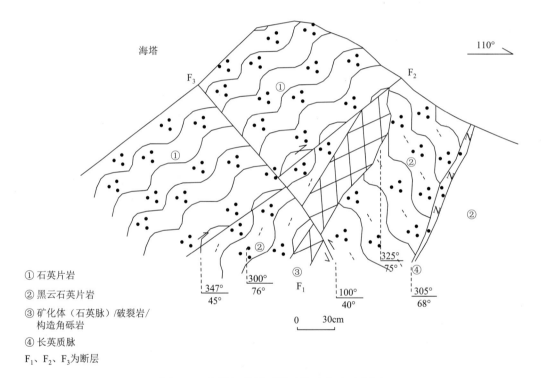

图 3-68　海塔粗粒晶质铀矿构造控矿示意图

2. 大田地区构造与铀矿

1）Ⅰ号铀矿化带构造与铀矿化关系

　　大田地区Ⅰ号铀矿化带与 F₃ 相交处有强烈的铀矿化，在该铀矿化处可以看见构造控矿。在该矿化点处，明显看到 F₁ 和 F₃ 相交处的构造特征（图 3-69）。该构造下盘有基性岩破碎，形成隐爆角砾岩，由晚期的长英质胶结先期形成的基性岩脉，通过 γ 射线能谱仪测量，长英质脉体 γ 值为 15～20，基性岩脉 γ 值为 9～12。

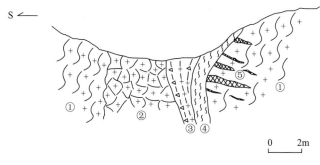

① 花岗变粒岩　　② 隐爆角砾岩（花岗质）　　③ 花岗质初糜棱岩
④ 糜棱片岩　　⑤ 晶质铀矿体（脉）

图 3-69　大田地区 I 号铀矿化带与 F₃ 控矿剖面示意图

在 I 号铀矿化带东部地表有铀矿化出露，铀矿化受东西向构造控制，同时铀矿下盘有基性岩脉（已蚀变成片岩）存在（图 3-70）。

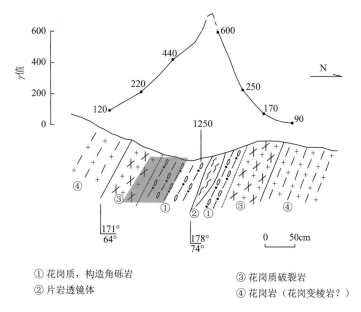

① 花岗质，构造角砾岩　　　　　　　③ 花岗质破裂岩
② 片岩透镜体　　　　　　　　　　④ 花岗岩（花岗变棱岩?）

图 3-70　大田地区 I 号铀矿化带东部地表铀矿化示意图

2）II 号铀矿化带构造与铀矿化关系

大田地区 II 号铀矿化带经过前期研究，发现有三组构造存在（图 3-71）：210°∠67°，162°∠68°，95°∠64°，铀矿化与构造关系密切，也与基性岩（已变质成斜长角闪片岩）有关。铀矿化呈透镜体状存在，铀品位可达 20% 以上。在矿体下盘有基性岩（斜长角闪片岩）存在。

在此次研究中，对该点的构造进行了详细的解剖，发现近南北向构造与北东向构造、近东西向构造接合部位是铀矿化的最好部位。建立了新的模式，即构造热流体沿近南北向断裂向上运移，在断裂上盘节理发育处，含矿流体进入节理，向外扩张，形成透镜状矿体。

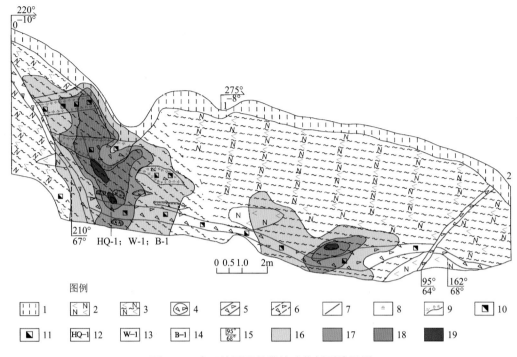

图 3-71　大田地区 II 号带铀矿化剖面编录图

1. 第四系浮土；2. 斜长角闪岩；3. 角闪斜长混合岩；4. 构造角砾岩；5. 实测构造破碎带；6. 推测构造破碎带；7. 节理；
8. 铜铀云母；9. 硅化；10. 赤铁矿化；11. 褐铁矿化；12. 化学分析取样位置及编号；13. 微量元素分析取样位置及编号；
14. 标本取样位置及编号；15. 产状；16. $100×10^{-6}<\gamma\leqslant300×10^{-6}$；17. $300×10^{-6}<\gamma\leqslant500×10^{-6}$；
18. $500×10^{-6}<\gamma\leqslant1000×10^{-6}$；19. $\gamma>1000×10^{-6}$

3. 牟定地区构造与铀矿

根据图 3-40～图 3-47 可以看出，牟定戌街 1101 地区铀矿化与构造关系密切，其主要控矿构造为北东向断裂，受近南北向断裂影响，北东向断裂被错断为多个部分，形成所看到的多个铀矿点。从具体露头来看，钠交代岩沿断裂分布，断裂产状较为陡倾。从区域上来看，近南北向的大断裂穿过该矿区的东部，对成矿起着重要的控制作用。因此，牟定地区特富铀矿化与构造关系密切，是多期构造作用的结果。

从黑云斜长片麻状混合岩到花岗片麻状混合岩，表明混合岩化程度不断加深；其形成年龄分别为 860Ma、840Ma，表明 860Ma 之前可能是处于区域变质作用向混合岩化作用的转变阶段，在约 840Ma 混合岩化作用达到顶峰。富石墨石英片岩的继承锆石年龄为1667.6～1021.9Ma，表明混合岩原岩的形成时代为中元古代，部分变质锆石年龄集中在840Ma 左右，其协和年龄为 838Ma，这与混合岩化作用发生的时间相当。在约 860Ma 由区域变质作用向混合岩化作用逐渐过渡，最终在约 840Ma 形成混合岩。构造蚀变带内的脉岩年龄为 770～760Ma，这与晶质铀矿（775Ma）、辉绿岩/花岗质脉岩（780～768Ma）的形成年龄是较为一致的，均在误差范围内，表明其形成可能受同一期热事件影响，石墨石英片岩的部分变质锆石协和年龄为 774Ma，也证明在此期间确实发生了一期热事件。大田地区混合岩形成后的 F_3 构造事件和代表脉岩活动的热事件也是极其重要的因素，构造会使介质破碎，增大比表面积、微孔隙度，为大气降水下渗提供裂隙通道，热事件会使加热的大气降水溶解围岩中的硫酸根、碳酸根、卤族元素等易溶物质并形成高氧逸度的热液，在裂隙系统中循环萃取围岩中的铀（窦小平等，2015；陈峰等，2019；王鲲等，2020）。

在空间位置上，晶质铀矿的分布严格受到断裂的控制，表明构造活动是控制铀成矿的重要因素之一；在地质年代方面，晶质铀矿与构造蚀变带长英质脉岩形成时代较为一致，表明 780～760Ma 的热事件为铀成矿提供了热源和流体。因此，研究区与铀成矿相关的重大地质事件为混合岩形成后的构造和脉岩侵入活动，铀成矿与混合岩化作用可能并无直接的关系。

3.6　混合岩特富铀矿成因机理

3.6.1　混合岩铀矿成因类型讨论

前人针对不同温度和成因形成的铀矿物的稀土元素配分模式进行了详细的研究（Cuney，2010；Mercadier et al.，2011）：在中低温条件（<350℃）下，受矿物结构的晶体学控制，类质同象现象减弱导致稀土元素总含量降低，稀土元素之间发生了分馏，Tb-Er 元素与 U^{4+} 优先发生类质同象，形成"钟型"稀土配分模式（图 3-72a～图 3-72d）。在高温（>350℃）条件下，铀氧化物的膨胀性质允许在不进行分馏的情况下加入大量的稀土元素，从而形成一个较平坦的海鸥型稀土元素配分模式，而稀土配分模式中强烈的 Eu 负异常可能反映了硅酸盐熔体中斜长石的早期分馏（图 3-72a）。因此，稀土元素的分馏与总含量是区分温度和成因的重要标准。Mercadier 等（2011）系统地总结了世界上典型的岩浆岩型、同沉积变质型、不整合面相关型、脉岩型和火山岩型等铀矿床中铀矿物的稀土配分模式。对海塔地区 A19 和 2811 铀矿点的测试结果表明，海塔地区所有晶质铀矿均具有较高的稀土总量且较平坦的海鸥型稀土配分模式，晶质铀矿形成过程中稀土元素的分馏作用不明显，表明其形成于高温环境（图 3-72e）。同时将海塔地区晶质铀矿与世界上典型铀矿床中铀矿物的稀土配分模式相比，发现与侵入岩型（岩浆岩型）铀矿床中铀矿物稀土配分模式一致（图 3-72）。长英质和石英脉体中的长石矿物，可以用来解释稀土配分模式中的 Eu 负异常。从 REE 与 LREE/HREE 图中可以看出研究区的晶质铀矿与侵入岩型（岩浆岩型）铀矿床铀矿物投图范围基本一致（图 3-72f）。

Frimmel 等（2014）在 Mercadier 等（2011）的研究成果基础上，重新定义了 U/Th、REE 以及配分模式作为区分成矿温度和成因类型的标准，并发现一些微量元素（如 Zr、Y 等）含量可以用来示踪晶质铀矿成因：晶质铀矿 U/Th 变化很大，取决于结晶温度。所有低温热液铀矿实例都基本上不含 Th（U/Th>1000），而在较高温度下形成的，即高于 450±50℃，通常具有较高的 ThO_2 含量（U/Th<100）；由于 Y 与 REE 具有相同的地球化学性质，因此二者含量通常呈正相关关系，同时温度越高类质同象越强烈，因此高温条件下 REE 和 Y 含量会大幅增加；在低温热液铀矿实例中的 Zr 含量都非常低。本次测试的海塔地区晶质铀矿结果表明，在 Th 与 U 含量图解中可见 U/Th 比值均小于 100，由于

2811 铀矿点晶质铀矿 Th 含量的增加，其 U/Th 相较于 A19 铀矿点晶质铀矿的 U/Th 更低，这些现象均表明其形成于高温环境（图 3-73a）；在 REE 与 Y 含量图解（图 3-73b）中，本次测试的晶质铀矿具有较为均一的 REE 与 Y 含量，并且呈明显的正相关关系；在 Zr 与 V 含量图解中，UrA、UrB、UrC 的 Zr 含量较高且变化较为稳定（图 3-74a）。

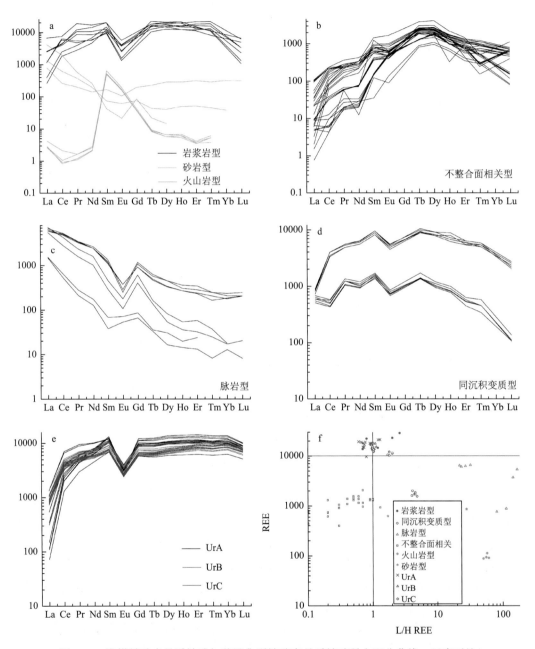

图 3-72　海塔铀矿点晶质铀矿与世界典型铀矿床晶质铀矿稀土配分曲线、元素对比

（Mercadier et al.，2011；Frimmel et al.，2014；Xu et al.，2021）

UrA 为 A19 铀矿点长英质脉中与暗色矿物共生的晶质铀矿；UrB 为 A19 铀矿点长英质脉中与长英质矿物共生的晶质铀矿；
UrC 为 2811 铀矿点与榍石共生的粗粒晶质铀矿

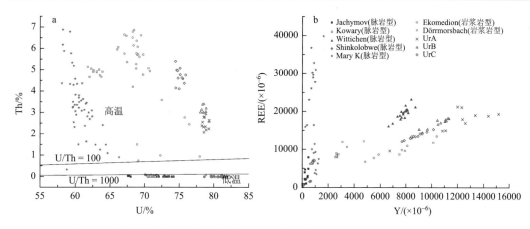

图 3-73　海塔铀矿点晶质铀矿与世界典型铀矿床晶质铀矿 Th-U、REE-Y 对比图

（Frimmel et al.，2014；Xu et al.，2021）

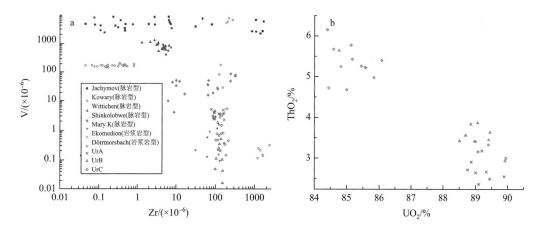

图 3-74　海塔铀矿点晶质铀矿与世界典型铀矿床晶质铀矿 V-Zr、A19 和 2811 铀矿点 ThO$_2$-UO$_2$ 关系图

（Frimmel et al.，2014；Xu et al.，2021）

UrA 为 A19 铀矿点长英质脉中与暗色矿物共生的晶质铀矿；UrB 为 A19 铀矿点长英质脉中与长英质矿物共生的晶质铀矿；
UrC 为 2811 铀矿点与榍石共生的粗粒晶质铀矿

　　长英质脉体（A19）与石英脉体（2811）中，与晶质铀矿密切相关的共生矿物均为磷灰石、榍石以及辉钼矿，这可能暗示长英质脉体和石英脉体在成因上具有一定的联系；而海塔地区两个铀矿点晶质铀矿具有相同的稀土配分模式（图 3-72e），表明长英质脉体和石英脉体具有相同的成因；通过对比不同赋矿脉体中晶质铀矿的 ThO$_2$ 含量，可以发现 2811 铀矿点晶质铀矿的 ThO$_2$ 含量明显高于 A19 铀矿点（图 3-74b），这可能暗示了石英脉体是由长英质岩浆分异演化形成的。

　　综上所述，海塔地区 A19 和 2811 铀矿点晶质铀矿所表现出的地球化学参数表明二者之间具有相同的成因，因此推测富矿的石英脉体和长英质脉存在分异演化关系；两个铀矿点晶质铀矿成因应属于岩浆型，其形成与高温、低压和低程度部分熔融作用密切相关。

3.6.2 混合岩铀矿成因机制讨论

1. 结晶温度压力条件约束

晶质铀矿形成的物理化学条件一直以来缺乏有效的约束。晶质铀矿的合成实验表明，结晶速率与温度下降快慢有关，温度下降慢，结晶速率低，有利于形成粗粒显晶质的晶质铀矿；温度下降快，结晶速率高，有利于形成胶状隐晶质的沥青铀矿（姚莲英和仇宝聚，2014）。沈才卿和赵凤民（2014）人工合成了粗粒（2.5mm×3.5mm）八面体晶质铀矿，发现在 U 含量小于 23.8mg/L 的稀溶液中，温度大于 450℃、压力大于 120MPa、强酸性（pH＜4）还原性条件有利于晶质铀矿的生长，推断晶形完好的晶质铀矿容易生成于汽化热液阶段。本书利用金红石 Zr 温度计（Zack et al.，2004）对于牟定和大田地区与晶质铀矿共生的金红石矿物计算得到结晶温度分别为 550～800℃和 630～910℃，而晶质铀矿的结晶压力则缺乏计算。

相较于金红石矿物，榍石矿物在含粗粒晶质铀矿的长英质脉、钠长岩脉中分布更为普遍，榍石矿物与粗粒晶质铀矿相互包裹，密切共生。前人研究表明，跟角闪石一样，岩浆榍石的 Al 含量随压力升高而升高，二者之间大致存在 P（MPa）$= 101.66 \times Al_2O_3(\%) + 59.013$ 的函数关系（Erdmann et al.，2019）。依据榍石的电子探针成分，可以计算出牟定 1101、攀枝花大田、米易海塔三个矿点的榍石结晶的压力分别为 0.29～0.35GPa、0.19～0.27GPa、0.17～0.33GPa。Zr 作为温度计被广泛应用在成矿温度计算方面，榍石的 Zr 含量也可以用来计算结晶温度：$\log(Zr, \times 10^{-6}) = 10.52 - 7708/T(K) - 960P(GPa)/T(K)$（Hayden et al.，2008）。将牟定 1101、攀枝花大田、米易海塔三个矿点的榍石的 Zr 含量代入公式得到结晶温度分别为 670～800℃、750～810℃、700～770℃（假设压力为 0.3GPa），与前人用金红石计算得到的温度范围相近。

2. 成矿物源分析

前人推测铀来自长英质脉周围的变质岩、混合岩、花岗岩或直接来自深部幔源物质（王凤岗和姚建，2020；王凤岗等，2020）。但由于缺乏有效的同位素示踪手段，对于铀的来源一直以来不是十分清楚。王凤岗和姚建（2020）分析的牟定钠长岩全岩 Rb-Sr 同位素数据显示壳源的同位素特征，但考虑到：①钠长石存在净化边，边部钠长石的形成很可能晚于晶质铀矿；②钠长岩蚀变强烈，电气石化、黑云母化广泛发育，次生沥青铀矿脉充填造岩矿物裂隙，表明受到了后期流体的改造，Rb-Sr 体系很可能已经遭受了后期的扰动（Xiang et al.，2020）。因此，全岩 Rb-Sr 同位素数据不能准确反映原始源区的信息。

相比之下榍石保存完好且与和晶质铀矿密切共生，同时两者具有相似的稀土配分曲线（图 3-75），主微量元素的特征指示榍石形成于岩浆阶段或者岩浆期后的热液阶段，与晶质铀矿应该是同期形成（790～780Ma）。高的稀土含量使得康滇地轴榍石和晶质铀矿原位 Nd 同位素分析成为可能。

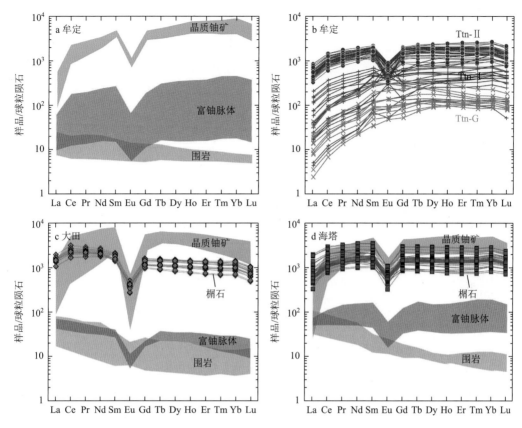

图 3-75 康滇地轴各铀矿点晶质铀矿、榍石、围岩的稀土配分曲线对比

Ttn：榍石；球粒陨石参考 Anders 和 Grevesse（1989）；数据来自常丹（2016）、郭锐（2020）

独居石、榍石等单矿物 LA-MC-ICP-MS 原位 Nd 同位素分析被广泛应用于示踪花岗岩岩浆源区及稀土、夕卡岩型 Cu-Pb-Zn、IOCG 等矿床的流体/金属来源（Xie et al.，2010；Liu et al.，2012；Xu et al.，2018；Storey and Smith，2017）。溶液法分析晶质铀矿 Nd 同位素示踪成矿物源在纳米比亚罗辛铀矿床也取得了较好的应用（陈金勇等，2016）。本书分析了牟定 1101、攀枝花大田、米易海塔三个矿点的榍石和晶质铀矿的 Nd 同位素组成，发现不同榍石颗粒和共生的晶质铀矿的 Nd 同位素组成均一，具有一致的、负的 $\varepsilon Nd(t)$ 值（图 3-76），表明榍石和晶质铀矿结晶过程中寄主岩浆的 Nd 同位素组成没有发生明显变化，榍石和晶质铀矿的 Nd 同位素组成可以用来示踪岩浆源区。对应的二阶段 Nd 模式年龄为 2.7～2.0Ga，与地表年轻的变基性岩及花岗岩有着明显不同的 Nd 同位素组成，指示含粗粒晶质铀矿的长英质脉是深部老的地壳物质重熔形成。

值得注意的是，三个矿点的榍石和晶质铀矿有着明显不同的 Nd 同位素组成，这可能有两方面的因素：①源区物质可能有着不一致的 Nd 同位素组成，结合三个地区长英质脉的矿物组合及主微量元素成分（Nb、REE、F 等）存在差异性，表明基底成分可能存在差异；②岩浆上升过程中同化混染了新生的壳源物质，如牟定钠长岩脉中残留的榍石 Ttn-I 很可能捕获自围岩，三个地区长英质脉中都零星地残留变质角闪石等矿物。

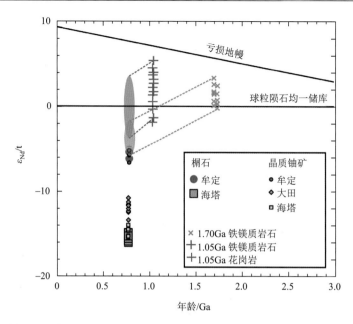

图 3-76　各铀矿点晶质铀矿、榍石的 ε_{Nd}[底图据 Chen 等（2013）]

3. 成矿动力学背景

胥德恩（1992a）研究认为康滇地区的铀成矿期应该处于一种地壳拉伸的环境，同时指出这与世界上一些大型、超大型铀矿形成时的地壳演化特点与地壳运动形式基本一致。康滇地区新元古代最重要的地质事件是晋宁-澄江运动，时代大体与罗迪尼亚超大陆拼合与裂解时期相当，这个时期正是该区大型铜矿、铁矿、锡钨矿、铅锌矿的成矿时期，也是研究区最主要的铀成矿时期（图 3-77）（王红军等，2009；倪师军等，2014；尹明辉等，2021）。将康滇地区新元古代铀成矿作用放在罗迪尼亚超大陆拼合与裂解的全球背景下进行分析和研究，从罗迪尼亚超大陆演化的角度重新审视康滇地区新元古代铀成矿作用，具有重要的指导意义。

罗迪尼亚超大陆拼合事件完成后，造山运动和区域变质作用随之消失，开始了由陆内俯冲作用转向超大陆裂解的拉伸环境的演化，康滇地区地壳表面处于拉张状态，早期形成的断裂在拉张作用下进一步扩大和发展，从而形成了形状各异、大小不等的多个断裂块体，这对康滇地区后期的地壳演化具有重要作用。地壳拉张导致强烈的断裂活动，由于各种断裂的位置以及活动方式的不同，从而形成诸多不同的有利于铀成矿的地质构造环境和储矿空间。康滇地区新元古代铀成矿作用与岩性选择相关性较低，构造是控制铀矿化的重要因素之一，铀矿化均与一定规模的断裂破碎或层间破碎有关，在构造破碎带或次级断裂等合适的部位才能形成铀矿化，因此区域上表现为铀矿化往往发育在区域大断裂或次级大断裂的附近。持续的热源供给也是控制铀矿化的关键因素，姚莲英和仉宝聚（2014）通过实验证明温度的缓慢下降是形成晶质铀矿的关键因素，正如晶质铀矿标型特征反映的一样，粗粒晶质铀矿需要在温度缓慢下降、缓慢冷却的高温环境中形成。因此，康滇地区铀成矿作用是对罗迪尼亚超大陆裂解事件的响应。

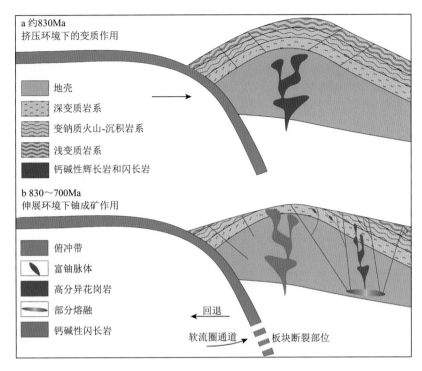

图 3-77　康滇地轴新元古代铀成矿动力学模型［据 Yin 等（2022）修改］

4. 成因及成矿模式

赋矿围岩的岩性差异表明康滇地区东、中和西带经历了不同的沉积环境；赋矿围岩的变质程度表明康滇地区自东向西变质程度逐渐加深，也表明康滇地区在新元古代普遍发生了变质作用，康滇地区已经成为一体。康滇地区西带广泛存在的深变质岩系（混合岩）指示了广泛的偏应力挤压环境，因此推测西带变质程度较高是因为距离热源更近（Li et al.，2021；尹明辉等，2021）。前人研究认为研究区铀成矿与混合岩化期后热液和后期叠加热液作用有关，因此将铀成矿研究的重点聚焦在混合岩化作用方面。以大田地区为例，徐争启等（2017a）和尹明辉等（2021）对大田地区黑云斜长片麻状混合岩、花岗片麻状混合岩和富石墨石英片岩开展锆石 U-Pb 测年发现：从黑云斜长片麻状混合岩到花岗片麻状混合岩，表明混合岩化程度不断加深；其形成年龄分别为 860Ma、840Ma，表明 860Ma 之前可能处于区域变质作用向混合岩化作用的转变阶段，在约 840Ma 时混合岩化作用到达顶峰；富石墨石英片岩的继承锆石年龄为 1667.6～1021.9Ma，推测混合岩原岩的形成时代为中元古代，部分变质锆石年龄集中在 840Ma 左右，其协和年龄为838Ma，这与混合岩化作用发生的时代相当。结合前文所述的大田地区晶质铀矿年龄785.5～774.9Ma，表明混合岩化作用与铀成矿作用并无直接的关系。

近年来，一些学者认为研究区铀成矿属于高温热液成因（张成江等，2015；王凤岗等，2017）；一些学者基于研究区铀矿点附近均发现同时代花岗岩，认为研究区铀成矿具有岩浆成因属性，是岩浆分异演化的产物（王凤岗和姚建，2020；王凤岗等，2020）。根据姚建（2014）、屈李鹏（2019）和郭锐（2020）测试的大田、海塔、牟定铀矿点同时代岩体的岩石学特征、主微量元素地球化学特征研究，可以将这些岩体归类于过铝质高钾钙碱性-钾玄岩系列的高分异 A2 型花岗岩，同时通过收集研究团队近年来测试的康滇地区与晶质铀矿共生的锆石的 Hf 元素含量结果发现其含量较低，表明岩浆的演化程度较低，暗示晶质铀矿并非岩浆分异演化的产物（Xu et al.，2021）。

前人对康滇地区铀矿点中铀的来源并未做具体的研究工作，然而不可忽视的是康滇地区古元古代变钠质火山岩-沉积岩系地层浅变质形成结晶基底富含较高的铀（倪师军等，2014）：地层铀的背景值为 $3.6×10^{-6}$～$4.1×10^{-6}$，局部可达 $16×10^{-6}$。硅酸盐熔体变得富含铀的方式是母岩的低程度部分熔融（Robb，2004；Mercadier et al.，2013）。Robb（2004）证明，在部分熔融程度非常低（即<5%）的条件下，硅酸盐熔体中 U 的浓度可以达到 $300×10^{-6}$。Kukkonen 和 Lauri（2009）使用模型计算证明，低程度的部分熔融条件下铀可以浓缩到母岩的数十倍。因此，即使母岩中 U 含量正常，部分熔化也会导致熔体中的 U 含量增高。研究团队 2021 年针对海塔地区发现的粗粒晶质铀矿开展了微区原位微量元素测试（Xu et al.，2021），并将其结果与世界典型铀矿床中的铀矿物参数进行了对比，研究发现研究区晶质铀矿具有岩浆成因，与侵入岩型铀矿床中铀矿物稀土配分曲线较为一致（Mercadier et al.，2011），其成因与高温、低压部分熔融作用密切相关（IAEA，2016）。

在空间位置上，铀矿点的分布严格受断裂的控制，表明构造活动是控制铀成矿的重要因素之一；在地质年代方面，晶质铀矿及其共生矿物年龄数据表明，830～700Ma 发生的罗迪尼亚超大陆裂解事件为铀成矿提供了热源和储矿空间；在成矿物源上，部分熔融作用可以在结晶基底富铀的前提下富集充足的铀源。基于以上证据，本书提出研究区铀成矿作用与罗迪尼亚超大陆裂解事件引发的伸展背景下富铀基底的部分熔融作用密切相关（图 3-78），而同时代的 A2 型花岗岩体可能与各铀矿点富铀的脉体同源但不存在岩浆演化分异关系。

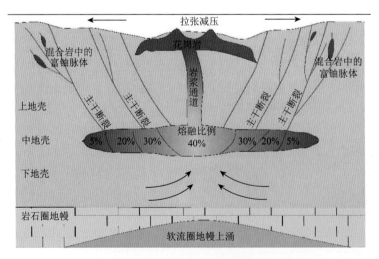

图 3-78　康滇地轴富粗粒晶质铀矿成因机制图解

据张辉等（2019）、蒋少涌等（2021）、Yin 等（2022）修改

第4章　变钠质火山岩铀成矿作用

4.1　概　　述

康滇地轴是前寒武系古老变质岩比较发育的古老地块，区内发育有一套元古宙碱性火山岩系列及细碧-角斑岩类火山岩组合（表4-1），包括大红山群、河口群及昆阳群等火山旋回；研究区是我国西南地区重要的铜多金属成矿带，区域内前寒武纪地层中矿床的产出率高（主要由绿片岩相-角闪岩相变质的钠质火山岩和沉积岩组成），特别是与元古宇钠质火山-变质作用有关的铜多金属矿规模大，成矿潜力好，形成了诸多具有经济意义的矿床（点）（图4-1，表4-2），分布集中在“双会”（四川会理和会东县）、东川和滇中地区。典型矿床包括河口拉拉地区海相火山岩型铁-铜矿床、大红山地区的海相火山岩型铁-铜矿床，以及东川—易门地区的沉积-变质铜矿床等，分别称为拉拉式、大红山式及东川式。这些矿床具有明显的特征，如成矿时代为前寒武纪；矿物组合及主矿种以Cu-Fe成矿为主，还伴生Au、Co、Mo、U、Ag及稀土等有用组分（表4-2）；区域岩浆活动具多样性，中基性-酸性均有出露；碱交代蚀变（钠长石-钾长石蚀变）特征明显；矿床均具有层状、脉状的不同矿体，同时具有多期成矿形成不同金属元素组合，相应地，其矿物组合也划分为不同的期次；矿床受区域构造的控制作用明显，控矿因素还有断层、褶皱、角砾岩、火山机构等。前人通过对区域内典型矿床的研究曾提出过康滇地轴拉拉、大红山等典型矿床的成矿模式，虽然不同学者所建立的模式存在差异，但火山喷发沉积-变钠质变质为主的成矿模式为众多研究者所认同。例如，前人提出大红山矿床形成于火山喷发（喷流）沉积，并遭受了后期的变质改造作用（钱锦和和沈远仁，1990），拉拉矿床、迤纳厂矿床等也有类似的成矿模式（宋昊，2014），这类矿床中的伴生铀是康滇地轴新元古代伴生型铀成矿作用的代表。

表4-1　研究区前寒武纪矿床类型划分

<table>
<tr><th>类型</th><th colspan="2">亚类（矿床式-亚式）</th><th colspan="2">层位</th><th>实例</th></tr>
<tr><td rowspan="3">海相（钠质）火山岩型铜矿</td><td colspan="2">海相火山岩浸染状铜矿（大红山、拉拉式）</td><td colspan="2">大红山群、河口群落凼组</td><td>大红山、拉拉落凼、红泥坡、老羊汉滩等</td></tr>
<tr><td colspan="2">海相火山岩铁-铜矿（稀矿山式）</td><td colspan="2">东川群因民组中下部</td><td>东川稀矿山、黎溪铜矿、腰棚子-香炉山</td></tr>
<tr><td colspan="2">海相火山岩铜-金矿（小青山-小溜口式）</td><td colspan="2">河口群小青山组</td><td>东川燕子崖、通安小青山</td></tr>
<tr><td rowspan="5">海相沉积岩型（即海相火山碎屑岩-细碎屑岩-碳酸盐岩型）铜矿</td><td colspan="2">硅质岩-杂砂质石英砂岩层状铜矿（蓑衣坡式）</td><td colspan="2" rowspan="2">东川群因民组顶部</td><td>东川滥泥坪</td></tr>
<tr><td colspan="2">硅质白云岩-硅质岩层状铜矿（汤丹马柱铜式）</td><td>东川汤丹马柱峒</td></tr>
<tr><td rowspan="3">凝灰质细碎屑岩-硅质白云岩（藻叠层石白云岩）层状铜矿（东川式层状铜矿）</td><td>汤丹亚式</td><td rowspan="3">东川群</td><td>落雪组下部</td><td>东川汤丹、新塘、会东新田、通安铜厂顶</td></tr>
<tr><td>落雪（龙山）亚式</td><td>落雪组中部</td><td>东川落雪、通安红岩、黎溪黑箐</td></tr>
<tr><td>因民（面山）亚式</td><td>落雪组上部</td><td>东川因民、石将军、通安红旗沟</td></tr>
</table>

续表

类型	亚类（矿床式-亚式）	层位	实例
海相沉积岩型（即海相火山碎屑岩-细碎屑岩-碳酸盐岩型）铜矿	碳质板岩-碳泥质白云岩型铜矿（桃园式）	东川群黑山组底部	东川汤丹桃园、水库山
	火山-沉积岩组合中菱铁矿铜-金矿（小街式）	会理群凤山营组	会东小街二台子
	砂砾岩-白云岩型铜矿（滥泥坪式）	震旦系陡山沱组	东川滥泥坪、通安火山
	碱基性次火山-侵入角砾岩-白云岩型铜矿（中老农式）	围岩为东川群落雪组	东川白锡腊

注：据宋昊等（2019）修改。

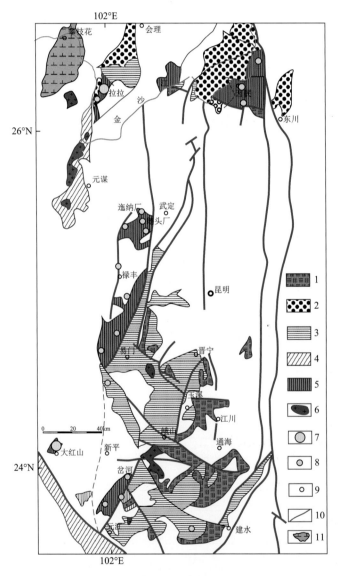

图 4-1　区域地质及主要铜铁矿床分布图

[据宋昊（2014）修改]

1. 上昆阳群；2. 中昆阳群；3. 下昆阳群；4. 苴林群；5. 大红山群、河口群、东川群；6. 花岗岩；7. 大型矿床；
8. 中小型矿床；9. 城镇；10. 断裂；11. 花岗闪长岩

区内这类矿床表现出明显的地层控矿特征，重要矿床具有层状、脉状的不同矿体，同时具有多期成矿形成不同金属元素组合。例如，前寒武系层控铜矿中，富钠火山-沉积变质建造以大红山和拉拉铜矿床为代表；陆源沉积岩建造以东川式和黎溪式铜矿为代表；火山沉积-黑色页岩-碳酸盐岩建造以易门式的狮山型和凤山型层状铜矿为代表；这些矿床的成矿作用具有多阶段、多方式和长期性，是同生沉积和后生改造叠加的产物（杨时惠和阙梅英，1987；周名魁和刘俨然，1988；沈苏等，1988；王汝植等，1988；杨应选等，1988；冉崇英和刘卫华，1993；尹福光等，2011），即以海相沉积岩、火山岩作为沉积富集的初始成矿，后期热液和构造活动叠加成矿。除此之外，各矿床在构造环境、成矿时代、元素-（蚀变）矿物组合、成矿与钠质火山岩相关、侵入岩分布、角砾岩分布等方面具有明显的特征及相似性（宋昊，2014）。

其中，拉拉铜矿、大红山铜矿等矿床具有相似性，特别是成矿地层具有很好的对照性，矿物组合、成矿过程具有相似性，均属于与古元古代富钠质火山-变质沉积岩有关的铁-铜-金-铀多金属成矿系列，但不同主要是：地层的变质程度有一定差异，拉拉铜矿的变质程度较深；拉拉铜矿床含 Ni、Co、Mo 的矿物较多，存在自然金、少量自然银以及一些铂族贵金属硫化物，大红山铜矿床矿物组合中存在较多菱铁矿，Ni、Mo 等含量较低（表 4-2）。从地层时代、成矿时代、变质程度及时代综合分析认为，二者成矿过程应该是在同一沉积成岩期由火山机构作用的产物（大红山群、河口群），后经过明显的热液改造成矿。本章针对产于康滇地轴变钠质火山岩中的类 IOCG 矿床中铀矿的分布特征、成矿规律进行论述。

表 4-2　研究区铜-铁-金-铀矿床特征简表

地层时代	主控矿因素	矿床类型	代表性矿床	矿化元素组合
中元古界下部河口群	海相火山岩＋叠加改造型	拉拉式	落凼、红泥坡、长冲沟	Cu-Fe（Au-Co-U-Mo-Ag-REE）
中元古界下部大红山群、河口群	海相火山岩＋叠加改造型	大红山式	大红山-二道河-底巴都	Cu-Fe（Au-Co-U-Ag）
中元古界下部大红山群	海相火山岩＋叠加改造型	撮江铜铁矿床	岔河、红龙厂铜矿、甘庄含铜铁矿	Cu-Fe（U-Au-Ag）
中元古界中部东川群	海相沉积岩＋叠加改造型（变质）	东川式	滥泥坪、桃园铜铁矿床、因民铜矿、易门峨腊厂、狮子山	Fe-Cu（U）
中元古界中部东川群因民组	海相火山岩＋叠加改造型	迤纳厂式	迤纳厂、大宝山、东方红等	Fe-Cu（REE-Au-U）
中元古界中部东川群	海相火山岩＋叠加改造型	东川式	稀矿山	Fe-Cu
中元古界中部东川群	次火山-隐爆（刺穿）角砾岩	东川	滥泥坪	Cu
中元古界中部东川群	海相沉积岩＋叠加改造型（变质或火山-隐爆角砾岩）	易门式	青龙塘（7801）、万宝厂 2801 矿点	Cu-Fe-U-Ag（REE）

4.2　拉拉铜矿中伴生铀矿化特征

拉拉铜矿床是一个大型的 IOCG 铜铁矿床，伴生有金-铀-稀土-钼-磷等多种成矿元素的矿床，较大的经济价值和特殊的元素组合，特别是其 IOCG 特征，引起了国内外有关科学家的广泛关注。四川会理拉拉铜矿床位于四川省会理县，矿区位于扬子地台西缘康滇铜矿带中段，是四川省最大的铜矿床，也是我国西南重要的铜矿产地。拉拉铜矿区位于河口组复式背斜南翼的次一级双狮拜象背斜南端两侧。矿区含矿岩系主要为前震旦系会理群河口群落凼组浅变质火山沉积岩系（图 4-2），是近年来公认的一个典型的铁氧化物型铜金矿床。矿区矿石物质组分复杂，是一个以铜为主的金属硫化物矿床。该矿区已发现 70 余种矿物。矿物成分主要为铜、铁的硫化物和氧化物，以黄铜矿、黄铁矿、磁铁矿为主，其次是斑铜矿、辉钼矿、辉钴矿、赤铁矿，此外还有少量的自然金、自然银等矿物，脉石矿物以钠长石、石英、方解石、云母为主。

矿区主要出露古元古界河口群，次为中元古界东川群、三叠系白果湾组和新近系。河口群为一套火山-沉积变质岩，依据火山沉积作用、岩相建造和含矿性，可将其分为六个组，依次为白云山组、小铜厂组、大团箐组、落凼组、新桥组和天生坝组，其中拉拉铜矿矿体主要赋存于落凼组。

（1）白云山组。下部岩性为灰黑色薄-中层状碳质板岩、绢云千枚岩夹石榴白云片岩和透镜状白云大理岩。上、中部岩性主要为浅色-深色中厚层状变质砂岩，偶夹白云石英片岩。

（2）小铜厂组。上部岩性为灰白色厚层块状斑状含钾长石英钠长岩，中部岩性为灰白色中层状白云石英片岩、钾长白云石英片岩夹斑状石英钠长岩。下部岩性为浅黄色微带红色的钾长石英变粒岩及含钾长石英钠长岩。

（3）大团箐组。上部岩性为黑色中层状石榴角闪黑云片岩或角闪石榴黑云片岩，夹白云钙质片岩。中部岩性为灰色薄层-中层状钙质白云片岩、白云钙质片岩。下部岩性为灰色薄层-中层状钙质云母石英片岩与黑色薄层-中层状绢云碳质板岩互层，偶夹灰白色薄层状大理岩及变砂岩。

（4）落凼组。上部岩性为块状石英钠长岩、角砾状石英钠长岩、石榴黑云片岩、黑云石英片岩、二云石英片岩、白云石英片岩。中部岩性为层状石英钠长岩、白云石英片岩、二云片岩、块状石英钠长岩，主要矿物有钠长石、石英，次见少量磁铁矿、白云母、绿泥石，主要矿物有钠长石，次为石英，少量绢云母、方解石以及尘点状磁铁矿，含钠长石 50%～60%。下部岩性主要为灰色厚层状石英钠长岩，局部夹少量石榴黑云片岩；主要矿物成分中，钠长石、石英占总量的 70%左右，钠长石多于石英。其次，云母占 5%～10%，磁铁矿占 5%。

（5）新桥组。上部岩性为黑色薄-中层状石榴黑云片岩、石榴角闪黑云片岩和角闪黑云片岩等。中部岩性为深灰色、紫色薄层状-中层状变砂岩，夹少量白云石英片岩。下部岩性为灰色薄-中层状白云石英片岩夹灰白色透镜状白云石大理岩及黑色碳质板岩。

（6）天生坝组。中部岩性为灰白色厚层块状石英钠长岩夹黑色薄层-中层状碳质板岩、石榴角闪黑云片岩、白云母石英大理岩和白云石英片岩等；底部岩性为灰白色厚层块状石英钠长岩夹少量白云钠长片岩；上部岩性为深灰色中层状石英钠长岩夹二云片岩、白云石英片岩和薄层石英白云石大理岩。

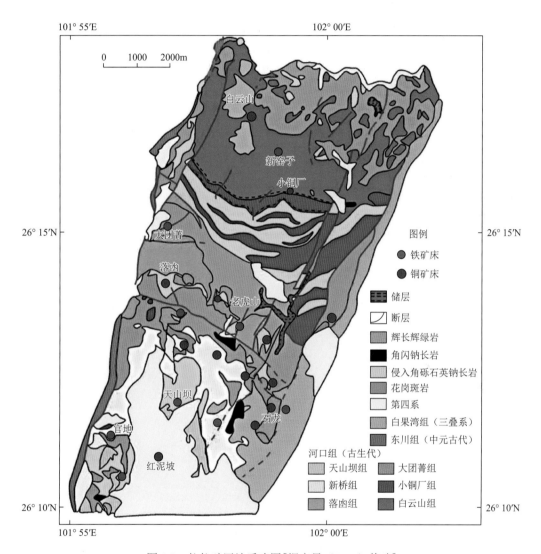

图4-2 拉拉矿区地质略图[据宋昊（2014）修改]

拉拉矿区褶皱断裂发育丰富，其中落凼矿区产于河口群复合背斜南端，由倒转紧闭背斜、向斜所组成，是该区的主要控矿构造。该背斜近东西走向，轴面倾南。拉拉铜矿处于区域性的近南北向大断裂之间，区域内断裂发育丰富，落凼矿区矿脉及其东部老羊汗滩矿区的矿脉均在此断裂截止，但在其南部又找到相应矿体，充分体现了F_1断裂对矿床的切割特点。扬子地块西缘遭受南北向的构造运动挤压复合于原来东西向的构造破碎带，使东西向断层性质由拉张性转变为压缩性状态，从而在拉拉地区形成了东西走向的叠瓦式冲断-褶皱构造体系。拉拉铜矿床的围岩蚀变类型主要有黑云母化、硅化、碳酸盐化、钠长石化、萤石化、钾长石化、磷灰石化、阳起石化等。矿石的主要构造有浸染状构造、条带状构造、脉状、网脉状构造、角砾状构造。

拉拉铜矿石产于河口群变钠质火山岩-沉积岩系中。据前人工作资料，该区河口群中铀含量普遍增高，钠质火山岩铀含量为 8.2×10^{-6}，局部达 16×10^{-6}。笔者对拉拉落凼矿区 II 号勘探线进行了现场能谱测量，由图 4-3 可知，拉拉铜矿中铀矿化的分布具有不均匀性。对于低含量的元素 K、U、Th，可通过数字伽马射线能谱仪测试，根据笔者现场扫描可以看出，U 在空间上的分布具有较明显的规律性，U 的平均值为 11.46×10^{-6}，区域内异常集中在中部，东西区域含量较低。其中，I～V 号五个主要铜矿体中，III 号矿体矿石（图 4-4）中 U 最为富集，U 的富集系数局部可以大于 50，$\gamma > 120$，在野外观察中发现，铀矿富集带与铁矿化具有密切空间联系，该铀矿富集带宽 5～10m。总体而言，铀与铁矿、铜矿，特别是铁矿关系密切，但拉拉铜矿区及外围铁矿和铜矿空间上分离，从赋矿层位上看，整体具有"上铁下铜"的规律。

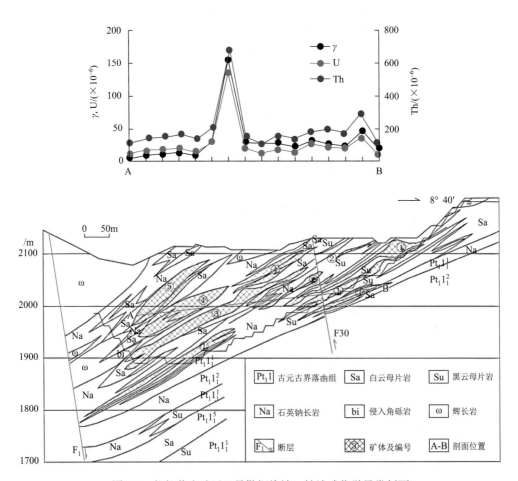

图 4-3　拉拉落凼矿区 II 号勘探线铀、钍地球化学异常剖面

图 4-4　Ⅲ号矿体矿石特征

左：该矿石放射性较高，γ>120，铁的含量较高，所以经过长期氧化后，表面出现了较多的褐色锈斑。右：可见呈脉状分布的紫色萤石，萤石矿物中可见呈星散浸染状分布的黄铁矿，晶形不明显。岩石岩性为钠长岩

图 4-5～图 4-7 为拉拉矿床含铀矿石背散射图像，可以看到铜矿石中除了黄铜矿还出现了晶质铀矿、辉砷钴矿、辉钼矿等特征性金属矿物，分别代表拉拉矿床中 U、As、Co、Mo 等多金属元素的富集。从图中可见，晶质铀矿以规则四边形出现，这与晶质铀矿具萤石型结构，属等轴晶系，晶形以立方体或八面体为主等有关。另外，电子探针对晶质铀矿的化学成分测试中发现含有少量的铅（8.521%），其中铅应该是铀、钍放射性蜕变的稳定产物。

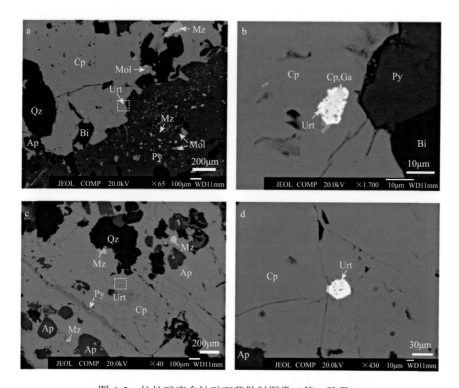

图 4-5　拉拉矿床含铀矿石背散射图像（第一阶段）

Ap：磷灰石；Bi：黑云母；Cp：黄铜矿；Mol：辉钼矿；Mz：独居石；Py：黄铁矿；Qz：石英；Ga：方铅矿；Urt：铀钍矿

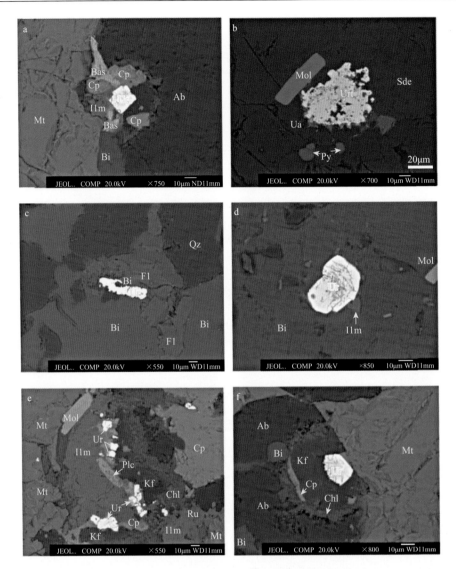

图 4-6　拉拉矿床含铀矿石背散射图像（第二阶段）

Ab：钠长石；Bi：黑云母；Chl：绿泥石；Cp：黄铜矿；Mol：辉钼矿；Bas：氟碳铈矿；Py：黄铁矿；Qz：石英；Ur：晶质铀矿；Fl：萤石；Mt：磁铁矿；Ilm：钛铁矿；Ru：金红石；Plc：复稀金矿；Kf：钾长石；Sde：菱铁矿

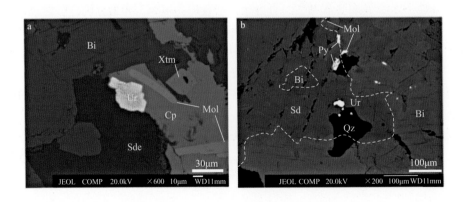

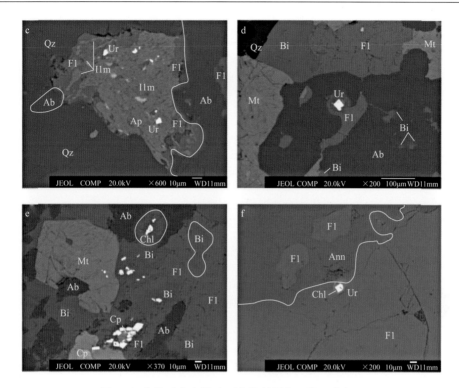

图 4-7　拉拉矿床含铀矿石背散射图像（第三阶段）

Ab：钠长石；Ap：磷灰石；Bi：黑云母；Chl：绿泥石；Cp：黄铜矿；Mol：辉钼矿；Py：黄铁矿；Qz：石英；Sde：菱铁矿；Ur：晶质铀矿；Xtm：磷钇矿；Fl：萤石；Mt：磁铁矿；Ilm：钛铁矿；Ann：铁云母

　　矿石多项成矿元素分析表明，矿床中 U-Mo 呈显著正相关，而部分样品的 U-Fe、U-REE、Th-REE 具有较为明显的相关性，U 与 Cu、Mo、Th、ΣREE-Fe_2O_3，Th 与 Cu、Mo、ΣREE 的相关性如图 4-8 所示。推测可能 Cu-Au 属同期矿化，而 U 属于不同期矿化，U 与 Fe 存在一定的相关性，推测铀矿化与铁矿成矿具有一定的联系；铀的浓度变化很大，从 0.76×10^{-6} 到 266×10^{-6} 不等。从成矿元素的相关性可以初步判断 Cu、Au、Ag 等亲硫元素相关性较好，可能为同一期矿化，而 Fe、Mo、U、Th 为另一期矿化。

　　其中，黄铜矿、黄铁矿、辉钼矿、辉砷钴矿等是拉拉矿床的主要矿石矿物，多金属组合是矿床研究的重要内容；根据对拉拉矿床中含硫矿物的电子探针分析，研究其 Au-Cu-Mo-Co-Fe-U 等多金属共生组合规律。结合矿物组合、元素分析，研究 Au-Cu-Mo-Co-Fe-U 等多金属共生组合规律：Au 与辉钼矿同期形成，二者具有密切的关系（图 4-9，图 4-10）；依靠微区元素分析和地质特征对多金属成矿期次进行划分。成矿元素 1 期：Fe1-P；成矿元素 2 期：Fe2-Co-Cu1；成矿元素 3 期：Mo-Au-Cu2-U。

　　拉拉铜铁矿矿床中 U 和 Th 多赋存于褐帘石、榍石、独居石和石榴子石等副矿物中；此外 U 还广泛赋存于黑云母、萤石、长石、钛铁矿和磁铁矿等矿物中。它们在"会理某式"铜矿层中的含量范围和平均含量为 U（50×10^{-6}）、Th（36×10^{-6}）（许远平等，1995）。为了研究铀的成矿年代，本书利用核工业北京地质研究院测试中心型号为 JXA-8100 的电子探针分析仪对晶质铀矿、独居石等进行 U、Pb、Th 等氧化物含量分析，

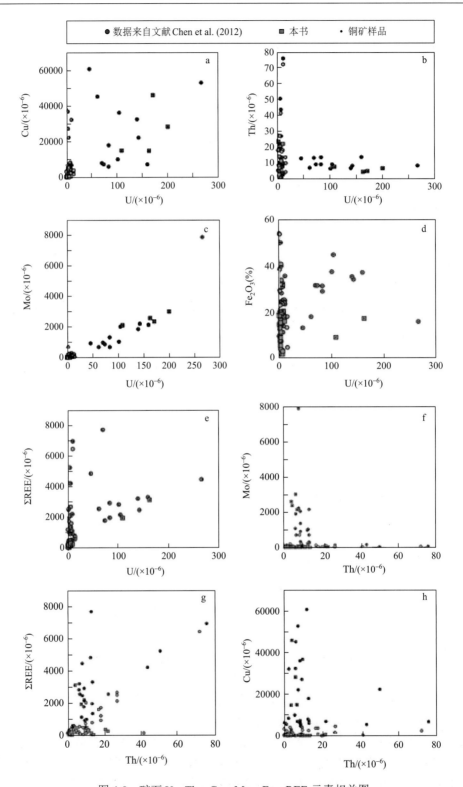

图 4-8　矿石 U、Th、Cu、Mo、Fe、REE 元素相关图

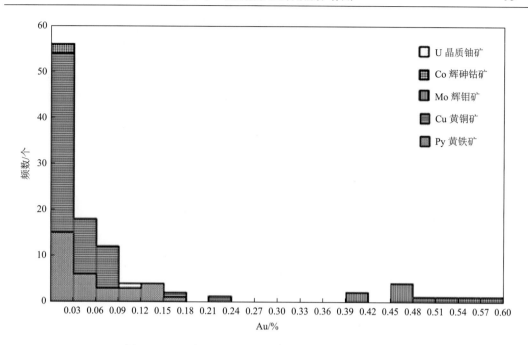

图 4-9　四川会理拉拉铜矿金属矿物 Au 含量分布频率图

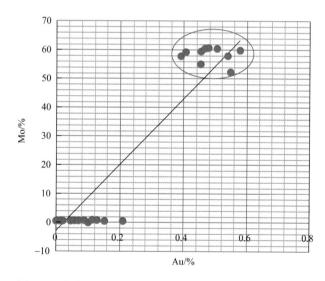

图 4-10　拉拉铜矿矿石金属硫化物中 Au-Mo 的含量特征图

电子探针测年技术以放射性核素衰变理论为基础，通过电子探针测定铀、钍、铅等的氧化物含量，根据衰变公式计算矿物形成年龄。

通过对拉拉铜矿床内晶质铀矿较为系统的电子探针化学测年（表 4-3），确定铀成矿年龄为（824±15）Ma（MSWD = 2.1，n = 18），因此，铀的成矿晚于铁铜钼金等多金属的成矿作用，为新元古代的成矿事件。晶质铀矿主要产出于高温热液矿脉中，且晶质铀矿在温度近于 500℃时形成，并与云母和钠长石一起结晶（卡什帕尔，1974），这符合会理某铜矿中大量出现的云母和钠长石矿物，其中会理某地区及区域内其他矿床中，前人已确定了较多云母类的 Ar-Ar 年龄，均与前人所确定的铀成矿年龄非常接近（宋昊，2014），属于同时期的产物。同时会理某铜矿中铀与铜、金、铁、钼、钴、稀土矿物等空间共生，但形成时间较晚，为 820Ma 左右的成矿事件，该期区内已发现有较多的酸性侵入岩铀矿形成温度高，铀矿及多金属成矿可能与热变质事件及岩浆热液活动有关，推测该类铀矿的形成与区内中酸性岩浆作用具有一定的成因联系。除拉拉铜矿床之外，区内也有其他伴生富集，并形成铀的矿物，其中前人对大红山矿床的大红山曼岗河组大理岩中铈铀钛铁矿/钛铀铁矿测年，得到其 U-Pb 年龄为 828Ma（武希彻和段锦荪，1982；倪师军等，2014），这与本书测试的拉拉铜矿床的晶质铀矿在误差范围内一致，表明区内在该时期可能存在一期较为广泛的铀富集事件。因此，拉拉铜矿床铜多金属组合的形成同属于前寒武纪大规模热动力活动成矿，中元古代末成矿作用以铜矿为主，伴随金、钼、钴等多金属矿产。

表 4-3　样品中晶质铀矿电子探针分析结果（%）

测点	Na$_2$O	SiO$_2$	TiO$_2$	PbO	Al$_2$O$_3$	MgO	FeO	UO$_2$	Y$_2$O$_3$	V$_2$O$_3$	ThO$_2$	K$_2$O	P$_2$O$_5$	总计
1	—	0.05	—	10.19	—	—	1.03	83.52	0.71	—	—	0.17	—	95.67
2	—	—	—	9.24	—	0.04	1.27	81.45	1.31	—	—	0.17	—	93.67
3	0.12	0.04	—	10.07	—	—	1.85	84.19	0.66	—	—	0.16	—	97.21
4	—	—	—	10.46	—	0.04	1.41	85.25	0.85	—	0.23	0.18	—	98.42
5	—	—	—	10.18	0.02	0.04	3.17	84.69	0.89	—	—	0.18	—	99.26
6	—	—	—	9.72	—	—	1.54	83.67	0.83	—	—	0.11	—	95.87
7	0.05	—	—	10.08	—	—	0.49	83.1	1.36	—	0.12	0.18	—	95.38
8	—	—	—	10.67	—	—	2.2	86.62	0.74	—	0.13	0.16	—	100.7
9	—	—	—	9.65	—	—	0.41	81.41	1.52	—	—	0.16	—	93.27
10	0.05	0.5	—	10.35	—	0.02	1.14	86.68	0.65	—	—	0.15	—	99.54
11	—	0.03	—	10.01	—	—	1.16	85.95	0.69	0.1	—	0.13	—	98.17
12	—	—	—	10.77	—	0.02	1.29	86.73	0.72	—	—	0.14	—	99.75
13	0.08	0.13	—	9.59	—	—	0.82	85.62	0.47	0.09	—	0.18	—	97.17
14	0.05	0.17	—	9.58	0.03	0.03	0.72	83.47	0.76	—	0.1	0.17	—	95.43
15	0.05	0.09	—	9.15	—	0.03	0.47	83.93	0.55	—	—	0.15	—	94.61
16	0.04	0.03	—	9.74	—	—	0.44	84.94	0.62	0.12	—	0.17	—	96.23
17	—	—	—	10.87	—	—	0.15	85.91	0.64	0.09	0.22	0.11	—	98.03
18	—	0.17	—	10.54	—	—	0.42	85.88	0.7	0.11	0.13	0.16	—	98.52
19	0.03	—	—	9.53	—	—	0.29	81.11	1.13	0.22	—	0.13	—	94
20	—	—	—	10	—	—	1.17	82.15	1.22	—	—	0.16	—	96.71
21	0.03	—	—	9.1	—	—	0.69	79.1	1.65	—	—	0.12	—	93.56
22	0.04	—	—	9.55	—	—	0.34	82.6	1.51	0.12	—	0.2	—	96.28

续表

测点	Na$_2$O	SiO$_2$	TiO$_2$	PbO	Al$_2$O$_3$	MgO	FeO	UO$_2$	Y$_2$O$_3$	V$_2$O$_3$	ThO$_2$	K$_2$O	P$_2$O$_5$	总计
23	—	—	0.82	9.66	—	—	1.09	82.73	1.66	—	—	0.22	0.09	98.45
24	0.06	0.35	3.64	7.77	—	0.03	1.37	76.69	1.73	—	0.31	0.12	—	94.37
25	—	0.06	0.3	9.6	—	—	0.84	80.5	1.37	—	0.15	0.16	—	94.38
26	—	0.05	—	9.17	—	—	0.3	79.26	1.46	—	—	0.17	—	91.93
27	0.04	—	—	10.14	—	—	0.43	80.89	1.14	—	—	0.19	—	94.47
28	—	—	—	9.42	—	—	0.84	79.8	1.46	—	—	0.17	0.16	93.47
29	—	—	—	9	—	—	0.79	78.48	1.36	0.23	—	0.18	0.09	91.06
30	0.04	0.03	—	9.16	—	—	1.58	79.97	1.68	—	—	0.2	—	96.58
31	0.03	0.08	—	9.04	0.02	—	1.24	80.35	1.27	—	—	0.21	—	94.2
32	0.03	0.03	—	9.33	—	—	0.37	79.02	1.56	—	—	0.17	—	92.09
33	0.05	0.06	0.17	8.98	—	—	0.99	78.81	1.49	—	—	0.23	—	91.4
34	—	0.04	0	8.61	—	0.05	1.02	78.17	1.78	—	—	0.16	—	91.6
35	—	0	0.09	9.05	—	—	0.39	79.94	1.77	—	—	0.19	—	93.59
36	0.2	0.04	0	10.02	—	0.03	0.79	81.63	1.41	0.13	—	0.18	—	98.41
37	—	0	0	9.16	—	—	0.35	81.66	1.39	—	—	0.18	—	94.43
38	—	0.15	0	9.38	—	—	0.84	78.6	1.49	—	—	0.17	0.2	93.31
39	0.03	0	0.11	9.75	—	0.06	1.71	81.14	1.71	—	—	0.15	—	97.94
40	0.08	0.04	—	9.87	—	—	0.88	81.57	1.29	—	—	0.17	—	94.29
41	0.12	—	—	10.34	—	—	1.12	81.93	0.96	—	—	0.15	—	96.91

此外，拉拉铜矿床中黄铜矿 Re-Os 年龄为（1083±11）Ma、晶质铀矿形成年龄为（824±15）Ma、早期铀成矿年龄约为 1050Ma（图 4-11），该阶段的叠加成矿作用形成了会理拉拉铁铜金铀等多金属矿床，构成铜多金属组合系列（宋昊，2014；田兰兰等，2016；Song et al.，2020）。并在区域上形成了一系列大-中型以铁铜为主的含铀多金属矿床，如会理拉拉、石龙、老虎山等矿床，同时，也出现了叠加成矿并形成大规模铜钼铀多金属矿床的现象，如会理拉拉落凼铜多金属矿床。因此，随着本区古元古代约 820Ma 岩浆-变质事件的发生，经过后期成矿作用在研究区 IOCG 矿床中产生了铀矿化，如会理拉拉、大红山等矿床。综上所述，通过本书研究团队成员的前期研究，黄铜矿 Re-Os 等时线年龄测得拉拉铜矿床、大红山矿床、岔河矿床等成矿年龄基本一致，集中于 1085～1082Ma；其中，拉拉（1085±27）Ma、大红山（1083±45）Ma、岔河（1082±46）Ma 等矿床的成矿年龄一致。成矿时代具有较好的一致性，说明其成矿作用发生于中元古代末，为中元古代末期成矿，表明矿床的成矿受控于统一的地质动力学背景和属于中元古代末同一地质事件的产物。前人所确定的铜成矿年龄与区内存在的部分花岗岩体（宋昊，2014）形成基本同期，并与中元古代末期全球格林威尔造山运动的时间高度一致，表明矿床的形成可能同属于格林威尔造山期运动产物。另外，通过拉拉铜矿床内晶质铀矿所确定的年龄，表明铀矿的年龄为

（824±15）Ma，结合区域其他矿床中铀的年龄进一步说明铀的成矿晚于铜钼金的成矿作用，为新元古代的一期叠加成矿事件，从区域上来看，可能与罗迪尼亚超大陆的裂解有关。从区域演化特征来看，古元古代是会理拉拉式铜铁多金属成矿作用的预富集阶段，形成重要的矿源层；之后经过其后多期次构造运动和热液叠加改造而成矿，尤其是 1.4～1.2Ga 变质改造成矿作用和 1.1～1.0Ga 热液叠加成矿作用，约 0.8Ga 铀的成矿富集作用，在多阶段叠加成矿作用下，形成铁、铜、金、钼、铀、钴、稀土等多金属组合富集，形成了会理拉拉铜铁多金属矿床。

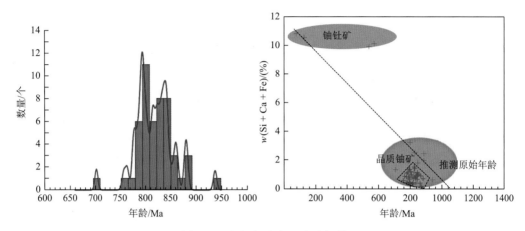

图 4-11　拉拉铜矿床 U 成矿年龄

4.3　大红山铜铁矿中的铀矿化特征

云南大红山铜铁矿床位于云南省玉溪市新平县戛洒镇境内，以赋存"大红山式铜、铁矿"和铜铁资源高度集中而闻名全国，是赋存于古元古界大红山群海相火山喷发-沉积变质岩系中的大型铜铁矿床，伴生金、银、铁、硫等多种元素。大红山铜铁矿区位于康滇地轴南端、扬子准地台西缘，介于红河断裂与绿汁江断裂所夹持的滇中台拗内，系云南山字形前弧西翼与哀牢山构造带的交会部位，居于红河断裂的北东侧。大红山铜矿位于区域性底巴都背斜南翼的单斜地层中，Ⅰ号铁铜矿体受背斜控制，围绕背斜南翼呈单斜展布。大红山铁铜矿区范围内，出露有基底和盖层两套地层。基底为古元古界大红山群，由一套富含铁、铜的浅-中等变质程度的钠质火山岩系组成，属古海相火山喷发-沉积变质岩，主要出露于曼岗河、老厂河、肥味河等河谷两岸及山坡地带；盖层为一套上三叠统干海子组及舍资组的陆源碎屑岩，广泛分布于矿区四周的山岭地区。此范围内出露的地层有大红山层肥味河组、红山组、曼岗河组以及三叠系上统干海子组、舍资组和第四系残坡积层。

大红山铜铁矿床范围内的大红山群地层，以一套钠质火山岩为主，伴随着小规模的岩浆侵入（石英钠长斑岩），火山岩产物为细碧-角斑岩，该期火山活动是形成"大红山式"铜矿和"大红山式"铁矿（图 4-12）的物质来源。大红山铜铁矿赋存围岩为大红山群变质火山熔岩-火山碎屑岩-沉积岩建造，主要含矿层位为曼岗河组和红山组，有铀矿化。

图 4-12　大红山矿床矿石照片

注：（a）铜矿石主要矿物为黄铜矿、黄铁矿、脉石矿物等，呈脉状及块状，围岩为凝灰片岩；（b）铁矿石主要矿物为磁铁矿、黄铁矿、黄铜矿等，呈层状及块状，围岩为凝灰片岩及熔岩；（c）铁矿石中的石榴子石片岩和含铁质火山熔岩，基岩为含铁质较高的熔岩，裂隙发育，岩石比较破碎，块状结构，隐晶质结构

　　根据云南核工业二〇九地质大队 20 世纪 90 年代在大红山矿床所做的铀矿资料，结合本书研究团队对大红山矿床的调查和研究，认为铀矿化（或异常）与铁矿或铜矿体的空间分布有较密切的关系，就目前而言，较好的铀矿化多与铁矿关系密切，尤以矿区铁矿体上部和铁矿体内呈规则、不连续的铀矿化为主。现将铀矿化（或异常）按产出特征，分类如下。

1. 铁铜矿体中的铀矿化

　　铀矿化与铁铜矿体在层位和空间上关系较密切，从剖面上看，铀矿化与铁铜矿体延伸是近于一致的，并位于铁铜矿体的下段，同时成矿围岩蚀变也较明显，有钠长石化、绢云母化、硅化等。但因铀矿化厚度不大，且连续性较差，目前的工业意义不大，不过应在今后的工作中引起注意。

据云南核工业二〇九地质大队 20 世纪 90 年代在大红山矿床所做的铀矿资料，该类铀矿化带位于红山组第一岩性段上部，赋矿围岩为变质钠质火山岩，即绢云母化钠质熔岩及绢云母片岩。铀矿化位于 II$_1$ 铁铜矿体顶部 0～5m；矿化带长约 300m，厚 0.1～1m，品位变化较大，U$_3$O$_8$ 最高为 0.27%，一般为 0.01%～0.03%，矿化呈透镜状，产状与铁铜矿体一致。可见赤铁矿化、绢云母化和钠长石化等蚀变。铀矿物为晶质铀矿，呈立方体聚晶，分散状产出。这类矿化带具有一定层位和规模，是该区主要的矿化带。

2. 浅色熔岩和铁矿体中的铀矿化

铀矿化与浅色熔岩和磁、赤铁矿等关系密切，并赋存在磁、赤铁矿体之中，具明显的赤铁矿化（红化）、绢云母、钠长石化等近矿围岩蚀变，并构成一定的工业厚度，但铀矿化不均匀，沿厚度方向变化均较大，可能为后期含矿热液作用造成。因此，这类铀矿化在局部地段可构成综合利用价值，是本区铀矿化最好的一种类型，值得在今后的工作中重视，如云南核工业二〇九地质大队 ZK55、ZK24 等钻孔都见有一定的工业厚度，以及 ZK78、ZK23、ZK111、ZK104 等，都具工业矿化。

该类铀矿化出露在红山组第一岩性段（Pt$_1$h^1）。为浅灰-深灰色杏仁状、块状含磁铁变钠质熔岩，夹灰白色钠长石化变钠质熔岩，位置为曼岗河岸边附近。

该类铀矿化带（由云南核工业二〇九大队于 20 世纪 90 年代划分）均位于红山组火山岩中；矿化带中铀的来源与火山作用有直接关系。铀矿物为晶质铀矿，但矿化都不均匀，品位低，变化大，孤立分布，多数在边界品位以下，目前不具备综合利用价值。

3. 碳质板岩中的铀矿

该类型为大红山铜矿区目前已知四个铀矿化带（由云南核工业二〇九大队于 20 世纪 90 年代划分）中的第一铀矿化带，位于 I 号铁铜矿带底部，处于曼岗河组第二、第三岩性段接触处，矿化岩性为黑色含碳硅质板岩。

铀矿化主要集中在曼岗河组第三岩性段下部（石榴黑云片岩夹变钠质凝灰岩段，局部含碳硅质板岩、黑云片岩）在 I$_1$ 矿体接触带附近。该类铀矿化在碳质板岩与大理岩层的层面上局部富集成铀矿化，铀矿化分布不均匀，范围较小，现场 γ 值为 10～25（背景值为 5 左右），工业意义不大，如大红山铜矿附近的碳质板岩中的铀矿化。

这是本次项目组对大红山铜矿内坑道的调查所发现的铀矿化异常，而本次项目组在曼岗河河谷及两岸未发现明显的铀矿化信息；然而云南核工业二〇九大队于 20 世纪 90 年代在报告中曾对位于曼岗河两岸的该类铀矿进行过较详细的描述（如下所述 γ1 和 γ3）。

γ1 矿化带：出露于曼岗河河谷中，赋存于曼岗河组第三岩性段底部远离（50m 以上）I 号矿带的角闪片岩中。矿化带走向东西，向南倾，沿碳硅质板岩断续分布长约 120m。铀矿化伴随碳酸盐化出现，围岩褪色及"红化"是矿化标志。矿化带中可见黑色铈钛铀矿呈丝状细脉或散点状，含量不均，一般小于 0.01%，矿化最佳点厚度为 0.64m，强度为 700nT，U 含量为 0.089%。矿化露头处地表河水分析 U 含量为 $1.2 \times 10^{-6} \sim 7.8 \times 10^{-6}$，地下水分析 U 含量为 $2.2 \times 10^{-6} \sim 2.6 \times 10^{-6}$，比地表水含量高，有时达 2 倍以上。

γ3 矿化带：赋存于浅部矿 $Ⅲ_2$ 矿体底板绢云母片岩中，分布于曼岗河东西两岸地表，长 300m，厚 $0.2 \sim 0.5$m，铈钛铀矿分布零星，呈星点状，矿化微弱，强度为 $30 \sim 60$nT，通常为 $20 \sim 26$nT，一般 U 含量为 0.001%。

总之，本区成矿元素组合多样：铁-铜-金-铀。其中，铀与铁矿、铜矿关系密切，从矿区及外围看，铁矿、铜矿空间上基本共生，从层位上看，有"上铁铀-中铜铀-下金"的特点。

4. 绿泥石脉中铀矿化

绿泥石脉受大理岩中的裂隙控制，因此厚度小，延伸不远，也可能由区域变质而成。绿泥石脉直接控制了铀异常，呈不规则的分布，如云南核工业二〇九地质大队 ZK21、ZK61、ZK23、ZK8、ZK38 等钻孔可见。

5. 岔河铜矿床中铀矿化

岔河铜矿床为元江铜矿聚集区一个近中型规模的铜多金属矿床，矿床金属组合为 Fe-Cu-U-Au-Ag-REE，其类型特殊，与大红山铜矿、拉拉铜矿有相似之处，但该矿床研究程度较低，诸多问题未能解决，前人将新平大红山和云南元江撮科岔河铜矿床归为同一个成矿系列（邓明国，2007；王冶，2015）。岔河铜矿床属多成因矿床，以中温热液交代为主，充填为辅。岔河铜矿床区内地层中存在两类火山岩，在地层沉积剖面上可以发现，存在两个火山喷发旋回，下部为第一旋回，由中酸性-酸性火山岩组合，分布在岔河岩系第一岩性段中。上部为第二旋回，由基性-中性钠质火山岩组合，分布在岔河岩系第五和第六岩性段中。每个旋回的岩性及其变化如下。①第一中酸性-酸性火山旋回：岩石组合为斜长变粒岩、斜长浅粒岩及混合岩化岩类，夹斜长角闪岩、黑云母绿泥片岩、黑云母片岩。火山岩作用以喷发为主，其演化趋势是以富钠质酸性向中酸性演化，逐步转向正常沉积，最后以碳酸盐沉积结束，完成第一喷发旋回，含铀铜矿即赋存于第一火山旋回末期石英岩、云母石英片岩中。②第二中基性火山旋回：岩石组合为变钠质安山岩-变钠质玄武岩，杏仁状构造，火山作用以喷溢为主，由基性向中性-中基性演化，火山末期以喷发为主，间有火山喷溢，从第五岩性段起至第六岩性段火山喷溢减弱，到正常沉积结束。

徐进和李余华（1993）对岔河铜矿床赋矿岩层——岔河变质岩系的放射性检测发现，主要含矿地层中放射性铀、钍和钾含量普遍高于其他地层；喻亦林等（2006）对云南铜矿进行天然放射性水平调查发现，岔河铜矿与大红山铜矿、东川式铜矿床、个旧前进铜矿等矿床相比，具有很高的铀、钍、镭异常，指出 ^{238}U、^{232}Th 和 ^{226}Ra 比活度均值及范围分别为 170.0（$26.1 \sim 519.5$）Bq/kg、37.2（$19.8 \sim 49.0$）Bq/kg 和 150.0（$42.3 \sim 11119.4$）Bq/kg，整体水平明显很高，U（Ra）矿化异常明显，并在文中提到，铀主要以粉末状含铜铀矿物（铜铀矿）形式存在。以上研究表明，岔河铜矿床地层中具有很高的铀、钍含量，结合矿石铅同位素特征认为，铅属于放射性成因，主要来源于地层中放射性元素铀、钍的衰变，即来源于高背景值的铀、钍源区（王冶，2015）。

综上所述，关于本区铀矿及多金属矿的成因做初步总结：大红山铁铜矿的富铁矿成因上为受变质火山气液（热液）交代（充填）型富铁矿，其中铁矿及与其伴生的铀矿化的主要围岩为变钠质火山岩，其成分相当于角斑岩质。结合前人研究资料认为，该区铀的源岩可能是钠质火山岩，少量的绢云母片岩、硅质板岩、碳质板岩等也可能提供铀源，铀矿化与晋宁期热液改造作用有关。由于铀矿化空间分布不均匀，变化相当大，同时围岩蚀变也相当发育，因此认为铀成矿是与某期热液活动相关，而在一定场合下的铀元素富集，造成一定的后期热液交代（或部分充填）的铀矿化，即钠质火山岩中铀矿化由于火山喷发后的有关热液活动而形成铀的富集；碳质板岩中的铀矿化可能是原沉积岩中铀经变质热液作用后重新使铀活化富集而成矿。关于本区铀矿的成因及成矿规律有待进一步的研究。

4.4　变钠质火山岩铀富集规律

西南地区发现的最早的铀成矿年龄是在康滇地轴的变质岩系地层中。在云南元谋1101 矿点混合岩中，晶质铀矿的铀-铅同位素年龄分别为 960Ma、1006Ma（罗一月等，1998）。另外在攀枝花大田 505 矿点混合岩中，也发现钛铀矿的铀-铅同位素年龄为1030Ma。这几个同位素年龄是西南地区晋宁期已知最早的铀成矿年龄。因此，有人提出晋宁期是康滇地轴第一次铀成矿期（罗一月等，1998），认为在康滇地轴的褶皱基底（1700～850Ma）上有了第一次铀矿化。但是，也有人认为，西南地区晋宁运动前没有铀成矿作用。理由是康滇地轴早、中元古代地槽演化发展过程中，早期的沉积作用及优地槽中火山作用使铀得到一定程度的预富集。例如，牟定秀水河苴林群普登组的铀丰度可高达 17.5×10^{-6}，Th/U 为 3.5。从下部的康定杂岩到上部的中元古界，铀增加到 4×10^{-6}～5×10^{-6}。部分碳硅泥质岩地层可高达 10×10^{-6}～30×10^{-6}。晚期的构造运动及变质作用使地层中铀活化迁移，在变质岩（混合岩）中局部聚集形成晶质铀矿（如 1101 矿化点晶质铀矿年龄为 1006Ma），但是没有进一步富集形成矿床。康滇地区发生在 1800～1700Ma 的重要地质构造运动（小关河运动、会理运动、龙川运动）造成了东西向复式背向斜为主的元古宙结晶基底构造。康滇地区发生在 850Ma 左右的重要地质构造运动（晋宁运动），造成了南北向构造为主干的中元古代褶皱基底构造。在这些地质事件形成的结晶基底构造和褶皱基底构造中，仅仅使铀发生预富集，为以后铀成矿创造了一定条件（胥德恩，1992a）。迄今为止，我们还没有在西南地区发现晋宁期和更古老的地质事件形成的铀矿床，目前发现的铀矿点也非常少。因此，本书暂时不将古—中元古代发生的重大地质事件列入西南地区铀成矿事件，而只暂将其列为铀的预富集事件。

康滇地轴中南段出露的古元古代变钠质火山岩-沉积岩系地层，为一套富钠质的细碧角斑岩-碎屑岩-碳酸盐岩沉积建造，变质成各种片岩、板岩和大理岩等组成的变钠质火山岩-沉积岩系。这一套岩系在空间上主要分布在康滇杂岩带和安宁河深断裂带的东侧，少数在西侧。这一海底火山溢流-喷发-沉积事件，给扬子西缘地区带来了重要的、丰富的铜铁等成矿物质，形成矿源层，也带来含量相对较高的铀，在康滇地轴中南段形成了相对高含量的铀源层。虽然在晋宁期混合岩中也发现了少量成矿时代相对较早的铀矿点（如元谋 1101 矿点），但是迄今为止，在这一套富钠质的细碧角斑岩-碎屑岩-碳酸盐岩沉积建造中发现的铀矿主要成矿年龄还是落在澄江期（如大红山铀矿铀的成矿时代晚于铜矿和铁矿，铈铀钛铁矿的 U-Pb 同位素年龄为 828Ma，拉拉铀矿铀的成矿时代也晚于铜矿和铁矿）。发生在变钠质火山岩系地层中的铀成矿作用，其时代大都晚于铜矿和铁矿的成矿时代，与后期重大地质作用的关系更为密切。古元古代变钠质火山-沉积岩系地层铀的背景值为 $3.6×10^{-6}$～$4.1×10^{-6}$，局部可达 $16×10^{-6}$。在会理拉拉铜矿中落凼矿区的河口群变钠质火山岩中有很高的铀含量，为 $14.1×10^{-6}$～$93.2×10^{-6}$，Th/U 从钠长岩的 1.05 变化到钠长片岩的 0.03，说明变质作用使铀得到初步富集，钍铀分离进一步加强。

中元古代古陆边缘伸展-裂陷环境下形成的昆阳群和会理群浅变质火山岩-细碎屑岩-碳质硅质板岩岩系是主要的含铀建造。在昆阳群和会理群中含铜建造有一定规模的铀矿化。铀矿化与铜、铁矿化在空间上和时间上比较接近，但铀矿化时代晚于铜铁矿化的时代，铀矿化是在层状铜矿和改造叠加铜钴矿之后形成的。例如，易门万宝厂 2801、东川汤丹的面山坑，沥青铀矿中含有铜，但铜矿物一般不含铀。昆阳群和会理群浅变质火山岩-细碎屑岩-碳质硅质板岩岩系铀含量较高。在这一含铀量较高的含铀地层中，碳质板岩一般铀含量为 $5×10^{-6}$，碳硅质板岩局部为 $10×10^{-6}$～$20×10^{-6}$，最高可达 $40×10^{-6}$。康滇地轴中南段褶皱基底岩石钍铀分离情况有些差别。在东川汤丹、会理小关河—河口地区、武定罗茨—迤纳厂、易门万宝山一带的会理群和昆阳群浅变质岩系分布区，Th/U 为 1.83～2.4；石屏—建水一带的美党组粉砂质板岩，Th/U 较高，一般为 9.43～21.5。

小关河运动、会理运动、龙川运动，以及后期的晋宁运动，造就古元古代结晶基底和中元古代褶皱基底的变质作用过程，有利于铀元素在地层岩石中的初始富集，并有利于钍铀分离。所以，古元古代—中元古代重要地质事件对西南地区铀成矿的贡献，主要是该地区第一次较大规模铀的预富集作用。

综上所述，综合该区地质演化和铀、铜、金矿化的关系，关于本区该类型铀成矿规律，初步得到如下认识：①该类铀矿常伴生于铜矿-铁矿床中，并常形成 Cu-Fe-Au-U-REE 多金属元素组合；②铀矿主要分布在研究区铜矿-铁矿区，如大红山、会理拉拉、岔河等，含矿层位均为古元古界海相变质钠质火山地层；③铀成矿时代为 960～600Ma，多集中在晋宁—澄江期。铀矿化成矿元素组合与火山-沉积建造有关，特别是钠质火山-沉积岩系，代表裂谷早期裂陷阶段产物，有利于 Cu、Fe、Au 矿源层形成，部分单铀型矿化围岩中铀可能是同沉积-成岩的（如大红山黑色板岩系）；④铀矿物具有多样性，如沥青铀矿、钛铀矿、铈铀钛铁矿、晶质铀矿及板菱铀矿、铜铀云母等均有出现；⑤铀与铜、金初看呈现复杂关系，但铀趋向于单独成矿，与铁矿关系更为密切，受断裂控制明显，成矿时代上与铜（金）矿不同，空间上与铜（金）、铁伴生，受赋矿层位物质来源约束。总体而言，康滇地轴诸多铜铁多金属矿床具有（类）IOCG 矿床的找矿前景，该类矿床中伴生的铀矿值得进一步深入研究。

4.5　铀富集与重大地质事件的响应

前文对研究区哥伦比亚（Columbia）超大陆裂解事件、格林威尔运动及罗迪尼亚超大陆拼合裂解事件进行了总结和研究。本节结合本区大地构造背景、矿床地质特征、成岩-成矿同位素年龄数据及扬子地台相关地质事件，进行了区域成矿规律及模式研究（表4-4）；认为本区矿床的形成演化主要经历了四个阶段。①古元古代末（1.75~1.65Ga）板内非造山背景下火山沉积作用，与哥伦比亚超大陆裂解背景下的裂谷事件有关：在研究区内古元古代末海相火山喷发沉积作用是铜铁等多金属成矿作用的预富集事件，形成重要的矿源层；②中元古代（1.4~1.2Ga）变质改造作用：发生多次构造运动的变质改造作用，形成了大红山、会理拉拉等IOCG矿床中的变质改造型矿石及富矿层，以似层状、致密块状、浸染状矿石为主；③中元古代末（1.1~1.0Ga）热液叠加改造成矿作用，以罗迪尼亚超大陆的拼合和格林威尔（Grenville）运动背景下陆缘挤压环境为主，是本区重要的铜、金、钼等多金属矿成矿作用，形成了会理拉拉和大红山等矿床中后期热液成因矿石，以热液脉状铜多金属矿石为特征；该期成矿可能与主造山前期的边缘造山作用有关，在大陆板块边缘发生成矿作用，如研究区的会理某、大红山、岔河等矿床形成于板块边缘。④0.85Ga左右是区内IOCG矿床中的铀成矿阶段，形成了IOCG矿床中的铀矿物，并未形成铀矿床。因此，多期次热液叠加改造成矿作用形成了研究区主要的会理拉拉、大红山等代表性IOCG矿床。

表 4-4　研究区铜多金属矿床中新元古代叠加成矿作用过程

阶段	沉积前奏期	岩浆活动期	变质改造期	热液叠加成矿期	区域变质期
时期	约 1.75Ga	约 1.65Ga	1.4~1.2Ga	1.1~1.0Ga	0.89~0.7Ga
区域事件	哥伦比亚超大陆裂解			格林威尔运动、罗迪尼亚超大陆的拼合	罗迪尼亚超大陆的裂解
构造环境	陆内裂谷			主造山前期的边缘挤压造山作用	碰撞造山背景下的挤压环境
作用形式	海相火山喷发-沉积作用形成赋矿层位	"双峰式"岩浆岩活动及成岩后期成矿作用	浅源流体变质改造形成	形成区域花岗斑岩；深源流体叠加和改造形成热液型矿	形成酸性侵入岩、区域变质岩
成矿作用	（火山）沉积作用及次火山作用	小型IOCG成矿作用	主要IOCG矿床早期成矿	主要IOCG矿床后期铜多金属成矿作用	铀富集作用（0.89~0.7Ga）
金属	Cu-Fe			Cu-Au-Mo-U等多金属	U-Mo-REE
流体来源	岩浆岩/深部来源流体作用		变质流体	深部来源流体作用和大气降水作用	变质流体
成矿作用结果	铜矿赋矿层位、菱铁矿形成	中小型IOCG矿床：迤纳厂矿床；磁铁矿形成	IOCG矿床中的层状矿石；磁铁矿形成	会理拉拉、大红山、岔河矿床中的热液脉状矿石	IOCG中铀矿化
同时期沉积-层控铜矿床（SSC）	主要的SSC成矿期：如东川因民铜矿床等		SSC改造成矿期：东川汤丹铜矿床	—	—

注：据宋昊等（2016）修改。

综上所述，研究区 IOCG 矿床中的铀主要以（含）铀矿物的形式存在，规模很小，铀成矿仅为弱矿化富集型；铀在本区 IOCG 矿床中的富集并不是某一矿床的偶然现象，会理拉拉、大红山、迤纳厂、岔河等矿床均具有不同程度的铀富集特征（表 4-5）；通过笔者研究工作及目前已有的铀成矿年代学研究，表明区内在新元古代至 0.8Ga 时期可能存在一期较为广泛的铀富集事件，该期铀矿的富集是铁铜多金属矿成矿之后的一期成矿作用；综合近年来在本区内铀矿床研究的进展，本书所获得的铀富集年龄与区内同一时期的铀矿床具有较好的时间对应关系，可能与区域变质作用及酸性岩浆岩有关。总体而言，可将区域内与铀成矿作用有关的地质事件过程归纳为：古元古代与哥伦比亚超大陆裂解事件有关的陆缘裂谷环境，发育了一套巨厚的富钠质火山-沉积建造，形成重要的赋矿层和矿源层，为铜、铀等多金属矿床的形成提供了物质基础。中元古代的与罗迪尼亚超大陆的拼合事件相关的成矿作用，形成铜、金、钼等多金属矿化，而铀、钼、稀土的形成较晚（宋昊等，2014；Song et al.，2020），时代上与区域新元古代至 0.8Ga 的中酸性岩浆岩同期，可能与罗迪尼亚超大陆裂解事件有关。

表 4-5　研究区类 IOCG 矿床含铀特征简表

序号	矿床	铀矿物或状态	主矿种	伴生	矿物组合
1	拉拉	晶质铀矿、铀钍石、复稀金矿、铀石	Cu-Fe	U-Au-Co-Mo-Ag-REE	黄铜矿、黄铁矿、磁铁矿、辉钼矿、斑铜矿、辉铜矿
2	大红山	晶质铀矿、铈铀钛铁矿、钛铀铁矿	Cu-Fe	U-Au-Co-Ag	磁铁矿、菱铁矿、赤铁矿、黄铜矿、斑铜矿和辉铜矿
3	岔河	晶质铀矿	Cu-Fe	U-Au-Ag	黄铜矿、黄铁矿和褐铁矿
4	迤纳厂	沥青铀矿、铜铀云母/吸附	Fe-Cu	REE-U	磁铁矿、黄铜矿、黄铁矿等

第5章 浅变质沉积岩系铀成矿作用

5.1 概　述

康滇地轴广泛分布浅变质沉积岩系，包括会理群、东川群、昆阳群等，岩性以白云岩、泥质白云岩、粉砂岩、泥岩、泥质粉砂质板岩、碳质板岩等组成，变质程度很低，或者几乎没有变质。浅变质沉积岩系中的铀矿化分布广泛，主要分布在康滇地轴东部，曾被前人称为"老碳硅泥岩型铀矿"（倪师军等，2014）。产于浅变质沉积岩系中的铀矿化点包括东川新开田 102，会理芭蕉箐 1841，会理通安红岩 201，武定猫街 7801，东川 112、114、115，易门 2801 等。

该类型铀矿分布范围广、分布层位多，铀成矿时代为新元古代，具有较好的成矿潜力和找矿前景，需要重视。本章将选取几个典型的产于浅变质沉积岩系中的铀矿进行深入研究。

5.2　会理芭蕉箐 1841 铀矿点特征

5.2.1　矿化区地质特征

5.2.1.1　矿化区地层

芭蕉箐 1841 铀矿化区位于会理南部的通安地区，区域上主要出露中元古代浅变质沉积岩。主要地层有黑山组（通安组三段）、落雪组（通安组二段）以及零星分布的第四系沉积物。铀矿化主要分布于黑山组中基性火成岩、碱性岩与构造的接合部位（图 5-1）。

黑山组（Pt_2h）以碳质板岩、硅质板岩为主，中间夹有薄层的硅化灰岩。板岩主要成分为微晶粒状的石英以及隐晶质、胶状黏土矿物等，构成隐晶、微晶结构，板状构造，并发育有短柱状电气石。岩石节理、劈理发育，常见较晚期的微裂隙，钠长石、绿泥石等沿裂隙分布，显示有后期热液活动。碳质板岩中可见方解石化（图 5-2b，图 5-2e）、绢云母化、绿泥石化（图 5-2f），在黑山组的硅质板岩中可见呈枝状侵入的石英钠长岩脉以及呈团块状产出的铁矿石，铁矿石的 TFe_2O_3 含量高达 77.32%，品位较高，矿石以赤铁矿、磁铁矿为主，规模相对较小。

落雪组（Pt_2l）主要为一套浅成海相碳酸盐沉积，主要岩性为硅化灰岩、白云岩。硅化灰岩（图 5-2c）主要由棱角状、砂屑状石英，显微鳞片集合体状绢云母，短柱状、粒状电气石，他形粒状集合体状变晶石英，他形粒状方解石，少量不透明矿物等组成，构成显微鳞片状变晶结构，变余砂状结构，岩石中砂屑和绢云母分别相对聚集，略显变余微层状的砂屑和砂质板状-千枚状构造。岩石碎裂化，发育裂隙，裂隙中分布变晶粒状石英、方解石等。白云岩主要由变晶集合体状白云石、泥质、黏土矿物构成（图 5-2h），部分样品可见硅化，局部见变晶集合体状、粒状石英（图 5-2i）。

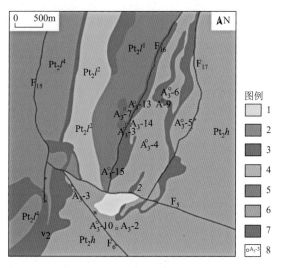

图 5-1　矿化区地质简图

1. 第四系；2. 落雪组四段；3. 落雪组三段；4. 落雪组二段；5. 落雪组一段；6. 黑山组；7. 中基性岩浆岩、钠长岩；8. 铀矿点

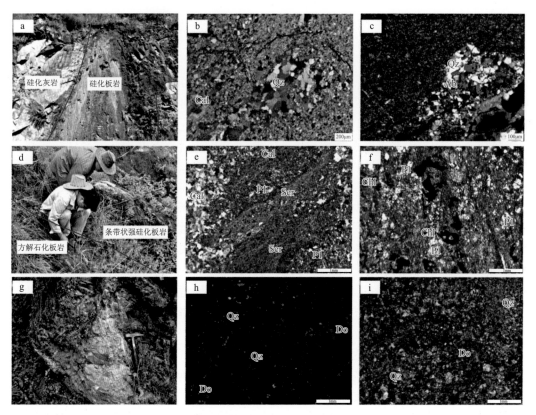

图 5-2　沉积岩样品照片与镜下图

Ab：钠长石；Cal：方解石；Chl：绿泥石；Do：白云石；Pl：斜长石；Qz：石英；Ser：绢云母

5.2.1.2　矿化区岩浆岩

芭蕉箐 1841 铀矿化区域出露的岩浆岩以中基性侵入岩浆岩为主，还存在一定的中基性喷出岩分布。区域岩浆岩分布广泛，类型齐全，主要为以岩墙或岩株、岩枝状产出的玄武岩、辉绿岩以及钠长岩。该区域产出的岩浆岩在后期遭受了不同程度的变质作用，绿泥石化、绢云母化以及方解石化等蚀变极其发育。

前人对通安地区出露的中基性岩浆岩做了大量的年代学测试，测试结果显示中基性岩浆岩的成岩年龄集中于 1.8～1.5Ga（关俊雷等，2011；周家云等，2011；耿元生，2012；Fan et al.，2013，2020），在东川等地块有类似的岩浆事件。该地区岩浆岩的产出受构造的控制，以岩脉、岩株的形式分布于构造带两侧，其中岩浆岩类型有钠长岩（图 5-3a～图 5-3i）、玄武岩（图 5-3j～图 5-3l）以及辉绿岩（图 5-3m～图 5-3o）。

区域上的钠长岩为深部流体上涌并与围岩发生交代作用形成，分为富铀钠长岩与脉状钠长岩。其中，富铀钠长岩（图 5-3a）产出于沿断层分布的中基性侵入岩与落雪组顶层的白云质灰岩的接触带上，块状构造，微晶-变晶粒状结构，主要由粒径为 0.01～0.1mm 的微粒状-变晶石英、他形粒状与糖粒状的钠长石相互镶嵌组成，可见短柱状集合体电气石（图 5-3b）。岩石裂隙发育，碎裂化严重，裂隙中分布他形晶粒状石英、纤维集合体状孔雀石、团块状赤铁矿等（图 5-3c）。脉状钠长岩（图 5-3d，图 5-3g）呈脉状产出于黑山组地层内，为岩浆沿断层、断裂侵入至黑山组地层，并结晶成岩。脉状钠长岩主要由他形粒状的钠长石、互混的绿泥石-绢云母以及胶结物组成，其中钠长石约占 40%，粒径为 0.1～0.5mm，镜下可见卡式双晶（图 5-3h，图 5-3i），碎裂化极为发育，裂隙中充填有互混的绿泥石-绢云母。

玄武岩（图 5-3j）主要由斜长石斑晶、基质，和镶嵌其中的少量伊利石、氧化铁质等组成，构成交代残留斑状结构（图 5-3l），岩石强碎裂化，裂隙中分布有他形晶粒状方解石（图 5-3k）、帘石类、钠长石、石英等。其中，斜长石的含量约为 64%，斑晶粒径为 0.3～1mm，基质粒径<0.2mm，见聚片双晶，斜长石斑晶呈三角形格架或交织状产出；方解石的含量约为 18%，呈他形晶粒状，粒状集合体状产出；绢云母的含量约为 4%，显微鳞片状，显微鳞片集合体状，分布于长石粒间；不透明矿物的含量约为 4%，他形粒状、凝粒状，主要为钛铁氧化物；帘石类的含量约为 3%，板柱状，他形粒状；钠长石的含量约为 3%，他形晶粒状，见聚片双晶，主要充填岩石裂隙，交代岩石；石英的含量约为 4%，他形晶粒状，分散分布或与钠长石互混分布于岩石裂隙内。

辉绿岩（图 5-3m）在研究区中广泛分布，主要由粒径为 0.3～1mm 的长柱状斜长石与蚀变矿物相互交织，构成较为明显的三角架构，其中分布有少量的绢云母、绿泥石、不透明矿物等，构成残留辉绿结构，岩石强碎裂化，裂隙中分布他形晶粒状钠长石、石英等（图 5-3m，图 5-3o）。

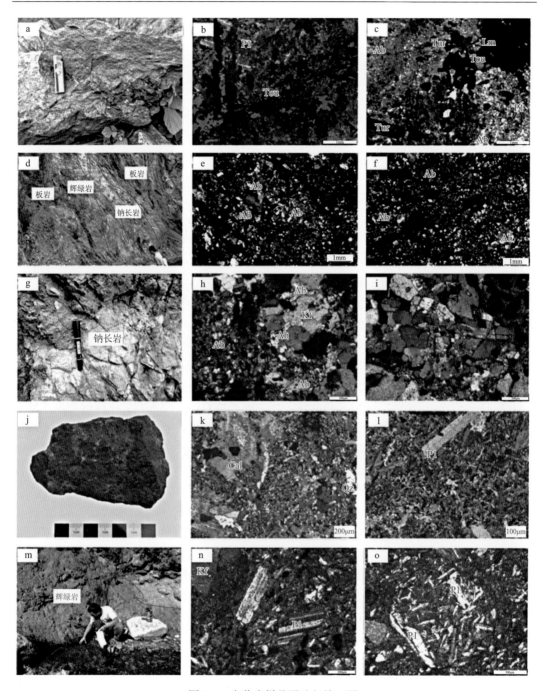

图 5-3 岩浆岩样品照片与镜下图

Ab：钠长石；Cal：方解石；Chl：绿泥石；Lm：褐铁矿；Kf：钾长石；Pl：斜长石；Qz：石英；Tou：电气石

5.2.1.3 矿化区构造特征

会理芭蕉箐地区 1841 铀矿点经多期次的构造叠加，形成了南北向与近东西向的多级别的紧闭同斜褶皱以及断裂构造，表现形式为一系列的倒转复背斜以及广泛发育的断裂构造（F_{15}、F_{16}、F_{17}）。

1. 褶皱构造

褶皱构造主要有大洞湾-袁家湾子倒转背斜，该倒转背斜仅残存于落雪组白云岩及细粒灰岩的一翼，两侧被断层所夹持，两侧均为黑山组碳质板岩和砂板岩，该倒转背斜走向北东，倾向南东，倾角为 60°～80°，轴面由东向西偏转，核部因民组和东侧落雪组地层被田坝断层（F_{16}）切割破坏，后被晋宁期中基性火成岩侵入破坏。这些倒转复背斜由于褶皱轴迹的明显改造，表现为不同程度的弯曲。

2. 断裂构造

断裂构造主要有北北东向、东西向和北西向三组。

（1）北北东向构造：区内表现为 F_{15}、F_{16}、F_{17} 三组。

大厂坪断层（F_{15}）表现为逆冲断层，倾角为 85°，西侧为黑山组砂板岩，东侧为落雪组灰岩，破碎带宽约 1m，断层泥发育。

田坝断层（F_{16}）发育于矿化点东侧，为一近南北走向东倾的正断层，倾向东，倾角为 84°的正断层，断层上盘下降，随之侵入辉绿岩，下盘为落雪组白云岩、灰岩。大量表明正断层性质的擦痕残留其上。

F_{17} 断层，为一张韧性断层，其北段表现为向西倾斜，倾角为 49°。南段表现为向东倾，倾角为 75°，具有大量的断层角砾，角砾为棱角和次棱角状，大小不均，大部分角砾均为砂质板岩，胶结物为铁质矿物。

（2）东西向断层。区内出露有 F_5，表现特征地貌为：落雪组的灰岩、白云岩地层内出现了一排陡壁，在其北侧发育有溶洞，南侧出露为黑山组地层，为一性质不明断层。

（3）北西向断层。区内出露有 F_6，该断层在黑山组地层中，表现为北东倾向的逆冲断层，KD-1 坑道中表现清楚。断层泥和擦痕面清晰可见，区内出露 200 余米。

铀矿化受构造的控制，现已查明的铀矿化集中分布于 F_{16}、F_{17} 断裂与褶皱的接合部位，这一部位在构造上属脆弱部位，并侵入有大量的中基性火成岩。侵入的岩浆岩在后期仍受到构造运动的影响，发育有大量的构造裂隙，为富铀热液的运移提供了通道，也为铀元素提供了沉淀的场所。

5.2.1.4　矿化岩石特征

矿化岩石整体上呈团块状、脉状产出于构造蚀变带内，岩石的裂隙与碎裂化发育，矿体单点铀含量较高，但已发现的铀矿体规模较小，矿体的产出不连续，较为分散。矿化区中的富铀岩有钠长岩、玄武岩、辉绿岩，此外在黑山组的硅化灰岩中也发育有较弱的矿化。前人研究认为该区域的含矿岩脉为一套细碧角斑岩系，产于弧后裂谷带，岩浆源区为富钠的地幔岩浆，岩浆在喷涌过程中混染有一定比例的壳源物质，在后期经历了大规模的热液交代作用。

1. 富铀钠长岩

电气石化微晶石英钠长岩（ZX-1）（图 5-4a～图 5-4c）主要由粒径为 0.01～0.15mm 的石英、钠长石与少量的不透明矿物组成，微晶粒状结构，块状构造，岩石碎裂化发育，裂隙发育，裂隙中分布柱状电气石、氧化铁质等。其中，石英的含量约为 47%，呈半自形-他形粒状产出；钠长石含量约为 38%，呈畸形粒状产出，具聚片双晶，与石英互嵌；电气石的含量约为 11%，呈长柱状、弧面三角状、放射集合体状产出，主要分布于岩石裂隙中；氧化铁质的含量约为 4%，呈团块状、胶状，见环带结构，红褐色内反射色，主要分布于岩石裂隙中；此外还含有次生铀矿物与少量的钛铁矿、孔雀石。

电气石化细微晶石英钠长岩（ZX-3）（图 5-4d～图 5-4f）岩石主要由隐晶质的钠长石、细微晶石英（以及脉状石英）、短柱状、扇状电气石（其他视域）和交代残余的斜长石、钾长石构成，块状构造，岩石碎裂化极其发育，裂隙中分布有柱状电气石、石英脉、绢云母。其中，石英的含量约为 40%，主要呈微晶粒状，粒间分布有大量细微晶-隐晶质的钠长石（约为 30%）；电气石的含量约为 20%，呈长柱状、柱状、弧面三角状，放射集合体状，黄绿色，主要分布在岩石裂隙中；钾长石的含量为 5%，他形粒状，见卡式双晶，遭受了较严重的蚀变，矿物内部发育大量细微脉，并有钠长石镶嵌其内。

2. 矿化玄武岩

玄武岩（ZJ-8）（图 5-4g）为交代残留斑状结构，交代残留交织结构，块状构造。岩石由斜长石斑晶、基质相互交织成矿物格架，斜长石粒间分布有少量不规则片状集合体的绿泥石、显微鳞片状绢云母以及少量不透明矿物等（图 5-4i），岩石裂隙发育，裂隙中分布有粒状石英、钠长石等。斜长石的含量约为 56%，构成斑晶和基质，斑晶粒径为 0.4～1mm，基质粒径小于 0.2mm，呈交织状、三角形格架状，斑晶见聚片双晶；绿泥石的含量约为 23%，呈叶片状、不规则片状集合体状分布于斜长石粒间或岩石裂隙中；绢云母的含量约为 12%，呈显微鳞片状、显微鳞片集合体状，可见鲜艳干涉色，与绿泥石互混分布于斜长石粒间；钠长石的含量约为 3%，呈畸形粒状，具聚片双晶，主要分布于岩石裂隙中；石英含量约为 2%，呈畸形粒状分布于岩石裂隙中；不透明矿物含量约为 4%，呈畸形粒状、凝粒状分散分布，主要为钛铁氧化物；此外还有微量的黄铜矿、褐铁矿、钛铁氧化物，黄铜矿呈畸形粒状产出，为浅亮黄色，表面具锈色，具弱非均质性，被褐铁矿等交代，呈残留状；褐铁矿呈畸形粒状、胶状产出，反射色为灰白色，褐色内反射色，交代黄铁矿等。钛铁氧化物呈畸形粒状、胶状产出，白褐色内反射色，分散分布，由原岩中暗色矿物、不透明矿物蚀变形成。岩石中的铀含量较低，富铀矿物与脉状褐铁矿共生，可能为还原性的褐铁矿吸附有离子态的铀，未见明显的独立铀矿物。

3. 矿化辉绿岩

辉绿岩（ZJ-6）（图 5-4j）为交代残留辉绿结构、显微鳞片状变晶结构，块状构造。岩石由粒径为 0.3～1mm 的斜长石相互交织构成基本框架，框架内分布有绢云母、绿泥石、不透明矿物等，岩石强烈碎裂化，裂隙中分布他形晶粒状钠长石、石英等。斜长石的含量约为65%，呈板柱状、板条状，见聚片双晶，相互组成三角形格架（图5-4k）；绿泥石的含量约为18%，呈叶片状、不规则片状与集合体状分布于斜长石粒间；绢云母的含量约为7%，呈显微鳞片集合体状，与绿泥石互混分布于斜长石粒间；不透明矿物的含量约为6%，呈畸形粒状、凝粒状，主要为钛铁氧化物；钠长石的含量约为2%，呈他形晶粒状充填于岩石裂隙内（图5-4l）；石英的含量约为2%，呈他形晶粒状分布于岩石裂隙内。岩石中铀含量较低，主要为吸附离子态的U呈分散稀疏的点状分布于岩石裂隙中，未见明显的独立铀矿物。

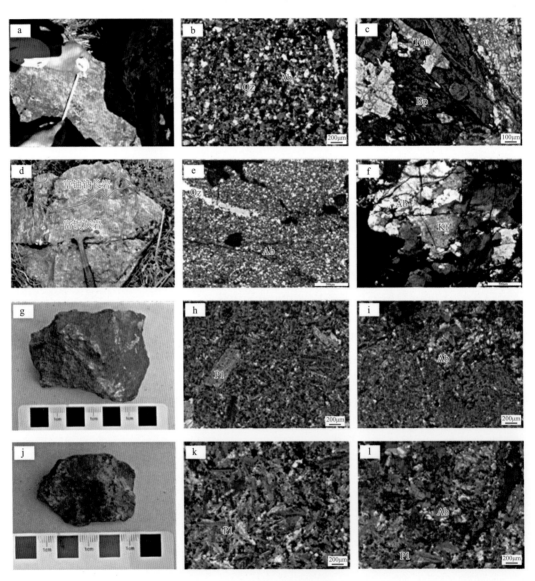

图5-4　富铀岩石样品照片与镜下照片

Ab：钠长石；Kf：钾长石；Pl：斜长石；Qz：石英；Tou：电气石；Bp：绿泥石

5.2.1.5　矿石特征

通过镜下鉴定与 α 径迹测试，发现 ZX-1 号样品中有次生铀矿物以针柱状、粉末状产出，反射偏光镜下反射色呈墨绿色、浅黄色（图 5-5a，图 5-5b）；在 ZJ-08 号样品中，发现有含铀褐铁矿以及少量黄铜矿，微脉状的褐铁矿（$Fe_2O_3 \cdot H_2O$）吸附了以$[UO_2]^{2+}$、$[UO_2OH]^+$为主的游离铀离子，并在此发生衰变，形成了微弱的铀矿化（图 5-5c），但 U 含量相对偏低（全岩 U 含量为 0.019%），仅有少量的沥青铀矿以集合脉状产出。α 径迹显示铀矿物呈规则的、较为密集的斑块状集合体（图 5-5d）、脉体（图 5-5e，图 5-5f）产出，α 径迹轮廓与含铀矿物的分布区域相一致。在富铀钠长岩（ZX-3）的 TIMA 扫面中，铀矿物有以下两种存在形式：以微粒状存在的钛铀矿分布于细脉状正长石与铁白云石和电气石的接触部位；以集合体状分布的富锆、铅、硅的铀矿物与绿泥石交织产出。

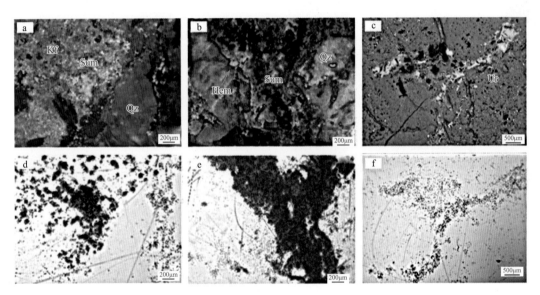

图 5-5　铀矿物赋存特征（a，b，c）与其 α 径迹（d，e，f）

Hem：赤铁矿化；Kf：钾长石；Qz：石英；Sum：次生铀矿物；Ur：沥青铀矿

5.2.1.6　围岩蚀变特征

芭蕉箐 1841 铀矿点产于古-中元古界的落雪组、黑山组的沉积变质岩与岩浆岩脉的接合部位，经历了多期次的构造运动与热液活动的叠加改造，形成了较为复杂的蚀变体系。铀矿点的近矿围岩蚀变可划分为成矿前期、成矿期与成矿后期 3 个阶段。研究区在成矿前期有多期次的热液石英填充的记录，形成了一条近北东展向的硅化带，并在此基础上叠加了一系列蚀变，主要有碳酸盐化、叶绿泥石化、碱交代，还有长石轻微的石英化、碳酸盐化与黑云母的叶绿泥石化等。成矿期研究区内的近矿围岩蚀变有碱交代、硅化、绢云母化、胶黄铁矿化、红化/赤铁矿化。成矿后期可见的矿化类型主要有碳酸盐化、硅化与绢云母化。此外还有长石蚀变、角岩化等。

硅化：铀矿点主要分布于硅化带中，且硅化在成矿前期—成矿期—成矿后期均有发生，主要分为两类：①大范围的含硅热液接触围岩并发生蚀变，提高围岩中的硅含量，增加围岩的硬度；②沿断裂、裂隙等分布的石英脉，其宽度不等，从 0.1mm 至 30cm 均有发育。

碱交代（图 5-6a）：碱交代与 1841 铀矿化的形成密切相关，可分为成矿前期的碱交代和成矿期的碱交代。成矿前期：碱交代在 1841 铀矿点普遍发育，钠长石具备较完整的晶形，也有棋盘格子状的钠长石这类钠交代不彻底的钠交代，此次碱交代时间较早，与铀富集事件无直接关系。成矿期的碱交代：富铀钾质热液沿断裂带侵入，并与围岩发生交代作用，铀元素完成从流体到岩石的转移，形成了铀的初步富集。

绢云母化（图 5-6c）：含矿部位绢云母化十分发育，多呈鳞片状集合体，连续的脉状、条带状而取代热液石英。结晶颗粒十分细小，为 0.01mm 左右，空间上与沥青铀矿伴生，产于沥青铀矿脉的两侧。多呈浅黄色，被赤铁矿微粒混染而颜色加深，绢云母化的强弱与铀矿化呈正相关。

胶黄铁矿化：产于红化、绢云母隐晶-微晶石英的蚀变带中，呈浸染状，粒径为 0.1mm 左右，仅在红化的岩石中发育，空间上与铀矿化伴生。

红化/赤铁矿化：位于近矿围岩的绢云母化带两侧。常叠加在绢云母化微晶石英（红化微晶石英）中。在沥青铀矿细脉地段红化特别发育，呈细脉状、微粒状。远离矿脉时，赤铁矿呈团块状、胶状产出，见环带结构，红褐色内反射色，主要分布于岩石裂隙中，见有绿泥石的包裹体，形成晚于绢云母化、绿泥石化与黑云母化。

碳酸盐化（图 5-6b，图 5-6e）：方解石呈微粒状、脉状充填交代于热液石英粒间，蚀变幅度大，整个蚀变带均可见到。

叶绿泥石化（图 5-6c）：多呈细脉状、片状、鳞片状与黑云母胶结成细脉状，脉宽 0.15～0.30mm，空间上常与绢云母伴生，随鳞片状黑云母的富集而富集。叶绿泥石化呈片状、鳞片状、细片状而密集展布，其中围岩蚀变时原暗色矿物中的铁质析出，在富集的叶绿泥石中形成微细粒状、粒状、四方形状的磁铁矿颗粒和不均匀分布的微粒状白钛石。

绿泥石化（图 5-6c）：绿泥石受到低温硅化作用的影响，细微晶石英沿绿泥石边部的微裂隙进行交代充填，局部见绿泥石被交代的残留；低温硅化热液运移的通道又被后来的粗粒石英-方解石脉充填穿切，此阶段方解石也与绿泥石发生交代作用；后期的石英-方解石脉又被褐铁矿穿切而交代。

绿帘石化：富矿岩石中局部发育有少量的绿帘石，主要呈柱状、板状，浅黄绿色，干涉色鲜艳，与电气石互混分布于岩石裂隙中。

黄铜矿化（图 5-6h）：黄铜矿化在岩石中主要呈团粒状、胶状分散于岩石裂隙，也有团块状、黄铜矿分布于石英脉中。

角岩化：粉砂质板岩或浅粉砂岩与后期的石英方解石脉接触带的部位被蚀变为云英角岩。碳酸盐化云英质角岩（图 5-6d）：细微粒的石英与方解石胶结的云英角岩，普遍为灰黑色，致密块状，后期有石英方解石脉充填穿切成网脉状，具显微鳞片变晶结构、变嵌晶结构，组成矿物主要是细小的鳞片状的绢云母和重结晶形成的变晶状的石英，粒状、团粒状的黑云母及少量残留的泥质物和铁质聚集形成的褐铁矿。团粒条带的展布无定向性，有时在鳞片状绢云母的基质中散布有变嵌晶结构的变晶石英，石英中有黑云母的小嵌晶。沿后期裂隙充填有微晶石英细脉。

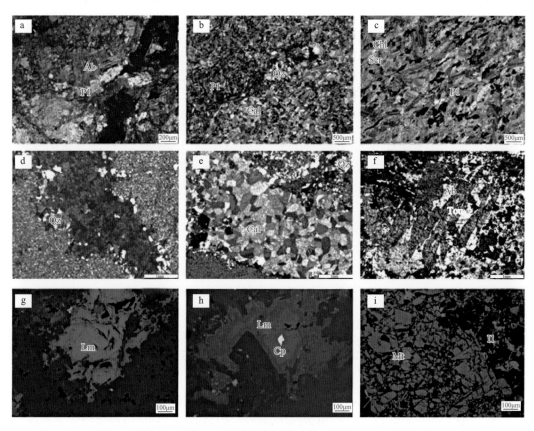

图 5-6　矿化区典型蚀变镜下特征

Ab：钠长石；Cal：方解石；Cp：黄铜矿；Chl：绿泥石；Lm：褐铁矿；Mt：磁铁矿；Pl：斜长石；Qz：石英；Ser：绢云母；
Il：钛铁矿；Tou：电气石

5.2.2　岩石地球化学特征

5.2.2.1　样品采集与分析方法

　　为深入研究芭蕉箐地区 1841 铀矿化区内的矿化岩石的地球化学特征，在芭蕉箐 1841 铀矿化区内共选取相关样品 29 件，其中地层样品 17 件，主要为中元古代的浅变质海相碳酸盐以及板岩，火成岩样品 12 件，主要为中基性岩浆岩与钠长岩。对所有样品进行全岩主微量元素和稀土元素的测试分析，测试单位为核工业二三〇研究所测试中心。样品岩性见表 5-1。

表 5-1　样品岩性

编号	岩性	编号	岩性	编号	岩性
DC-1	硅化灰岩	DC-11	条带状强硅化板岩	ZX-4	脉状钠长岩
DC-2	硅化灰岩	DC-12	角闪片岩	ZX-5	脉状钠长岩
DC-3	泥质白云岩	DC-13	条带状强硅化板岩	ZJ-2	玄武岩
DC-4	含石英脉白云岩	DC-14	硅质板岩	ZJ-3	辉绿岩
DC-5	灰岩	DC-15	板岩	ZJ-4	辉绿岩
DC-6	硅化灰岩	DC-16	碳质板岩	ZJ-5	辉绿岩
DC-7	方解石化板岩	DC-17	铁矿石	ZJ-6	辉绿岩
DC-8	板岩	ZX-1	富铀钠长岩	ZJ-7	玄武岩
DC-9	板岩	ZX-2	富铀钠长岩	ZJ-8	玄武岩
DC-10	碳质板岩	ZX-3	富铀钠长岩	—	—

5.2.2.2　围岩地层元素地球化学特征

芭蕉箐地区出露的地层为一套中元古代的浅变质海相碳酸盐岩、浅变质陆屑岩。本书所选取的样品主要为中元古代的海相碳酸盐岩和浅变质陆屑岩（板岩、硅化板岩、碳质板岩），其中 DC-2 与 DC-7 样品的铀含量已达到铀矿化的标准，显示其经历过铀富集事件。

1. 主量元素地球化学特征

主量元素分析结果表明，碳酸盐岩样品中 SiO_2 含量变化范围较大，为 11.06%～48.72%；CaO 的含量为 11.57%～26.31%，与烧失量（LOI）呈明显的正相关，主要是由于样品加工中含加热步骤，使样品中的 $CaCO_3$ 分解并产生逸散组分 CO_2，增加了烧失量；Al_2O_3 的含量为 0.49%～12.82%；MgO 的含量为 0.94%～17.07%；P_2O_5 的含量为 0.04%～0.17%；TiO_2 的含量为 0.03%～0.63%；MnO 的含量为 0.32%～0.57%，样品均具有较高的 K/Na 值，Na_2O 的含量为 0.02%～1.79%，其中 DC-1、DC-2、DC-6 的 K_2O 含量为 4.59%～6.75%，明显高于其余样品，其 U 元素含量（8.48×10^{-6}～202×10^{-6}）也明显高于其余样品，可能为后期的富铀钾质热液与围岩发生了交代作用，提高了岩石中钾、铀元素的含量，值得注意的是，DC-2 的 Na_2O 含量要稍高于其余样品，可能受矿化区内钠交代的影响，但影响程度较小。产出于铀矿点密集分布的断裂破碎带旁的 DC-1、DC-2、DC-6 样品在成岩后发生了强烈的硅化，但与硅质岩有一定的差异，其手标本与盐酸反应产生大量气泡，为未完全硅化的碳酸盐岩岩石。

硅化过程中硅铝质矿物替代原岩内的碳酸盐矿物，使岩体中 SiO_2 与 Al_2O_3 的含量明显增大，而原岩中的 CaO 与烧失量含量降低；海相沉积岩的 P 元素通常来自富含磷质的海洋生物或海水补给时所挟带的陆源碎屑物，而 DC-1、DC-2 以及 DC-6 样品的 P 含量相比于无蚀变样品明显偏高，且与 SiO_2、Al_2O_3、TiO_2、K_2O 的含量呈明显的正相关，显示 DC-1、DC-2 以及 DC-6 样品中 P、Si、Al、Ti、K 元素含量的增长与后期蚀变相关；K_2O 含量明显偏高，显示区域内可能存在富 K^+ 流体的活动，并与围岩发生物质交换，形成富钾矿物组合；DC-4 样品存在大量的石英脉，提高了 SiO_2 的含量，但围岩成分未发生明显改变。

芭蕉箐 1841 铀矿化区广泛出露黑山组的板岩，其中板岩的 SiO_2 含量为 26.65%～85.07%，MgO 的含量为 0.39～9.37，Al_2O_3 的含量为 5.63%～18.68%，CaO 的含量为 0.04%～27.11%，其中高 CaO 的为 DC-16 样品，其岩性为碳质板岩，各组分的含量差异较大。MgO、CaO、LOI 与 SiO_2 呈明显的负相关；K_2O、Na_2O、P_2O_5 与 SiO_2 的含量不存在明显的相关性，而是分类聚集，板岩样品的 Si-K 相关性具有明显的正相关，显示地层样品的硅化与钾化有一定的关联，在 TIMA 扫面中显示钾化的同时也伴随一定的硅化，此外，DC-12、DC-14 样品具有高 Si 低 K 的特征，此处的钾化与硅化没有明显的相关性，表明区内存在多期次的硅化；样品的 Si-Na 呈低 Na 低 Si、高 Na 高 Si 以及低 Na 高 Si 三类；样品的 Si-P 呈低 P 低 Si、高 P 高 Si 以及低 P 高 Si 三类；除强硅化的 DC-12、DC-14 样品外，Al_2O_3、Zr、TiO_2（DC-15 样品异常高，不予考虑）与 SiO_2 呈明显的正相关。值得注意的是，矿化样品 DC-2 与 DC-7 的 Na_2O 含量均高于同类岩石的 Na_2O 含量，而 DC-2 与 DC-7 也是地层中少有的铀矿化岩石。DC-2 与 DC-7 样品可能经历有钠交代活动，在此基础上叠加有钾交代，钠交代与铀富集事件无关，但在铀富集事件中，钠交代形成的矿物组合有利于铀的富集与沉淀，形成铀矿化。

2. 微量元素及稀土元素地球化学特征

碳酸盐岩样品的微量元素分布型式图如图 5-7 所示。碳酸盐岩样品的大离子亲石元素 Rb、Sr、Ba、Pb 和 Cs 元素的含量分别为 $6.79×10^{-6}$～$167×10^{-6}$、$19.3×10^{-6}$～$89.9×10^{-6}$、$14.8×10^{-6}$～$1239×10^{-6}$、$1.78×10^{-6}$～$39.5×10^{-6}$、$0.15×10^{-6}$～$1.84×10^{-6}$，其中硅化样品的 Rb、Sr、Ba 相比于未硅化的样品明显偏高，Pb、Cs 元素的含量也有一定的增加。碳酸盐岩样品的高场强元素 Nb、Hf、Ta、Th、U 和 Zr 的元素含量为 $0.48×10^{-6}$～$13.5×10^{-6}$、$0.22×10^{-6}$～3.13、$0.05×10^{-6}$～$1.58×10^{-6}$、$1.69×10^{-6}$～$19.8×10^{-6}$、$0.65×10^{-6}$～$202×10^{-6}$ 和 $12.5×10^{-6}$～$132×10^{-6}$，其中硅化蚀变样品的高场强元素丰度均明显高于未蚀变样品。

高场强元素中 Th 元素与 Sc 元素受成岩后期的次生影响相对较小，因此常用于指示原岩的地球化学特征。U 元素的迁移与周围环境的氧化还原状态关系密切，当沉积环境为氧化环境时，U 元素多以 U^{6+} 的形式随流体迁移，难以保存下来，因而氧化环境形成的沉积岩具有较高的 Th/U 值（McLennan et al.，1980），通常原生沉积岩的 Th/U>1.33 显示其沉积环境为氧化环境，Th/U<0.8 为还原环境。海相沉积物中 Th 元素的丰度通常小于 $5×10^{-6}$，陆相沉积物中 Th 元素的丰度通常大于 $20×10^{-6}$，DC-3、DC-4、DC-5 样品的 Th 元素含量为 $1.69×10^{-6}$～$4.62×10^{-6}$，与海相沉积岩一致；而蚀变样品 DC-1、DC-2、DC-6 的 Th 元素含量为 $10.7×10^{-6}$～$19.8×10^{-6}$，位于海相沉积岩与陆相沉积岩之间。上地壳岩石的 Th/U 均值为 3.8，扬子地台西南缘泥质岩的 Th/U 平均值为 4.52，

中元古代泥质岩的 Th/U 值为 4.8～6.4（于炳松和乐昌硕，1998），均为氧化沉积环境形成，为一套氧化矿物组合，不利于铀的沉淀与富集；DC-3、DC-4、DC-5 样品的 Th/U 分别为 4.4、0.97、0.34，地层样品的 Th/U 值为 0.053～5.68，平均值为 1.87，显示区内存在大量还原性的地层岩石，且 DC-5 的还原性较强，有利于铀的富集。考虑到地层样品产出于矿化区域，不排除后期铀的富集作用提高了区域岩体铀元素的丰度，改变了原岩的 Th/U 值，为此本书采用 V/Cr 值以及 Ni/Co 值来进行沉积岩沉积环境的氧化还原条件的参数验证，其中 V/Cr>4.25 对应氧化环境，V/Cr<2 对应还原环境；Ni/Co>7 对应氧化环境，Ni/Co<5 对应还原环境。样品 DC-3、DC-4、DC-5 的 V/Cr 值、Ni/Co 值分别为 1.01、0.49、1.09、1.31、0.50、1.88；表明了以其为代表的沉积岩的沉积环境为还原环境，有利于铀的沉淀与富集。

　　碳酸盐岩稀土元素配分模式见图 5-8，从图中可以发现发生硅化蚀变、钾质蚀变的样品（DC-1、DC-2、DC-6）其 ΣREE 含量为 $103.66×10^{-6}$～$272.41×10^{-6}$，相比于未发生钾交代、硅化的样品（DC-3、DC-4、DC-5）更富集稀土元素。所有样品均有明显的 δEu 正异常，δCe 异常不明显。

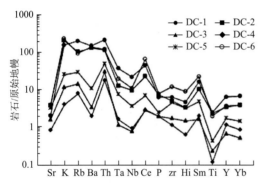

图 5-7　碳酸盐岩微量元素/原始地幔分布型式图

［原始地幔标准值据 Sun 和 McDonough（1989）］

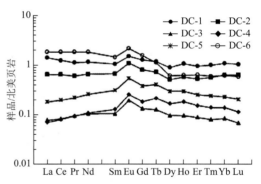

图 5-8　碳酸盐岩稀土元素/北美页岩分布型式图

［北美页岩值据 Haskin（1984）］

　　板岩的微量元素分布型式图如图 5-9 所示，板岩的大离子亲石元素 Rb、Sr、Ba、Pb 和 Cs 的含量分别为 $4.95×10^{-6}$～$194×10^{-6}$、$8.18×10^{-6}$～$155×10^{-6}$、$11.6×10^{-6}$～$1468×10^{-6}$、$1.43×10^{-6}$～$28×10^{-6}$、$0.29×10^{-6}$～$2.75×10^{-6}$，变化范围较大，板岩岩体受后期地质活动影响，岩体中大离子亲石元素易出现迁移，难以准确反映原岩中的大离子亲石元素的含量，保留原岩的地球化学信息。

　　板岩的稀土元素/球粒陨石分布型式图如图 5-10 所示。变质岩的稀土配分模式整体呈左倾模式，相对轻微富集轻稀土，亏损重稀土，ΣREE 的含量为 $53.29×10^{-6}$～$339.95×10^{-6}$，平均值为 $126.87×10^{-6}$，LREE/HREE 为 2.41～23.2，平均值为 6.94；$(La/Yb)_N$ 为 1.87～43.72，平均值为 11.08；δEu 为 0.33～2.28，平均值为 1.23；δCe 为 0.35～1.02，平均值为 0.80。

　　沉积岩与变质岩岩体的稀土元素/球粒陨石标准化分布型式图见图 5-10，沉积岩样品的稀土配分模式均相对富集轻稀土，亏损轻稀土，ΣREE 的含量为 14.45～196.87，平均值为 101.14×10^{-6}，蚀变样品相比于未蚀变样品明显富集稀土元素；LREE/ HREE 为 3.68～14.37，平均值为 7.09；(La/Yb)$_N$ 为 3.88～22.74，平均值为 9.00；δEu 为 0.84～1.31，平均值为 1.03；δCe 为 0.97～1，平均值为 1.00。

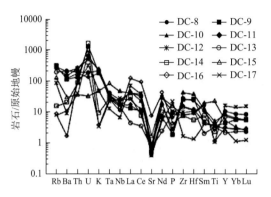 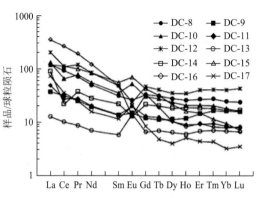

图 5-9　板岩微量元素/原始地幔分布型式图　　　　图 5-10　板岩稀土元素/球粒陨石分布型式图

黏土矿物的标志性元素为 Th 与 Zr 元素，而稀土元素的含量与成岩物质相关（Taylor and McLennan，1985）。为判断沉积岩样品和变质岩样品的成岩物质来源，对黏土矿物的代表性元素 Zr 与 Th 以及 Zr 和 ΣREE 进行了相关性分析，碳酸盐岩 Zr 与 Th 为正相关（R=0.6），Zr 与 ΣREE 呈显著正相关（R = 0.93），反应样品的稀土元素含量受陆源物质的影响较小。板岩 Zr 与 Th 为正相关（R^2 = 0.82），Zr 与 ΣREE 呈不显著负相关（R = –0.07），表明成岩物质中存在一定的陆源物质。

5.2.2.3　钠长岩元素地球化学特征

野外工作中，共采集钠长岩样品 5 件，其中富铀钠长岩样品三件（ZX-1、ZX-2、ZX-3），脉状钠长岩样品 2 件（ZX-4、ZX-5）。铀矿化作用以及其他地质作用对已形成的岩矿石有一定的改造作用，对地球化学信息的可信度有一定的影响，本书为此引入会理拉拉地区产出的火成钠长岩（LC1～LC5）与之进行对比，LC1～LC5 产出于河口群与辉绿-辉长岩的接触部位，成岩年龄为（1680±11）Ma（周家云等，2011），与矿化区内的富铀钠长岩的形成时代、产出特征基本一致。

1. 钠长岩主量元素地球化学特征

本书研究所采集的钠长岩样品烧失量（LOI）较小，为 0.96%～3.49%，平均为 2.17%；主量元素的总量为 98.79%～99.94%，平均为 99.62%，除 ZX-1 样品（LOI：98.79%）外，其余样品的误差范围全部位于±0.3%范围内。火成钠长岩 LOI 为 1.02%～10.08%，表明其存在一定的碳酸盐化。钠长岩样品的 SiO$_2$ 含量为 59.10%～70.50%，平均为 64.33%；Al$_2$O$_3$ 含量为 14.01%～18.43%，平均为 17.02%；CaO 含量为 0.14%～1.48%，MgO 含量为 0.27%～1.30%，平均为 0.68%；P_2O_5 含量为 0.05%～0.37%，平均为 0.25%；钠长岩样品的 K_2O 含量为 0.41%～1.49%，平均为 0.88%，Na_2O 含量为 6.06%～9.20%，平均为 7.62%，所有样品的 Na 含量远高于 K 含量，Na/K 为 5.25～14.67，平均值为 10.05。富铀钠长岩在成岩后经历多期次的碱交代，钠交代使岩石具备了高钠质的特征，虽在 TIMA 扫面中显示有后期钾质矿物的存在，但岩石的主要矿物仍为钠长石。ZX-1 的 TiO_2 含量为 3.21%，高于板内拉斑玄武岩的 TiO_2 含量（2.23%）（Pearce，1982），ZX-2、ZX-3 的 TiO_2 含量分别为 0.70% 与 1.53%，平均值为 1.16%，与岛弧玄武岩的 TiO_2 的含量（0.98%）（Pearce，1982）相似，而与 ZX-1 有较大的差别。总的来说，富铀钠长岩为一套富 Si、Al 质，贫 Mg、Fe 的岩石，且 Ca 的含量相对较低。

铀矿化区域岩石的 K-Na 体系受后期蚀变作用的影响，难以代表原岩的地球化学信息，为此本书未采用与碱含量相关的判别图解，选用了受后期变质作用较小的 SiO_2-Nb/Y 图解，对富铀钠长岩以及河口群火成岩进行判别，以减少 K-Na 体系变动对结果的影响。投图结果（图 5-11）显示 1841 铀矿化区产出的富铀钠长岩主要为一套安山质岩石（矿化区普遍发育的硅化，提高了原岩 SiO_2 的含量，使 ZX-2、ZX-3 样品更接近于流纹岩-英安岩）。河口群的火成钠长岩则主要位于碱性玄武岩内，部分样品位于粗面安山岩内。由于 ZX-4、ZX-5 中含有大量地层物质，地球化学信息难以准确反映其原岩信息，此处不予讨论，后文同。

2. 钠长岩微量元素及稀土元素地球化学特征

通常来说，高场强元素相对较稳定，在成岩后不易活化迁移，因而其能较准确地反映原岩地球化学信息，在 Ce/Yb-Ta/Yb 判别图中（图 5-12），富铀钠长岩、河口群火成钠长岩主要位于钙碱性系列内。

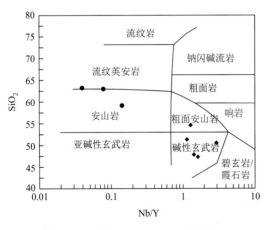

图 5-11　钠长岩 Nb/Y-SiO_2 判别图解

[底图据 Winchester 和 Floyd（1977）]

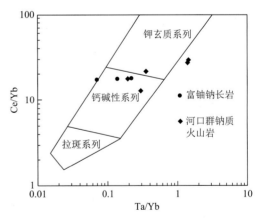

图 5-12　钠长岩 Ce/Yb-Ta/Yb 判别图解

[底图据 Pearce（1982）]

微量元素原始地幔标准化分布型式图如图 5-13 所示，富铀钠长岩与钠质火成岩的微量元素/原始地幔差异较小；富铀钠长岩的 Y 元素含量为 $26.2×10^{-6}$～$182×10^{-6}$，平均值为 $95.33×10^{-6}$，Yb 元素的含量为 $2.31×10^{-6}$～$10.7×10^{-6}$，平均为 $6.06×10^{-6}$，Sr 元

素含量为 $13.8 \times 10^{-6} \sim 72.5 \times 10^{-6}$，与典型埃达克岩的标志元素 Y（小于 20×10^{-6}）、Yb（小于 2×10^{-6}）、Sr（大于 400×10^{-6}）的含量有较大差异（刘学龙，2018）。富铀钠长岩样品具有富集 Th、U、Zr、REE 等高场强元素，相对贫 Ba、K、Sr、Rb 等大离子亲石元素，显示其在结晶分异过程中经历过一定程度的斜长石与钾长石的结晶分异（Cheng and Mao，2010）。

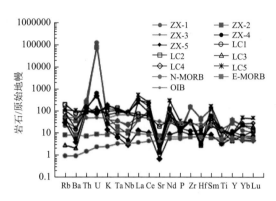 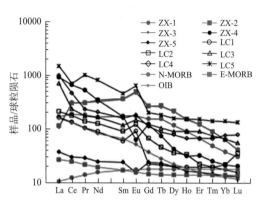

图 5-13　微量元素原始地幔标准化分布型式图　　　图 5-14　稀土元素球粒陨石标准化分布型式图

［原始地幔标准值据 Sun 和 McDonough（1989）］　　　［球粒陨石标准值据 Sun 和 McDonough（1989）］
（LC1～LC5，据周家云，2011）　　　　　　　　　　（LC1～LC5，据周家云，2011）

　　稀土元素球粒陨石标准化分布型式图如图 5-14 所示。富铀钠长岩、脉状钠长岩与钠质火成岩有一定的差异。富铀钠长岩的 ΣREE 含量为 $191.8 \times 10^{-6} \sim 633.05 \times 10^{-6}$，$\Sigma$REE 的平均含量为 551.85×10^{-6}，$(La/Yb)_N$ 为 1.72～4.5，平均值为 2.68，LREE/HREE 为 2.96～3.11，平均值为 3.02，轻重稀土的分异不明显，$(La/Eu)_N$ 为 0.23～0.97，平均值为 0.48，$(Gd/Lu)_N$ 为 5.02～6.48，平均值为 5.92，显示富铀钠长岩的轻稀土元素的分异不明显，而重稀土元素出现了一定的分异；钠质火成岩的 ΣREE 含量为 $205.1 \times 10^{-6} \sim 1496.6 \times 10^{-6}$，平均含量为 649.2×10^{-6}，略高于富铀钠长岩，$(La/Yb)_N$ 为 9.23～12.77，平均值为 10.5，LREE/HREE 为 5.0～10.0，平均值为 7.9，远高于富铀钠长岩，表明其轻重稀土分异更明显。钠长岩的稀土元素较为杂乱，ZX-4 样品极为富集轻稀土，其 ΣREE 为 904.47×10^{-6}，$(La/Yb)_N$ 为 42.02，LREE/HREE 为 16.77，表明其轻重稀土的分异程度高；ZX-1 样品的 δEu、δCe 无明显异常，富铀钠长岩 ZX-2、ZX-3 以及河口群的钠质火成岩有明显的 δEu 正异常，与东秦岭造山带的钠长岩（李勇等，1999）、通安小青山的钠长岩（沈立成等，2002）、牟定 1101 铀矿点含巨粒晶质铀矿的钠长岩均有明显差异（王凤岗和姚建，2020）。而富铀钠长岩、钠质火成岩均形成于中基性岩浆岩与具有 δEu 正异常的碳酸盐岩的接触部位，可能在碱交代过程中存在碳酸盐岩的参与，碳酸盐岩中的 Eu 在合适的条件下向钠长岩/钠质火成岩转移，形成了 Eu 富集。

3. 钠长岩的形成环境

　　富铀钠长岩的 Nb/Ta 为 7.54～12.59，平均值为 9.86，与大陆地壳（11～12）接近，但低于原始地幔（17.4±0.5）与亏损地幔（15.5±1）（Taylor and McLennan，1985；

Jochum，1996）。另外其 Al_2O_3 和 SiO_2 含量普遍较高，MgO 和 CaO 含量较低，暗示矿化区内的富铀钠长岩可能混染有大量的陆壳物质。在钠长岩的 Zr/Y-Zr 构造环境判别图（图 5-15）与 TiO_2-Zr 构造环境判别图（图 5-16）中，ZX-2 与 ZX-3 号样品的 Zr 元素含量（1640×10^{-6}、1690×10^{-6}）异常。河口群钠长岩大多形成于板内环境。在图 5-16 中，ZX-1 也位于板内环境中，显示其与河口钠长岩具有同一形成环境。

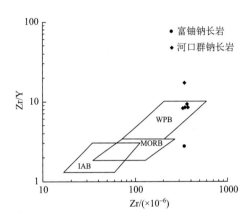 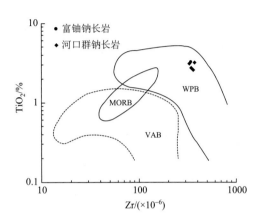

图 5-15　钠长岩 Zr/Y-Zr 构造环境判别图
[底图据 Pearce 和 Nony（1979）]

IAB：岛弧玄武岩；MORB：洋中脊玄武岩；
WPB：板内玄武岩

图 5-16　钠长岩 TiO_2-Zr 构造环境判别图
[底图据 Pearce 和 Nony（1979）]

MORB：洋中脊玄武岩；VAB：火山弧玄武岩；
WPB：板内玄武岩

5.2.2.4　中基性火成岩元素地球化学特征

本次在芭蕉箐地区所选取的中基性样品共 7 件，其中玄武岩样品三件（ZJ-2、ZJ-7、ZJ-8），辉绿岩样品 4 件（ZJ-3～ZJ-6），其中 ZJ-6 与 ZJ-7 号样品有明显的铀异常，从铀含量来看已达到工业品位，而 ZJ-8 则有明显的铀矿化；ZJ-5、ZJ-6 的铜元素从元素丰度来看已达到工业品位。

1. 中基性火成岩主量元素特征

中基性火成岩的主量元素测试结果如表 5-2 所示。样品 ZJ-7 的 CaO 含量明显高于其他样品，镜下鉴定显示其存在方解石化，且其烧失量随着 CaO 含量的增加也出现明显的增加，这是由于测试步骤中的加热程序易使岩石中的挥发分（方解石中的 CO_2）散逸。

表 5-2　中基性火成岩主量元素测试结果（%）

编号	岩性	MgO	Al_2O_3	SiO_2	P_2O_5	Na_2O	K_2O	CaO	TiO_2	MnO	FeO_t	H_2O	LOI	总量
ZJ-2	玄武岩	1.92	20.2	53.02	0.48	5.55	2.71	2.66	3.67	0.06	4.91	0.6	3.49	99.72
ZJ-3	辉绿岩	1.77	17.37	54.24	0.36	4.82	1.64	0.54	2.34	0.16	9.44	1.52	4.56	99.66
ZJ-4	辉绿岩	4.90	15.80	51.93	0.37	3.90	1.29	1.17	2.54	0.16	12.47	0.24	3.66	98.77

续表

编号	岩性	MgO	Al$_2$O$_3$	SiO$_2$	P$_2$O$_5$	Na$_2$O	K$_2$O	CaO	TiO$_2$	MnO	FeO$_t$	H$_2$O	LOI	总量
ZJ-5	辉绿岩	4.98	17.93	48.81	0.07	4.99	0.60	0.27	2.14	0.39	12.73	0.55	4.93	99.24
ZJ-6	辉绿岩	1.98	19.15	58.03	0.15	7.51	1.98	0.25	2.17	0.36	4.02	0.37	2.69	98.97
ZJ-7	玄武岩	1.54	12.14	50.64	0.20	5.49	1.14	10.92	0.72	0.65	4.55	0.18	10.9	99.52
ZJ-8	玄武岩	3.24	18.83	50.59	0.47	5.81	2.45	0.8	6.66	0.12	6.63	0.15	3.09	99.19
13TA16	辉长岩	6.79	13.96	46.70	0.15	3.22	0.34	9.86	1.73	0.24	13.02	—	1.49	98.95
13TA17	辉长岩	6.60	14.10	47.00	0.16	4.01	0.61	8.72	1.86	0.19	13.17	—	1.58	99.47
13TA37	辉长岩	5.20	17.93	47.10	0.34	4.13	1.37	8.14	1.92	0.14	10.01	—	1.33	98.72
13TA38	辉长岩	3.98	18.63	48.70	0.42	4.84	1.34	7.51	1.70	0.11	9.23	—	1.37	98.86
13TA39	辉长岩	5.51	17.70	47.20	0.36	4.16	1.58	7.77	1.78	0.15	10.37	—	1.88	99.61
13TA40	辉长岩	5.49	17.90	47.40	0.39	4.09	1.66	7.64	1.79	0.15	10.23	—	1.78	99.66
TA1442	辉长岩	6.36	13.80	47.00	0.24	3.82	0.57	9.38	2.33	0.17	12.72	—	1.56	99.37
TA1446	辉长岩	5.74	17.60	47.60	0.33	3.83	1.72	7.98	1.69	0.16	9.79	—	1.63	99.16
TA1447	辉长岩	4.87	18.25	48.30	0.37	4.32	1.61	7.38	1.63	0.13	9.39	—	1.57	98.87
TA1440	辉绿岩	7.22	15.50	44.30	0.22	3.00	1.04	8.07	2.38	0.21	13.51	—	1.76	98.72
14TA27	辉绿岩	7.31	15.70	44.53	0.23	3.32	0.78	9.14	2.35	0.23	12.71	—	1.56	99.03
JQ1005	辉长岩	3.65	15.11	47.96	0.42	3.92	0.40	9.12	2.95	0.14	12.89	—	1.70	99.69
ZK3601	辉长岩	5.29	12.54	40.06	0.40	2.27	2.21	6.76	4.65	0.24	19.75	—	2.18	98.56
ZK3619	辉长岩	4.85	14.00	43.07	0.38	3.20	1.26	7.26	3.52	0.29	17.04	—	2.12	98.88

注：13TA16～13TA40、TA1440～TA1447、14TA27 数据来源于 Fan 等（2020）；JQ1005、ZK3601、ZK3619 数据来源于 Fan 等（2013）。

矿化区域中基性火成岩（ZJ-2～ZJ-8）的 SiO$_2$ 含量为 48.81%～58.03%，平均值为 52.47%，Al$_2$O$_3$ 含量为 12.14%～20.20%，平均值为 17.35%；CaO 含量为 0.25%～10.92%，除 ZJ-7 样品外的平均值为 0.95%；P$_2$O$_5$ 的含量为 0.07%～0.48%，平均值为 0.30%，其中具有铜/铀异常的样品出现了贫 P 的特征；Na$_2$O 的含量为 3.90%～7.51%，平均值为 5.44%；K$_2$O 含量为 0.60%～2.71%，平均值为 1.72%；Na$_2$O/K$_2$O 为 2.05～8.32，平均值为 3.90；TiO$_2$ 的含量较高，为 0.72%～6.66%，平均值为 2.89%；MnO 的含量为 0.06%～0.65%，平均值为 0.27%；FeO$_t$ 的含量较低，为 4.02%～12.73%，平均值为 7.82%；MgO 的含量偏低，为 1.54%～4.98%，平均值为 2.90%。计算结果显示样品的 Mg$^\#$ 偏低，为 25.07～81.00，平均值为 39.93，低于通安地区辉长岩的 Mg$^\#$（引用数据均值为 45.00），明显低于原始岩浆的 Mg$^\#$（68～75），而 SI 的值为 10.2～21.72，平均值为 15.05，低于通安地区辉长岩的 SI 值（引用数据均值为 24.61），暗示矿化区域与通安地区的中基性岩体均有较为剧烈的结晶分异作用或后期的变质作用。整体来看，中基性火成岩具有富 Si、Al 质，贫 Fe、Mg 质的特征，且 Ca 的含量相对较低，具有一定的壳源物质特征。

2. 中基性火成岩微量元素及稀土元素地球化学特征

中基性火成岩的微量元素测试结果见表 5-3，稀土元素测试结果见表 5-4。矿化区内样品的碱质成分活动性较高，难以反映原岩的地球化学信息，为此本书选用相对稳定的 $Zr/TiO_2\text{-}Nb/Y$ 体系对该区域中基性火成岩进行判别分类（图 5-17），结果显示样品主要为碱性玄武岩，仅有 ZJ-6 与 ZJ-7 样品的 Nb/Y＜0.5，分别为 0.43 与 0.31，分别投于亚碱性玄武岩与安山岩/玄武岩；在岩石的 Ta/Yb～Ce/Yb 判别图（图 5-18）中，矿化区内的岩石主要投于钾玄质系列中。

为与矿化区岩石对比，了解矿化蚀变对岩石的影响，引入了通安地区 1.7Ga 的辉长岩（Fan et al.，2020）与 1.5Ga 的辉长岩（Fan et al.，2013）的相关数据，其微量元素原始地幔分配模式图如图 5-19 所示，稀土元素球粒陨石分配模式图如图 5-20 所示。

表 5-3　中基性火成岩微量元素测试结果（$\times 10^6$）

编号	Sc	Ni	V	Cr	Cu	Ga	Rb	Sr	Y	Zr	Nb	Cs	Ba	Hf	Ta	Pb	Th	U
ZJ-2	27.1	27.6	317	20.5	35.9	27.1	71.6	50.6	36.4	430	85.8	0.48	1021	8.89	6.59	1.48	6.51	1.6
ZJ-3	35.2	79.3	423	147	18.1	35.2	93.1	23.5	37.4	272	37.1	3.43	48.7	6.3	3.02	3.03	6.88	2.12
ZJ-4	30.6	52.2	312	122	9.46	30.6	30.8	15.9	33.5	287	79.4	1.16	202	6.6	5.89	3.26	7.07	1.65
ZJ-5	31	166	319	98.8	7261	31	19.7	24.6	19.9	117	16.2	0.5	176	3.07	1.68	2.94	4.9	1.66
ZJ-6	18.4	93.7	186	123	4052	18.4	44.4	30.3	32.1	161	13.9	0.47	508	3.12	1.58	83.8	11.7	366
ZJ-7	11.9	24.3	124	105	728	11.9	22.7	43.7	25.9	81.7	8.05	0.42	294	1.51	0.68	175	54.9	766
ZJ-8	27.7	93.5	446	114	667	27.7	37.4	19.5	25.5	273	27.8	0.48	700	5.5	2.43	43.4	7.53	189
13TA16	39.1	102	296	137	161	17.6	11.3	146	23	91.3	10.5	0.07	208	2.21	0.59	13.4	0.65	0.17
13TA17	38.2	93.5	314	129	207	18	14.9	108	24.6	102	11.4	0.06	233	2.41	0.58	2.08	0.7	0.21
13TA37	15.6	128	168	95	83	23.2	33.1	236	29.6	195	24.8	0.46	918	4.6	1.43	2.45	1.65	0.42
13TA38	12.8	62.9	143	45.6	72.2	24.6	38.4	281	32.1	251	25.2	0.43	427	5.92	1.46	2.43	2.06	0.58
13TA39	15.3	91.4	146	83.1	79.4	23.9	50.3	204	31.5	238	26.3	3.46	307	5.51	1.54	1.4	1.96	0.46
13TA40	14.9	85.2	136	74.8	69.1	24	54.4	218	34.7	257	27	2.52	321	6.26	1.7	1.5	2.07	0.49
TA1442	35.3	106	367	108	36.5	18.7	9.54	167	31.6	153	17.5	0.14	122	3.88	1.02	1.26	1.48	0.47
TA1446	12.9	90.9	124	80.1	51.5	20.9	55.8	213	29	217	24.7	0.89	310	5.25	1.48	2.25	1.98	0.48
TA1447	13.3	98	109	82.1	56.2	22.8	45	179	33.5	275	28.8	0.32	637	6.33	1.75	1.71	2.1	0.53
TA1440	17.6	129	239	36.7	425	20.3	34.5	291	21.3	150	17.7	0.86	394	3.68	1.15	5.12	1.22	0.32
14TA27	19.5	161	245	48	123	20.6	30.8	421	22.3	158	17.9	1.08	340	3.8	0.94	1.95	1.34	0.36
JQ1005	40.8	26	373	25	39	20.6	6.18	575	36.4	170	35.1	0.45	153	4.14	1.89	4.12	2.66	0.57
ZK3601	32	71	618	78	46	26.5	85.6	149	37.8	216	40	10.2	406	5.33	2.67	1.66	3.76	0.76
ZK3619	15.5	34	345	17	81	23.6	44	324	32.7	220	38.6	3.27	464	5.17	2.52	4.76	3.73	0.73

注：13TA16～13TA40、TA1440～TA1447、14TA27 数据来源于 Fan 等（2020）；JQ1005、ZK3601、ZK3619 数据来源于 Fan 等（2013）。

表 5-4　中基性火成岩体稀土元素测试结果

| 编号 | 含量/% | | | | | | | | | | | | | | | ΣREE | LREE/HREE | LaN/YbN | δEu | δCe |
	La	Ce	Pr	Nd	Sm	Eu	Gd	Tb	Dy	Ho	Er	Tm	Yb	Lu	Y					
ZJ-2	31.00	58.10	10.70	43.00	9.31	3.58	9.79	1.42	7.37	1.37	4.00	0.56	3.34	0.41	36.40	183.95	5.51	6.66	1.14	0.78
ZJ-3	36.20	66.20	9.12	33.90	6.98	2.52	8.03	1.23	6.68	1.29	3.75	0.52	3.04	0.41	37.40	179.87	6.21	8.54	1.03	0.87
ZJ-4	52.70	99.00	12.20	44.20	9.04	2.21	9.58	1.35	6.76	1.26	3.63	0.5	2.86	0.32	33.50	245.61	8.35	13.22	0.72	0.92
ZJ-5	9.96	24.40	3.18	12.50	3.08	0.99	3.78	0.66	3.82	0.74	2.15	0.3	1.75	0.24	19.90	67.55	4.03	4.08	0.89	1.06
ZJ-6	38.00	92.50	12.00	48.90	10.9	3.01	10.40	1.34	6.61	1.28	3.20	0.42	2.44	0.36	32.10	231.36	7.88	11.17	0.85	1.05
ZJ-7	20.40	42.10	5.48	20.90	5.57	1.93	5.56	0.79	4.09	0.81	2.18	0.32	1.95	0.30	25.90	112.38	6.02	7.50	1.05	0.96
ZJ-8	37.00	74.40	9.77	38.30	8.41	2.35	8.42	1.04	4.91	0.87	2.28	0.29	1.83	0.28	25.50	190.15	8.55	14.50	0.84	0.94
13TA16	8.94	21.70	2.96	13.90	3.64	1.29	4.05	0.68	3.84	0.81	2.37	0.33	1.97	0.30	23.00	66.78	3.65	3.26	1.03	1.03
13TA17	8.86	22.30	3.08	14.70	3.85	1.43	4.20	0.69	4.00	0.84	2.34	0.34	2.12	0.32	24.60	69.03	3.66	3.00	1.08	1.04
13TA37	23.40	55.40	7.32	32.40	7.06	2.66	6.86	1.16	5.82	1.08	2.98	0.4	2.52	0.34	29.60	149.40	6.06	6.66	1.15	1.03
13TA38	25.30	59.10	7.89	34.50	7.67	2.88	7.35	1.24	6.36	1.20	3.16	0.42	2.58	0.39	32.10	160.05	6.05	7.03	1.15	1.02
13TA39	28.10	62.20	7.88	34.20	7.49	2.81	7.40	1.18	6.19	1.12	3.29	0.42	2.69	0.38	31.50	165.36	6.29	7.49	1.14	1.01
13TA40	31.60	72.60	9.04	40.00	8.6	2.91	7.58	1.28	6.83	1.25	3.60	0.49	2.88	0.41	34.70	189.07	6.78	7.87	1.08	1.04
TA1442	16.70	36.80	5.08	23.20	5.37	1.83	5.80	0.97	5.83	1.14	3.31	0.45	2.97	0.45	31.60	109.90	4.25	4.03	1.00	0.97
TA1446	24.40	56.60	7.31	32.50	6.95	2.51	6.70	1.06	5.90	1.14	3.04	0.39	2.5	0.36	29.00	151.35	6.18	7.00	1.11	1.03
TA1447	25.80	60.30	8.23	35.50	7.64	2.8	7.45	1.19	6.76	1.29	3.45	0.47	2.76	0.41	33.50	164.05	5.9	6.71	1.12	1.01
TA1440	14.70	35.40	4.76	22.20	5.22	1.74	4.82	0.78	4.16	0.81	2.22	0.29	1.73	0.25	21.30	99.08	5.58	6.09	1.04	1.03
14TA27	15.80	38.00	4.91	21.80	5.26	1.89	4.84	0.83	4.35	0.83	2.22	0.29	1.79	0.22	22.30	103.02	5.71	6.33	1.12	1.05
JQ1005	30.30	59.20	7.74	31.50	6.79	2.41	6.77	1.08	6.27	1.37	3.51	0.50	3.17	0.47	36.40	161.08	5.96	6.86	1.07	0.92
ZK3601	35.90	72.80	9.07	37.80	7.95	2.67	8.34	1.34	7.32	1.42	4.14	0.56	3.67	0.57	37.80	193.55	6.07	7.02	0.99	0.96
ZK3619	35.20	71.00	8.81	34.50	7.19	2.20	7.19	1.13	6.25	1.23	3.58	0.49	3.21	0.47	32.70	182.45	6.75	7.87	0.93	0.96

注：13TA16~13TA40、TA1440~TA1447、14TA27 数据来源于 Fan 等（2020）；JQ1005、ZK3601、ZK3619 数据来源于 Fan 等（2013）。

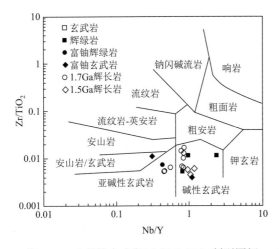

图 5-17　中基性火成岩 Nb/Y-Zr/TiO₂ 判别图解

[底图据 Winchester and Floyd（1977）]

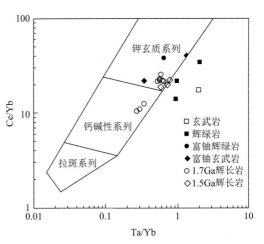

图 5-18　中基性火成岩 Ce/Yb-Ta/Yb 判别图解

[底图据 Pearce（1982）]

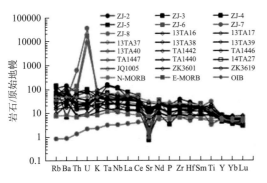

图 5-19　微量元素原始地幔标准化分布模式图

[原始地幔标准值据 Sun 和 McDonough（1989）]

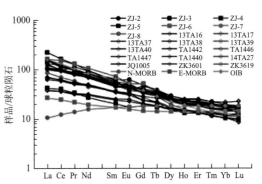

图 5-20　稀土元素球粒陨石标准化分布模式图

[球粒陨石标准值据 Sun 和 McDonough（1989）]

区内的矿化样品与无矿化特征的样品以及通安地区的辉绿-辉长岩均有一定的差异，矿化样品具有明显富集 Th、U、Zr 等高场强元素，而亏损 K、Sr 等大离子亲石元素的特征；通安地区的辉绿-辉长岩的微量元素分配模式图大致与 OIB 一致，暗示岩浆活动期内，菜子园-通安-因民的板内裂谷的成型，并开始向"通安洋"转变。矿化区内的样品与通安地区的辉绿-辉长岩在稀土元素中的含量不存在明显区别，均具有富集轻稀土而相对亏损重稀土的特征，矿化区内的中基性岩浆岩（ZJ-2～ZJ-8）的 ΣREE 的含量为 112.38×10⁻⁶～245.61×10⁻⁶，平均为 172.98×10⁻⁶，LREE/HREE 的含量为 4.03～8.55，(La/Yb)$_N$ 的含量为 4.08～14.50，平均为 9.38，轻重稀土分异的程度较低，与 OIB 的稀土元素配分模式相似，δEu、δCe 均显示轻微的负异常（0.72～1.14 与 0.78～1.06），平均值分别为 0.93、0.94，可能是结晶时存在较弱的斜长石的结晶分异作用。

3. 中基性火成岩的形成环境

相比于花岗岩，玄武质岩浆岩的物质来源相对单一，玄武质岩浆来自上地幔，产出于多种构造环境中，而不同的大地构造环境下的地幔源区具有不同的特征（张旗等，2007），玄武岩的原岩地球化学特征对于判断岩石大地构造环境与反演地球深部动力学具有重要意义。玄武质岩浆由地幔橄榄岩部分熔融形成，影响这一进程的主要因素有温度、压力以及是否有挥发分的加入，不同的大地构造环境代表不同的温压条件，以此影响地幔岩的熔融程度。玄武质岩浆源区的物质成分差异也会影响玄武质岩石成分的差异。此次研究中测得无矿化样品 ZJ-4 的锆石 U-Pb 年龄为（1530.8±5.2）Ma，与 1.5Ga 辉绿岩基本同期。在 Hf/3-Th-Ta 构造环境判别图解（图 5-21a）中，由于矿化区样品 Th 的异常仅有两点落于板内玄武岩内，值得注意的是 1.5Ga 的辉绿岩也均落于这一区域，而 1.7Ga 的辉绿岩则落于富集型大洋中脊玄武岩 + 板内拉斑玄武岩内；在 Ti/100-Zr-Y×3 构造环境判别图（图 5-21b）内，矿化区中基性火成岩样品于 1.5Ga 主要落于板内玄武岩内，而 1.7Ga 辉绿岩主要落于板内玄武岩与岛弧钙碱性玄武岩内；总的来说，通安地区的中基性岩浆岩形成于板内环境，且 1.7Ga 与 1.5Ga 的岩石具有不同的构造背景。

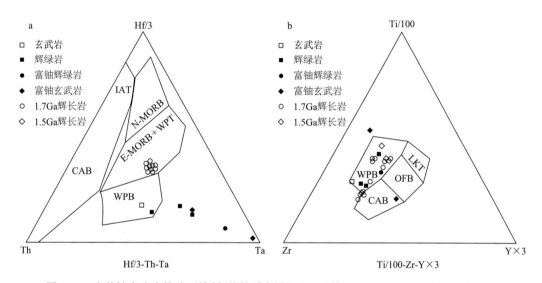

图 5-21　中基性火成岩构造环境判别图解[底图据 Wood 等（1980）和 Pearce 等（1973）]

IAT：岛弧拉斑玄武岩；CAB：岛弧钙碱性玄武岩；N-MORB：正常型大洋中脊玄武岩；E-MORB：富集型大洋中脊玄武岩；
WPT：板内拉斑玄武岩；OFB：洋底玄武岩；LKT：低钾拉斑玄武岩；WPB：板内玄武岩

在 Th/Hf-Ta/Hf 构造环境判别图解中（图例与前文同），通安地区的 1.7Ga 的辉长岩主要落于大洋板内洋岛、海山玄武岩区及 T-MORB、E-MORB 区，ZJ-2、ZJ-4 样品与 1.5Ga 的辉长岩落于地幔热柱玄武岩区，而矿化区内其余样品落于地幔热柱玄武岩区之上的陆内裂谷碱性玄武岩区。矿化区内的中基性岩浆岩相比通安地区的辉长岩具有更加复杂的化学成分，在第 6 章的中基性岩体的含铀性分析中，矿化区的中基性岩体仅有 ZJ-4 与 ZJ-6 号样品没有混染地壳物质，通安地区的辉长岩几乎没有混染地壳物质，而混染有地壳物质的岩体会明显富集 Th 元素，在 Th/Hf-Ta/Hf 图解中的表现就是点位向上偏移（图 5-22）。

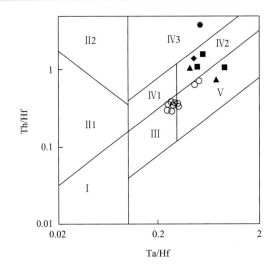

图 5-22　中基性火成岩 Th/Hf-Ta/Hf 构造环境判别图解[底图据汪云亮等（2001）]

Ⅰ：板块发散边缘 N-MORB 区；Ⅱ：板块汇聚边缘（Ⅱ1：大洋岛弧玄武岩区；Ⅱ2：陆缘岛弧及陆缘火山弧玄武岩区）；
Ⅲ：大洋板内洋岛、海山玄武岩区及 T-MORB、E-MORB 区；Ⅳ：大陆板内[Ⅳ1：陆内裂谷及陆缘裂谷拉斑玄武岩区；Ⅳ2：
陆内裂谷碱性玄武岩区；Ⅳ3：大陆拉张带（或初始裂谷）玄武岩区]；Ⅴ：地幔热柱玄武岩区

5.2.3　芭蕉箐 1841 铀矿化成因探讨

5.2.3.1　控矿因素分析

1. 构造与成矿的关系

芭蕉箐 1841 铀矿化所处的扬子地台西缘在中元古代—新元古代经历了多个阶段的构造演化，其中 1.8～1.1Ga 的多次构造演化的背景均为拉张环境，1.05～0.85Ga 为挤压造山活动（尹福光，2012a），澄江期时，康滇地轴的构造环境转变为拉张环境（罗迪尼亚大陆裂解），拉张环境形成的减压带为深部流体的上涌提供了条件，而区内的钠交代与钾交代均发生于拉张环境中。

矿化区内沿构造带产出大量中基性喷出岩与侵入岩脉，这些岩浆岩在区域形态上随褶皱的形态改变而各异，表现为向东或向西凸起。多期次的构造运动使研究区裂隙、断层发育，岩石碎裂化严重。后期含矿热液沿断层、裂隙运移，并与围岩发生交代作用，而碎裂化的围岩为铀元素提供了沉淀场所，完成了铀的富集。芭蕉箐 1841 铀矿点的产出主要受北北东向主断裂（F_{16}、F_{17}）两侧的次级构造和地层中的层间滑动断层控制。F_{16} 断层两侧的铀矿点构成了 1841 铀矿化的主体，其倾角为 84°，断层两侧岩石碎裂化及褶皱较发育，并有大量岩脉沿次断层分布，而铀矿点主要分布于构造与岩脉的接触带上；F_{17} 断层旁也有零星的铀矿点产出。

2. 热液活动与铀成矿的关系

芭蕉箐 1841 铀矿点的形成与蚀变密切相关，尤其是其中的碱交代作用。高温的碱质热液在碱交代过程中，富 K⁺ 或 Na⁺ 的热液流体与围岩发生物质交换，K⁺、Na⁺ 进入围岩置换出围岩中的高价金属物质，这一点在区内的富铀钠长岩与落雪组的含铜灰岩的接触带中有所表现。

富铀钠长岩产出于落雪组与黑山组的层间破碎带内，与落雪组顶部的白云质灰岩呈侵入接触关系。在本书研究中，采集了富铀钠长岩与落雪组白云质灰岩接触部位的样品，并通过 TIMA 扫面识别了其中的矿物（图 5-23）。

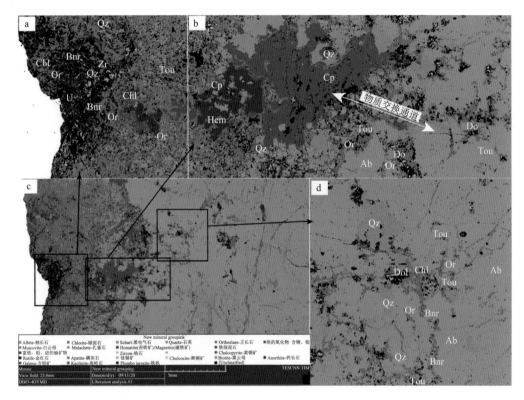

图 5-23　钠长岩与落雪组地层接触部位的 TIMA 扫面图

Ab：钠长石；Bnr：钛铀矿；Mal：孔雀石；Cp：黄铜矿；Chl：绿泥石；Do：白云石；Hm：赤铁矿；Or：正长石；
Qz：石英；Tou：电气石；Zr：锆石；U：未知铀矿物

TIMA 扫面的识别图如图 5-23c 所示。含铜白云质灰岩分布于图 5-23c 的左侧，绿泥石化极其发育，见黄铜矿、赤铁矿。与右侧钠长岩接触的部位见大量粒状与集合体状的电气石以及后期的正长石与石英，见少量残留的白云石，部分正长岩发生绿泥石化，并可见有残留的脉体与右侧钠长岩相连（图 5-23b），可能为铜矿化形成的矿质运移通道，并被后期的钾交代蚀变。而碱质交代中 K⁺/Na⁺ 的进入也会使 Cu²⁺、Fe²⁺、Fe³⁺ 等金属离子流出，以维持岩石的电价平衡。钠长岩分布于图 5-23c 的右侧，岩石碎裂化严重，可见正长石细脉与石英脉，在正长岩脉中见孔雀石化，显示该样品中有多期次的热液活动存在。值得注意的是，钠交代中所伴生的电气石大多位于与白云质灰岩的接触部位，而远离接触带的钠长岩内并没有电气石的产出，暗示着钠交代中高温流体主要沿中基性岩体与地层的接触部位侵入，并在原地形成了电气石这类高温矿物，而钠质流体倾向于与中基性岩体发生交代作用，从而在中基性岩体一侧形成了钠长岩。铀矿物有以下两种存在形式：①与绿泥石交织产出的铀矿物；②微粒状存在于正长石与铁白云石接触部位的钛铀矿。

在后期钾交代中，钾质流体沿岩石裂隙处活动，在钠长岩与白云质灰岩的接触带以及钠长岩的裂隙中形成正长石脉，在白云质灰岩内也有正长石脉体存在，并有严重的绿泥石化现象（5-23a）。而 K$^+$质的析出会提高流体的酸性，从而结晶析出石英，在 TIMA 扫面中石英也大致呈脉状分布，与正长石呈伴生状态，在局部可见正长石脉汇聚于石英端，显示钾质流体为石英的形成提供硅质，而富铀钠长岩的高 Si 质可能与此次交代作用相关。钠质交代形成的大量强碱性矿物对于以铀酰离子形式存在的铀有较强的捕获能力，而在还原环境中，U^{6+}被还原为 U^{4+}，沉淀于容矿空间中，形成铀富集甚至铀矿化。TIMA 扫面中钛铀矿形成于正长石脉体与铁白云石的接触部位（图 5-23d），在白云质灰岩内见钛铀矿产于绿泥石化的正长石旁，见未知铀矿物（富锆、铅、硅的铀矿物）以及伴生锆石（图 5-23a）。在地层样品中，硅化与钾化也十分发育，且硅化、钾化与铀的关联性较明显，除铁矿石外的 16 件地层样品中，其中高钾质样品的铀含量明显要高于低钾质样品的铀含量，且高钾质样品均发育有一定的硅化。

综上所述，区域上的岩浆活动、碱交代活动均沿断层、断裂等构造裂隙分布（图 5-24），受构造控制明显。

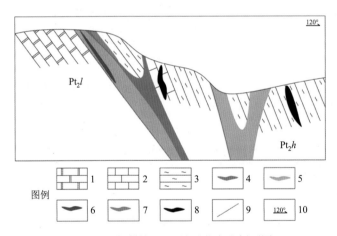

图 5-24　芭蕉箐 1841 铀矿化产出剖面图

1. 白云岩；2. 灰岩；3. 板岩；4. 中基性岩脉；5. 钠长岩；6. 铀矿脉；7. 铜矿脉；8. 铁矿脉；9. 断层；10. 剖面方向

5.2.3.2　成矿物质来源

1. 地层含铀性分析

芭蕉箐 1841 铀矿化区域出露的地层以黑山组地层以及落雪组地层为主，其物质来源具有多样性，上述的测年结果显示其陆源碎屑物质的母岩成岩年龄在 2.6～1.8Ga 均有分布，复杂的物质来源造就了通安组年代学研究的混乱，先前有学者认为通安组的形成年代为 1.9～1.7Ga，与河口群和大红山群的形成时代相当（李复汉等，1988），为古元古代晚期至中元古代早期形成，在此次的年代学研究中，通过碎屑锆石将黑山组的成岩年龄限制在 1.80Ga 之后，而以 ZX-2 号样品为代表的岩脉的成岩年龄为 1.74Ga，显示黑山组的成岩年龄应为 1.80～1.74Ga。扬子陆块西缘 1.8～1.5Ga 的岩浆活动指示该地区的非造山裂解事件，暗示古元古代晚期扬子陆块与哥伦比亚大陆相连（尹福光等，2012b），在康滇地轴中段显示为菜子园-踩马水-麻塘断裂带的形成，并形成了从小关河经菜子园、通安至因民的中元古代洋盆（尹福光等，2012b），并在此期间沉积形成了通安组以及东川群。落雪期以及黑山期的岩相古地理环境如图 5-25 所示，落雪期时板内裂谷基本成型，此时因民、通安地区的古地理环境为台地相，主要发育一套浅海相碳酸盐岩，随着板内裂谷的进一步演化，黑山期菜子园-通安地区的古地理环境转变为深海，菜子园-通安洋基本成型（任光明等，2017），其沉积物质主要为陆源碎屑物质。通安组地层的成岩年龄较早，而康滇地轴区域的基底尚未固结，不存在明显的铀富集事件（胥德恩，1992a；罗一月，1998）。

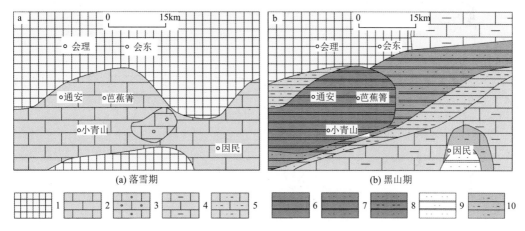

图 5-25　会理—会东地区岩相古地理［据牟传龙和周名魁（1998）］

1. 古陆；2. 台地相碳酸盐岩；3. 滩相碳酸盐岩；4. 混积陆架灰岩-泥灰岩；5. 斜坡相碳酸盐岩与碎屑岩；6. 深水盆地相泥质、粉质岩；7. 浅海盆地相泥质、粉质岩；8. 斜坡相碎屑浊积岩；9. 棚洼相泥质、砂岩与硅质岩；10. 滨浅海相碎屑岩

　　四川省核工业地质局二八一地质队于 1985 年对矿化区内主要岩石类型的钍、铀含量进行了测试，其中 27 个白云岩与灰岩的平均钍含量为 8.76×10^{-6}，平均铀含量为 3.6×10^{-6}；15 个板岩样品的平均钍含量为 14.97×10^{-6}，平均铀含量为 9.0×10^{-6}（表 5-5）。本书研究中，共测试了 6 件落雪组的灰岩与白云岩样品、10 件黑山组的板岩样品的钍、铀含量，其中落雪组的灰岩、白云岩样品中包含铀矿化样品 1 件，其余 5 件灰岩、白云岩样品的平均钍含量为 8.03×10^{-6}，平均铀含量为 7.39×10^{-6}；黑山组的 9 件板岩样品中包含 1 件铀矿化样品，此外的 9 件板岩样品的平均钍含量为 12.83×10^{-6}，平均铀含量为 11.42×10^{-6}，均有均明显高于地壳的平均钍、铀丰度（5.8×10^{-6}、1.7×10^{-6}），一方面，区内地层的沉积环境为还原环境，地层具有还原性的矿物组合（黄铁矿、黏土矿物等），为铀的沉淀提供了有利的环境，有利于铀的富集与沉淀；另一方面，后期的地质活动也为区域内富铀地层以及铀矿化提供了铀源，而富铀地层中的铀也可能为区域内的二次铀富集提供了铀源。

表 5-5　芭蕉箐 1841 铀矿化区域地层 Th、U 含量测试结果

地层时代	岩性	点数/个	U/($\times 10^{-6}$)	Th/($\times 10^{-6}$)	备注
Pt_1l	灰岩、白云岩	27	3.6	8.76	数据来源于四川省核工业地质局二八一地质队
Pt_1h	板岩	15	9	14.97	
Pt_1l	灰岩、白云岩	5	7.39	8.03	本书
Pt_1h	板岩	9	11.42	12.83	

2. 中基性岩体含铀性分析

通安地区产出大量的铁、铜、铀矿床、矿点、矿化,这些矿床、矿点、矿化大多产出在沿构造分布的中基性岩体与通安组地层的接触部位。大量的年代学测试分析结果显示铀矿化区域的主要富铀岩体形成于中元古代早期,这一时期形成的岩浆岩也广泛分布于通安地区(表 5-6,图 5-26),其锆石 U-Pb 同位素年龄主要集中于 1.5Ga 与 1.7Ga 两个时代。芭蕉箐沥青铀矿脉的表面 U-Pb 年龄为(720.2±14.3)Ma(胥德恩,1992b),其成矿年龄与成岩年龄具有明显的不一致性,与矿化区的主要岩浆活动的成岩年龄均存在较为明显的差异,该期次的岩浆岩与铀矿化的形成不存在直接的关系,而晋宁期和澄江期的岩浆活动可能与铀富集甚至铀成矿关系密切,在前人的认识中,晋宁期和澄江期岩浆活动的岩浆房在分异中基性岩浆岩后所残余的富铀岩浆为康滇地轴中南段的铀矿点提供了铀源(郭葆墀和钱法荣,1997),但在矿化区以及通安地区也几乎没有这一时期的岩浆活动存在,我们所引用数据中,通安地区的辉长岩的 Th 含量为 $0.65 \times 10^{-6} \sim 3.73 \times 10^{-6}$,Th 平均含量为 1.95×10^{-6},U 含量为 $0.17 \times 10^{-6} \sim 0.76 \times 10^{-6}$,U 平均含量为 0.47×10^{-6},Th/U 为 $3.14 \sim 5.10$,Th/U 平均值为 4.04;蚀变地区非矿化的中基性岩脉的 Th 含量为 $4.9 \times 10^{-6} \sim 7.07 \times 10^{-6}$,U 含量为 $1.6 \times 10^{-6} \sim 766 \times 10^{-6}$,均高于通安地区的辉长岩。为判断芭蕉箐地区的中基性岩体的高钍、铀丰度的来源,本书通过高场强元素的地球化学特征对其岩浆源区进行了推演。

表 5-6　通安地区岩浆活动及其成岩年龄

产出位置	岩性	年龄/Ma	定年方法	数据来源
通安龙潭箐	辉绿岩	780±5.3	锆石 U-Pb	Shu 等(2018)
通安	辉长岩	1504	锆石 U-Pb	Fan 等(2020)
通安	辉长岩	1715±4～1700±8	锆石 U-Pb	Fan 等(2020)
通安竹箐	辉长岩	1486±3	锆石 U-Pb	Fan 等(2013)
通安大麦地	凝灰岩	1744±14	锆石 U-Pb	耿元生等(2007)
菜园子	辉长岩	1375±7	锆石 U-Pb	任光明等(2017)
通安皎平渡	辉长岩	1694±16	锆石 U-Pb	王冬兵等(2013)
通安	辉长岩	1513±13	锆石 U-Pb	耿元生等(2007)
通安	玄武岩	1531±18	锆石 U-Pb	耿元生等(2007)
通安	辉长岩	1703±8	锆石 TIMS U-Pb	Lu 等(2019)
通安	辉长岩	1722±26	锆石 U-Pb	Lu 等(2019)
通安	辉绿岩	1511±14	锆石 U-Pb	Lu 等(2019)

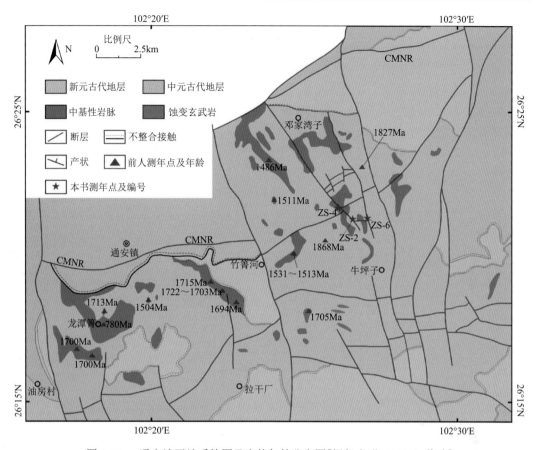

图 5-26　通安地区地质简图及岩体年龄分布图［据任光明（2017）修改］

芭蕉箐 1841 铀矿化与中基性岩浆岩的空间关系十分密切，在部分中基性岩体中发育有铀矿化，但是上述分析表明芭蕉箐 1841 矿化区内的中基性岩浆岩的岩浆源区为 HIMU-EM I 地幔，物质成分与 OIB 类似，其高钍、铀的特征与岩浆源区无关，而富铀中基性岩体的形成可能与地壳物质的加入以及后期的热液活动相关。值得注意的是，矿化区内的岩浆岩在 Th、U 含量上普遍高于通安地区的辉绿-辉长岩，形成通安地区辉绿-辉长岩的岩浆活动中少有壳源物质的加入，而矿化区内的岩浆岩可能混染有相对较多的壳源物质，使矿化区内岩浆岩具有更高的 Th、U 含量。因此，矿化区内高 Th、U 的岩体也是后期铀富集事件中可能的铀源。

5.2.3.3　芭蕉箐 1841 铀矿化成因探讨

1. 芭蕉箐 1841 铀矿化类型

芭蕉箐 1841 铀矿化主要产出于构造蚀变带内碎裂化发育的石英钠长岩、辉绿岩、玄武岩以及硅化灰岩与板岩内，与岩石的岩性无明显关联，反而受到构造以及钾、钠蚀变岩的控制，空间上与中基性岩（辉绿岩、辉长岩、玄武岩）密切相关。

芭蕉箐 1841 铀矿化区内发育的断层-断裂构造为流体运移提供了运移通道,高度碎裂化的岩体为矿质的沉淀提供了场所。矿化区内岩石普遍经历了一定的蚀变作用,蚀变岩石的铀含量要明显高于相应岩石的本底值,并具备明显的蚀变特征,显示芭蕉箐 1841 铀矿化的成因为热液改造型,其形成与碱交代作用密切相关。

在芭蕉箐 1841 铀矿化区内,普遍发育的钠交代在岩石内形成了强碱性的矿物组合,对以铀酰离子形式存在的铀质具有较强的吸附能力,后期的富铀钾质流体运移至矿化区内时,与围岩发生物质交换,碱金属进入围岩,并吸附 UO_n^{4-2n} 离子进入围岩,UO_n^{4-2n}被围岩内的黄铜矿、碳质等还原剂还原为 U^{4+},并沉淀富集,形成区域上的铀富集,而先期形成的钠交代岩的强碱性对铀酰离子的吸附性更为强劲,从而形成了高强度的铀矿化。

矿化区中产出的富铀钠长岩的全岩铀含量为 0.15%～0.25%,其中 ZX-2、ZX-3 的主要含铀矿物为钛铀矿,ZX-1 的主要含铀矿物为次生铀矿物,显示其储矿环境与前者具有一定的差异,可能为后期氧逸度的变化所导致。此外,ZX-2、ZX-3 以 δEu 的显著正异常与 ZX-1、脉状钠长岩区分开来。在岩浆演化中,Eu 元素与斜长石的分离结晶有着密切的关联,当岩浆中的斜长石大量的结晶析出时,岩浆会呈现铕的负异常,而较少出现铕的正异常。Eu 元素主要以 Eu^{3+} 的形式存在,但在中-碱性的还原流体中也存在 Eu^{2+},在发生矿质沉淀时,Eu^{2+} 相比 Eu^{3+} 优先进入矿物晶格(伊海生等,2008)。而芭蕉箐 1841 的铀矿化与铕异常可能形成于与铀富集相关的热液活动中,热液活动中,碱性流体中含有大量的 Eu^{3+}、U^{6+},在具有还原性环境的矿化区内,Eu^{3+}、U^{6+} 被还原为 Eu^{2+}、U^{4+} 并发生矿质沉淀,Eu^{2+} 也随之进入矿物晶格,形成铕的正异常。

2. 芭蕉箐 1841 铀矿化成因模式

古元古代晚期—中元古代早期,扬子陆块西缘的构造环境转变为板内裂谷,形成了菜子园—通安—因民的断陷盆地,通安组地层也于这一时期沉积形成,这一时期区域上不存在明显的铀富集事件,但芭蕉箐 1841 铀矿化区内的地层的还原性较高,有利于铀的富集与沉淀。

1.74～1.49Ga,地幔上隆,中基性岩浆活动剧烈,产出大量受构造约束的中基性岩浆岩。这一时期区域上尚不存在明显的铀富集事件,但矿化区内的岩浆岩中混染有地壳物质,具有相对较高的 Th、U 含量,是区内铀矿化形成的潜在铀源。

1.05～0.76Ga,康滇地轴的基底逐渐固结,区域内发生了大范围的造山事件,并有大量的花岗岩体产出,也发生了该区域首次铀富集活动,但在矿化区以及整个通安地区内尚未发现花岗岩体的产出记录,区域上的铀富集事件与此次造山事件的关联性较弱。

澄江期,罗迪尼亚大陆开始裂解,康滇地轴的构造背景再次转换为裂解环境,裂解环境下形成的拉张环境为深部流体的上涌提供了基础。矿化区内的钾质流体可能为晋宁期花岗岩演化后的残余钾质岩浆沿深部断裂上涌至上地壳,并侵入围岩形成脉状正长石。在鲍文序列中,铀元素倾向于向残余岩浆富集,也就是说,残余岩浆的铀含量是相对较高的。碱质流体中的强酸离子(Cl^-、F^- 等)在一定程度上能活化围岩中的 U^{4+},形成 UCl_4 或 UF_4 并随流体运移(罗朝文和王剑锋,1990),在流体的运移过程中,U^{4+} 可能会发生一定的氧化作用,形成铀酰离子,并以铀酰离子(UO_n^{4-2n})的形式迁移。钾质流体在矿化区内沿断层-断裂运移至钠长岩与落雪组地层的接触部位时，钠长岩中的强碱性矿物对铀酰离子具有较强的吸附能力，地层中的还原性物质（如黏土矿物、有机质、黄铜矿等）将流体中的 U^{6+} 还原为 U^{4+}，并沉淀富集成矿，同时伴随着钾化、硅化蚀变。而钾交代后的热液活动可能使区内地层、岩浆岩中的铀再次活化，并随热液进行二次迁移，将 Eu、U 等从地层运移至现存的铀矿化、铀矿点中，并完成了铀的二次富集，形成现有铀矿点。

5.3　云南武定 7801 铀矿化点特征

5.3.1　铀矿化地质特征

7801 铀矿点位于武定县大麦地乡青龙潭村，地理坐标为东经 102°10′40″，北纬 25°26′14″，德古老断裂带的夹持部位。矿化区出露地层为中元古界东川群因民组、落雪组、鹅头厂组和绿汁江组（图 5-27）。断裂构造发育（图 5-28），矿化区位于德古老断裂带的海孜断层与亮花箐断层夹持区，又有一系列北西向、东西向断层叠加，将地层切割成许多大小不等的块段。

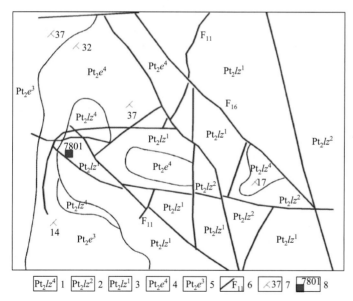

| Pt_2lz^4 1 | Pt_2lz^2 2 | Pt_2lz^1 3 | Pt_2e^4 4 | Pt_2e^3 5 | F_{11} 6 | 37 7 | 7801 8 |

图 5-27　武定 7801 铀矿点地质简图　　　　　图 5-28　7801 铀矿点崩塌角砾岩

1. 绿汁江组四段；2. 绿汁江组二段；3. 绿汁江组一段；4. 鹅头厂组四段；
5. 鹅头厂组三段；6. 断层；7. 产状；8. 矿点位置及编号

含矿主岩为鹅头厂组顶部的泥碳质板岩和绿汁江组底部的变质石英岩，铀矿化严格受构造与岩性的联合控制。控矿构造为一组东西向或近东西向的层间塌陷构造，其特征是构造规模不大，为一套角砾岩，角砾成分以上覆绿汁江组变质石英岩为主，含少量下伏板岩，角砾大小悬殊，大者可达 1m 左右，小者只有 $0.2\sim0.3$cm，多为棱角状或次棱角状，排列无序；胶结松散，胶结物以沙泥质为主，含铜铁质，含铜、铁多的部位其胶结相对较紧，且矿化相对较好，围岩蚀变有硅化、褐铁矿化。

前人在 TC-02 探槽内揭露到的异常呈不规则团块状，长度为 3.5～4.0m，宽约 1.6m，伽马总量最高达 3500×10^{-6}，化学分析铀含量最高达 0.084%。矿化位于变质石英岩之上的碳质板岩残坡积物中，碳质板岩碎块来源于该探槽西侧山脊之上的鹅头厂组四段，碳质板岩内可见次生铀矿物，说明鹅头厂组四段碳质板岩中存在一定程度的铀矿化作用（图 5-29）。

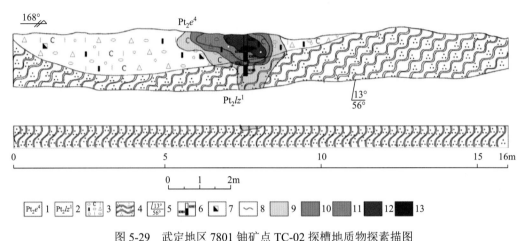

图 5-29　武定地区 7801 铀矿点 TC-02 探槽地质物探素描图

1. 鹅头厂组四段；2. 绿汁江组一段；3. 碳质板岩坡积物；4. 变质石英岩；5. 产状；6. 刻槽取样位置及编号；7. 褐铁矿化；8. 绢云母化；9. 伽马值为 $(100～300) \times 10^{-6}$；10. 伽马值为 $(300～500) \times 10^{-6}$；11. 伽马值为 $(500～1000) \times 10^{-6}$；12. 伽马值为 $(1000～3000) \times 10^{-6}$；13. 伽马值大于 3000×10^{-6}

经前人初步地表工程揭露和取样，铀含量大于 0.01%者，长 300m，宽 10～50m，厚 0.2～7m；铀含量大于 0.05%者，长 40～50m，宽 5～10m，平均厚度约为 2.18m。

含矿岩石主要是浅灰色含泥质、板岩角砾的变质石英岩，其次是含碳硅质板岩。这些矿石物质成分简单，都有较强的绢云母化、硅化。特别是变质石英岩矿石，其中石英细脉发育。原石英碎屑普遍重结晶及次生加大，形成镶嵌结构。变质石英岩矿石，除前述石英及泥质（已变成绢云母）外，还伴生少量陆源副矿物，如电气石、角闪石、锆石及磁铁矿，局部有褐铁矿，赤铁矿相对富集。

铀的存在形式主要有两种：一种是次生铀矿物，如铜铀云母；另一种是细分散吸附状态，铀呈细分散状存在于石英颗粒之间及板岩的细脉或层面上，起吸附作用的主要是黏土矿物。

图 5-30 为武定 7801 矿点岩石镜下特征。可以看出，岩石主要由粒径为 0.05～0.55mm 的他形晶粒状石英相互镶嵌（P1）和分布于石英粒间的少量绢云母、氧化铁质等组成，构成微晶变晶粒状结构，块状构造。石英含量约为 93%，他形晶粒状，变晶粒状，少量颗粒显变晶砂屑的特点，一级亮白干涉色，颗粒之间多相互镶嵌。绢云母含量约为 5%，显微鳞片状，显微鳞片集合体状，分散分布在砂屑粒间。氧化铁质含量约为 2%，凝粒状，分散分布在砂屑粒间。

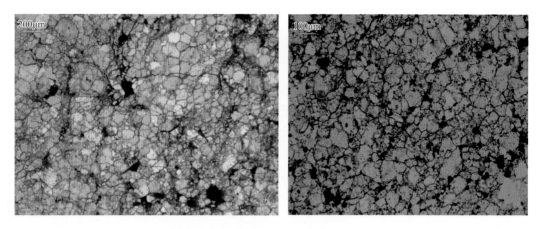

图 5-30　武定 7801 矿点岩石镜下特征

左图（透射，−），右图（＋）

图 5-31 为武定 7801 矿点 DMJ02-1 样品镜下特征及 α 径迹特征。反光镜下见褐铁矿（Lm）：微量，胶状，胶状集合体状，反射色灰白色，褐色内反射色，分布于岩石孔隙、裂隙中。反光镜下还可见 α 径迹蚀刻：α 径迹主要为分散稀疏的点状，主要为吸附离子态的 U 形成。

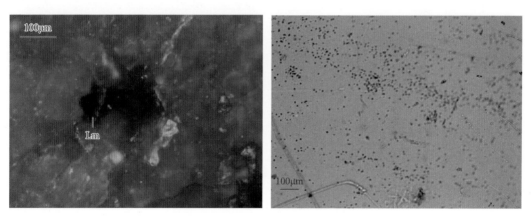

图 5-31　武定 DMJ02-1 样品镜下特征

左图（反射，＋），右图（α 径迹）

图 5-32 为武定 DMJ02-2 样品镜下鉴定特征及 α 径迹特征。反光镜下见褐铁矿，微量，胶状，胶状集合体状，环带状，反射色灰白色，褐色内反射色，分布于岩石裂隙中；次生 U 矿物，中量，透明，针柱状、粉末状、板片集合体状，反光镜下反射色暗灰色，浅黄色内反射色（P5），多铁染呈红褐色，疑为硅钙铀矿、铀云母类等的次生铀矿物，需要磨制电子探针片进行精确鉴定；α 径迹主要呈较为细脉集合体状，次生 U 矿物亦呈细脉状，α 径迹轮廓与次生铀矿物分布相一致，说明 α 径迹是由次生铀矿物产生。

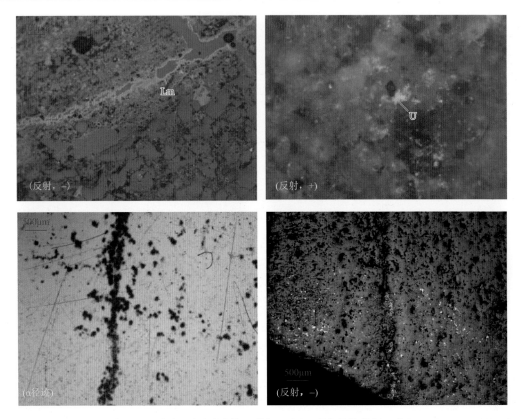

图 5-32　武定 7801 矿点镜下特征（右）及 α 径迹特征（左）

5.3.2　矿点地球化学特征

对在 7801 铀矿点采集的样品进行分析，结果见表 5-7～表 5-10。

表 5-7　武定 7801 铀矿点常量元素分析结果表（%）

MgO	Al$_2$O$_3$	SiO$_2$	P$_2$O$_5$	Na$_2$O	K$_2$O	CaO	TiO$_2$	MnO	Fe$_2$O$_3$	FeO	H$_2$O	LOI	总量
1.18	10.66	71.70	0.499	0.050	3.33	0.036	0.413	0.015	5.18	0.216	0.795	3.53	97.604

表 5-8　武定 7801 铀矿点微量元素分析结果表（×10^6）

Be	Sc	Ga	In	Cs	Ni	W	Tl	Bi	Ba	Sb
3.54	9.33	12.9	0.031	4.05	20.3	15.1	3.88	110	857	59.7
Li	Rb	Sr	Cu	Pb	Zn	V	Cr	Cd	Mo	Co
27.6	92.0	74.7	2450	340	136	285	65.8	0.45	203	6.41
Zr	Nb	Re	Hf	Ta	Th	U	—	—	—	—
355	231	0.0011	16.7	45.9	15.7	14100	—	—	—	—

表 5-9　武定 7801 铀矿点稀土元素分析结果（×10^6）及参数统计表

La	Ce	Pr	Nd	Sm	Eu	Gd	Tb	Dy	Ho	Er	Tm	Yb	Lu
43.7	47.0	12.8	59.0	26.7	6.51	21.7	3.39	15.0	2.64	5.73	0.79	4.50	0.60
Y	ΣREE	LREE	HREE	δEu	δCe	LREE/HREE		La$_N$/Yb$_N$		—	—	—	—
52.1	250.06	195.71	54.35	0.83	0.49	3.60		6.97		—	—	—	—

表 5-10　武定 7801 铀矿点电子探针分析结果表（%）

点	DMJ02-2 T U-8	DMJ02-2T U-9	DMJ02-2T U-21	DMJ02-2T U-22
Y$_2$O$_3$	0.02	—	—	0.146
P$_2$O$_5$	5.103	13.451	10.469	13.487
FeO	0.773	—	0.033	—
Ho$_2$O$_3$	0.197	0.061	0.075	0.036
Er$_2$O$_3$	—	0.032	0.146	—
CaO	—	0.332	—	0.06
F	0.024	—	—	—
Al$_2$O$_3$	—	0.005	—	—
SiO$_2$	—	0.076	0.023	—
La$_2$O$_3$	0.05	—	—	0.013
Nb$_2$O$_5$	—	0.077	—	—
Ce$_2$O$_3$	—	—	0.089	0.093
Pr$_2$O$_3$	—	—	0.018	0.044
PbO	0.014	—	—	—
Sm$_2$O$_3$	0.018	—	—	—
Gd$_2$O$_3$	—	—	—	0.117
UO$_2$	58.821	73.074	65.823	68.397
Yb$_2$O$_3$	—	0.078	0.041	—
Na$_2$O	0.011	0.02	—	0.003
总量	65.031	87.206	76.717	82.396

由表 5-7 可以看出，武定 7801 铀矿点常量元素中，SiO$_2$ 占 71.70%、Al$_2$O$_3$ 为 10.66%、MgO 为 1.18%、Fe$_2$O$_3$ 为 5.18%、K$_2$O 为 3.33%，烧失量为 3.53%，其他主量元素含量均较低。

表 5-8 表明，武定 7801 铀矿点微量元素丰富，铀含量达到 1.41%，铜含量达 0.245%，铅为 0.034%，锌为 0.0136%，钡为 0.0857%。从微量元素蛛网图图 5-33 可以看出，武定 7801 铀矿点 U、Nb、Zr、Hf 等较为富集，特别是铀已经达到了富矿标准，这与野外观察到的矿石中有丰富的次生铀矿以及少量沥青铀矿一致。Sr、P、Ti 严重亏损。

表 5-9 为武定 7801 铀矿点稀土元素分析结果及统计表，图 5-34 为稀土元素配分模式图。武定 7801 铀矿点稀土元素富集，轻稀土分异不明显，重稀土陡倾，分异程度大。有明显的铈负异常，铕呈弱负异常，即异常不明显。

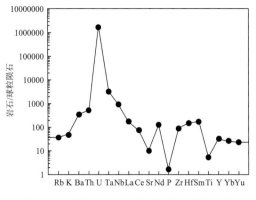

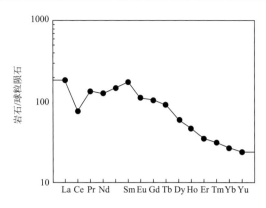

图 5-33　武定 7801 铀矿点微量元素蛛网图　　图 5-34　武定 7801 铀矿点稀土元素配分模式图

　　表 5-10 为电子探针分析结果表，图 5-35 为武定 7801 铀矿点电子探针照片。武定 7801 铀矿点主要铀矿物铀含量较高，组分主要为 UO_2 和 P，其中 UO_2 含量为 58.821%~73.074%。

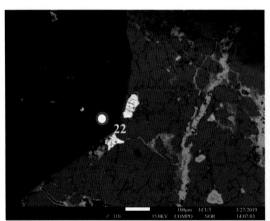

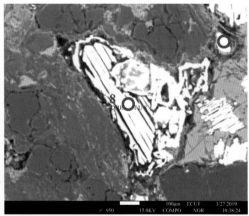

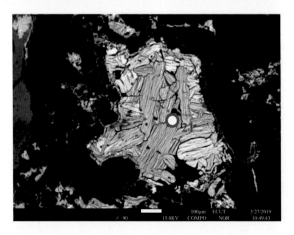

图 5-35　武定 7801 铀矿点电子探针照片

5.3.3　铀矿化成因讨论

含碳板岩丰度高，可为矿化提供较丰富的铀源，刚性岩石白云岩的破碎为铀的赋存提供了良好的成矿空间，富铀地层出露地表，在大气降水的作用下，岩石中的铀活化，随地下水沿断裂或层间破碎带渗入，铀在弱氧化带-还原带内的地球化学障附近沉淀或被吸附剂吸附而富集成矿。

该点地表矿化有一定的规模，但是达到 0.05%以上的矿化范围较为有限，而且仅存在于地表浅部 0～15m；控制铀矿化产出的鹅头厂组四段碳质板岩在青龙潭地区分布有限，出露最厚处仅 21m 左右，一般为 2～4m，局部缺失，且矿（化）体处于氧化带，保存条件不利。

5.4　东川因民 112 铀矿点特征

5.4.1　地质背景

因民 112 铀矿化点位于金沙江南岸的云南省昆明市东川区因民镇，大地构造位置位于扬子板块西南缘康滇地轴中南段东部，被茂麓断裂、黄水菁断裂所夹持，北面以金沙江为界。研究区受一条北东东向麻塘断裂和数条南北向断裂组成的落因断褶带控制，最东面的南北向断裂为小江断裂。东川地区现已发现的各种多金属矿床均分布在构造断层周围（图 5-36）。铀异常区域内出露的地层主要为汤丹群望厂组以及第四系沉积物。望厂组由中上部为中层状的灰黑色熔结凝灰岩夹板岩，下部为石英岩、石英砂岩夹砂质板岩、绢云千枚岩组成。

该区出露地层主要为元古宇东川群、汤丹群地层：东川群包括因民组、落雪组、黑山组、青龙山组地层，主要为一套碎屑岩-泥质岩-碳酸盐岩组合的沉积建造；汤丹群包括洒海沟组、望厂组、菜园湾组、平顶山组地层，主要为一套碎屑岩-浅变质岩-灰岩组合的沉积建造。汤丹群形成于古元古代中期，可能为早期哥伦比亚超级大陆的一部分（朱华平等，2011；周邦国等，2013）。古元古代末期扬子板块西南缘处于裂谷环境，其形成与同期全球性哥伦比亚超级大陆裂解同步（王生伟等，2013；郭阳等，2014；王伟等，2019），东川地区正处于该裂谷环境中，为东川凹陷，其内形成东川群（庞维华等，2015）。

区内岩浆岩较为发育，主要为辉绿辉长岩，在因民矿区可见辉绿岩体穿透整个洒海沟组、平顶山组，并侵入东川群的因民组和落雪组中，辉绿岩锆石年龄为 1676±13Ma（$n=14$，MSWD = 0.38）（朱华平等，2011）和（1690±32）Ma（MSWD = 3.3）（Zhao et al.，2010），周邦国等测得其望厂组熔结凝灰岩锆石 SHRIMP U-Pb 年龄为（2299±14）Ma，显示辉绿岩侵入时代为中元古代早期。与会理南部地区岩浆岩年龄（1.9～1.5Ga）有相似的岩浆事件响应。

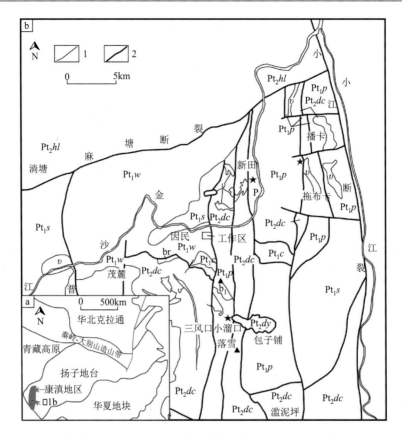

图 5-36　云南东川因民 112 铀矿化点大地构造位置图（a）和区域地质图（b）
[修改自张雄等（2021）和周邦国等（2013）]

Pt₃dy. 大营盘组；Pt₂hl. 会理群；Pt₂dc. 东川群；Pt₂p. 平顶山组；Pt₁c. 菜园湾组；Pt₁w. 望厂组；Pt₁s. 洒海沟组；v. 辉长
辉绿岩；br. 因民角砾岩；★. 金矿床；▲. 铜矿床；1. 地质界线；2. 断层

5.4.2　样品采集与分析方法

　　野外地质调查发现因民 112 铀矿化点的铀矿化体均发育在构造裂隙及褶皱中，定名
为 F₁、F₂、F₃ 断层并采集矿石样品，并在该矿化点典型剖面上采集了相关样品 10 件，
主要为古元古代的浅变质岩、沉积岩及矿脉。岩石样品的前期处理工作以及光薄片、岩
矿鉴定等工作均在成都理工大学完成；岩石样品的主微量元素和稀土元素的测试分析工
作在四川省地质矿产勘查开发局成都综合岩矿测试中心完成。主量元素的测试方法及步
骤为：将岩石与无水四硼酸锂熔融，加入氧化剂、助熔剂和脱模剂，在 1150～1250℃
的温度下熔融，制成样片，通过 X 射线荧光光谱法进行测定分析，其中烧失量采用重
量法进行测定，FeO 与 Fe₂O₃ 的质量分数通过湿化学滴定法测试分析得到；微量元素、
稀土元素在用氢氟酸、硝酸消解后由等离子质谱仪分析测定。测试结果显示样品中有富
铀样品（U 含量大于 $300×10^{-6}$）1 件，铀矿化样品（U 含量为 $100×10^{-6}～300×10^{-6}$）
2 件（表 5-11）。

表 5-11　采集样品的编号、岩性

编号	岩性	编号	岩性
YM112-1	粉砂质泥岩	YM112-6-1	脉体
YM112-2	长英质变粒岩	YM112-6-2	脉体
YM112-3	构造片岩	YM112-7	构造角砾岩
YM112-4	构造角砾岩	YM112-8	碳质板岩
YM112-5	碳质板岩	YM112-9	脉体

5.4.3　因民 112 铀矿化点岩石学特征

本次采集的样品主要是汤丹群望厂组浅变质岩和沉积岩以及产于构造缝隙间的脉体。对该剖面进行现场测定，发现该剖面测定的 γ 值明显高于周边区域。剖面上能看见明显的褶皱，显示经历过较强的构造运动。

区域的变质岩以板岩为主，板岩类型为碳质板岩、长英质变粒岩。碳质板岩样品（YM112-8）镜下能看到显微粒状变晶结构，长英质矿物总体定向排列形成板理构造，富含有机质，碳质充填于显微粒状颗粒之间，粒状石英和片状的云母总体定向排列形成板理，可见石英脉充填（图 5-37a）。长英质变粒岩样品（YM112-2）具有粒状变晶结构，块状构造，颗粒大小不一，主要由石英、长石、白云母、绢云母、黏土矿物组成。单晶石英与多晶石英均有（图 5-37b），长石发生黏土化、绢云母化以及硅化而呈长石假象，推测可能的原岩为白云母花岗岩。

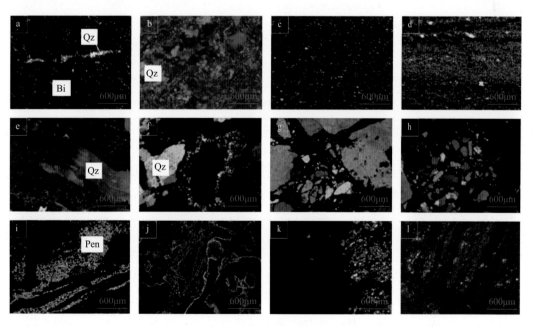

图 5-37　样品镜下照片

Qz：石英；Bit：黑云母；Pen：蛋白石

区域出露沉积岩为粉砂质泥岩（YM112-1），可见层理构造，泥质成分较多，镜下粉砂以及细砂颗粒主要为石英，表面干净，次棱角状，分选较好，不透明矿物散乱分布，黏土物质呈层状分布，绢云母呈显微鳞片状，干涉色鲜艳异常（图 5-37c、图 5-37d）。

构造片岩（YM112-3）：岩石具粒状片状结晶结构，不同粒度的长英质以及凝灰质等相间构成层状构造。岩石受强烈构造应力作用，石英多呈压扁拉长状（图 5-37e），根据矿物展布以及压力影可以判断应力为压扭性。岩石强度不同，主要分成刚性的长英质以及塑性的凝灰质。火山凝灰发生脱玻化，边缘形成梳状构造（图 5-37f）。

构造角砾岩（YM112-4、YM112-7）：岩石为破碎角砾结构，角砾状构造。碎斑矿物以石英为主，碎基含量小于15%，次生矿物主要是绢云母、黏土矿物。石英含量约为80%，多呈他形粒状、角砾状，边部具有微弱的溶蚀现象，裂隙发育，部分石英呈碎屑粒状，受应力作用干涉色分布不均匀。长英质破裂呈大小不一的角砾（图 5-37g），被铁质泥质、泥质以及有机质胶结（图 5-37h）。

脉体（YM112-6-1、YM112-6-2、YM112-9）：本次采集的脉体样品主要产出于构造缝隙中，并且现场测定的 γ 值明显高于附近其他岩石，因此对该样品进行了重点采集。脉体的手标本呈淡黄色，能见到密集的孔洞（图 5-38a、图 5-38b），推测为热液与围岩产生挥发性组分逃逸留下的气孔。镜下观察岩石为凝灰结构，斑杂构造，碎屑成分以塑性岩屑以及部分脱玻化形成的蛋白石为主，可见到塑性岩屑，呈焰舌状，内部脱玻化成珍珠状构造（图 5-37i）；可见梳状边等脱玻化结构，内部为后期充填成的蛋白石杏仁体。（图 5-37j）。

其中样品（YM112-9）采集位置为脉体和围岩的接触部位，从手标本可以看出，宏观上脉体碎屑颗粒比较完整，种类比较复杂（图 5-38c、图 5-38d）。镜下显示岩石为凝灰质脉体和碳质板岩围岩接触部位，脉体部分主要为凝灰质以及脱玻化形成的长英质，围岩部分为碳质板岩，为显微粒状变晶结构，板理发育（图 5-37k）。如（图 5-37l）左侧脉体中玻璃质全消光，右侧塑性岩屑脱玻化，内部长英质颗粒构成霏细结构。

综合区内岩石矿物学特征，地层属于汤丹群望厂组地层，脉体含有多种碎屑颗粒，颗粒形态比较完整，同时含有岩浆岩残留特征，具有凝灰结构以及脱玻化现象，说明热液流体顺着构造缝隙进入围岩，与围岩发生物质交换。

图 5-38　脉体样品手标本照片

5.4.4　地球化学特征

1. 主量元素地球化学

矿化区各岩石样品主量元素分析结果如表 5-12 所示,地层样品(除去脉体样品 YM112-6-1、YM112-6-2、YM112-9)中 SiO_2 含量为 51.88%～83.57%,平均值为 65.86%; Al_2O_3 含量为 4.85%～17.00%,平均值为 11.49%; Na_2O 含量为 0.09%～1.58%,平均值为 0.40%; K_2O 含量为 0.10%～3.37%,平均值为 1.31%,说明地层样品的成熟度较高。FeO_t 含量为 2.52%～23.64%,平均值为 8.60%; LOI 为 3.71%～12.64%,平均值为 8.38%,说明地层整体为还原性地层。

脉体(样品 YM112-6-1、YM112-6-2 以及 YM112-9)FeO_t 含量为 16.87%～38.23%,平均值为 28.10%,P_2O_5 含量为 2.93%～20.64%,平均值为 10.41%, LOI 为 22.25%～35.04%,平均值为 27.43%,远远高于其他岩石样品,此三种样品的 SiO_2 含量为 10.24%～19.74%,平均值为 16.56%,远低于其他岩石样品,推测其可能为构造形成的岩石,成分不成熟,并且富含 Fe、U 的流体经构造裂隙进入,与围岩发生物质交换,带来了 Fe、U 元素物源,挥发性组分逸散,地层的还原环境让铀及铁矿物富集。

表 5-12　主量元素分析结果表(%)

编号	MgO	Al_2O_3	SiO_2	P_2O_5	Na_2O	K_2O	CaO	TiO_2	MnO	FeO_t	LOI	总量
YM112-1	1.37	17.00	64.52	0.09	1.58	3.37	0.61	1.35	0.08	6.12	3.71	99.8
YM112-2	5.42	13.28	51.88	0.20	0.20	0.25	0.59	1.44	0.25	23.64	5.23	102.4
YM112-3	2.13	15.04	53.81	2.06	0.36	0.30	1.81	0.46	0.14	12.79	10.64	99.54
YM112-4	1.40	11.07	65.58	1.84	0.24	0.10	1.30	0.29	0.08	8.62	9.61	100.1
YM112-5	1.18	8.54	72.90	0.84	0.13	1.44	1.16	0.63	0.05	3.51	10.36	100.7
YM112-6-1	0.11	0.52	10.24	7.66	0.90	6.52	0.36	0.18	0.02	38.23	35.04	99.78
YM112-6-2	0.27	2.64	19.69	20.64	1.19	1.92	0.39	0.17	0.02	29.21	22.25	98.39
YM112-7	1.15	10.66	68.76	0.36	0.18	2.53	0.72	0.78	0.04	2.99	12.64	100.8
YM112-8	0.56	4.85	83.57	0.11	0.09	1.19	0.46	0.48	0.02	2.52	6.45	100.3
YM112-9	1.26	30.77	19.74	2.93	0.32	0.72	0.97	0.17	0.04	16.87	24.99	98.78

2. 微量元素地球化学特征

矿化区全部样品的微量元素原始地幔标准化型式图如图 5-39 所示,呈现强烈的 Rb、Sr、Ti 等大离子亲石元素亏损,富集 U、Th、LREE、Ce 等高场强元素,可以认为大离子亲石元素的亏损在一定程度上与后期的热液活动有关。

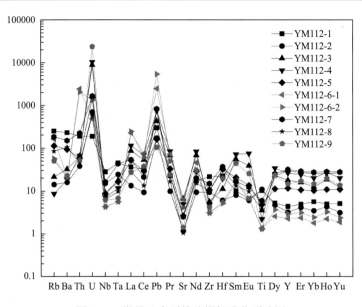

图 5-39　微量元素原始地幔标准化型式图

同时，从表 5-13 中可以发现，高 γ 值的样品相较于其他样品 Th、U 含量明显较高，从微量元素蛛网图中可以见到，脉体 YM112-6 以及 YM112-9 微量元素含量存在明显的差异，YM112-6 样品 Th 元素富集明显，YM112-9 样品 U 元素富集明显，表明脉体样品存在多期次的热液作用，现场采集的富 Th、Fe 脉体岩石（YM112-6）由富 Th、Fe 热液形成；富 U、Fe 脉体岩石（YM112-9）由 U、Fe 热液侵入形成，一定程度上证实了该地区存在铀富集事件。

表 5-13　微量元素分析结果（$\times 10^6$）

编号	Sc	V	Cr	Ni	Cu	Zn	Ga	Rb	Sr	Y
YM112-1	25.4	193	91.7	29.6	51.1	412	23.4	161	53.2	19.8
YM112-2	34.8	356	319	117	155	701	17.3	9.1	24.8	14.7
YM112-3	17.2	815	107	1074	789	4334	5.5	13.8	140	81.6
YM112-4	8.74	627	69.1	825	577	2859	2.1	5.5	104	121
YM112-5	11.9	737	69.2	82.1	117	350	10.8	72.4	55.9	53.1
YM112-6-1	121	1586	98.6	10.7	112	137	24.7	104	138	10.4
YM112-6-2	177	516	122	98	288	154	30.3	36.3	87.3	13.3
YM112-7	22	1461	71	201	455	480	15.7	117	53.4	146
YM112-8	9.27	1039	53.9	16	36.4	143	7.5	54.1	22.3	138
YM112-9	6.79	1068	142	1023	3777	606	4.4	32.3	29.9	66.9
编号	Zr	Nb	Cs	Ba	Hf	Ta	Pb	Th	U	
YM112-1	244	20.1	7.72	1621	7	1.85	21.5	16.2	3.97	—
YM112-2	106	10.9	1.17	113	1.9	1.01	12.2	3.25	14.8	—
YM112-3	64.4	6.47	1.21	228	3.5	0.732	30.8	5.6	186	—

续表

编号	Zr	Nb	Cs	Ba	Hf	Ta	Pb	Th	U	
YM112-4	53.4	5.12	0.748	130	6.1	0.484	54	5.7	218	—
YM112-5	120	6.32	3.72	656	10	0.68	11.5	5	32.3	—
YM112-6-1	34.8	3.1	1.18	150	1.75	0.231	176	208	10.3	—
YM112-6-2	34.7	3.06	0.588	144	1.6	0.232	381	175	28	—
YM112-7	168	11.7	6.01	1054	11.5	1.78	59.5	19.2	35	—
YM112-8	114	4.57	2.78	736	10	0.405	54.4	3.9	12.2	—
YM112-9	46.5	4.38	1.6	160	6.2	0.28	7.4	4.5	500	—

3. 稀土元素地球化学特征

矿化区全部样品的稀土元素球粒陨石标准化分布型式图如图 5-40 所示，铀矿化区域的岩石稀土元素含量较高($59.2 \times 10^{-6} \sim 481.6 \times 10^{-6}$)，平均值为 252.1×10^{-6}，LREE/HREE 为 $1.17 \sim 37.88$，平均值为 9.56，矿化区岩石整体富集轻稀土元素，重稀土元素平坦。推测矿化区内样品的高 ΣREE 特征可能为热液活动改造形成，与物源物质无关。

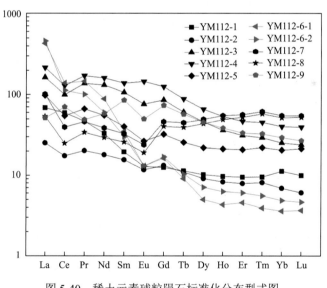

图 5-40　稀土元素球粒陨石标准化分布型式图

脉体样品 YM116-6 存在很强的轻稀土富集，重稀土平坦；脉体 YM112-9 则轻重稀土平坦，稀土含量比较高，表明该地区存在多期次热液作用。

5.4.5　铀矿化成因探讨

1. 铀矿化含矿地层与沉积环境

东川因民 112 铀矿化点处于古元古界汤丹群望厂组一套沉积岩及浅变质岩地层中，

根据砂岩和泥岩沉积盆地构造环境的 $K_2O/Na_2O\text{-}SiO_2$ 图解和 $SiO_2/Al_2O_3\text{-}K_2O/Na_2O$ 图解（图 5-41），研究区汤丹群位于被动大陆边缘区 PM 岛弧环境，物源主要为长英质侵入岩碎屑的进化孤岛环境。Al_2O_3/SiO_2 可以反映沉积岩成熟度，比值越高则成熟度越低。研究区的围岩样品的 Al_2O_3/SiO_2 平均值为 0.19，反映该地区望厂组成熟度较高。

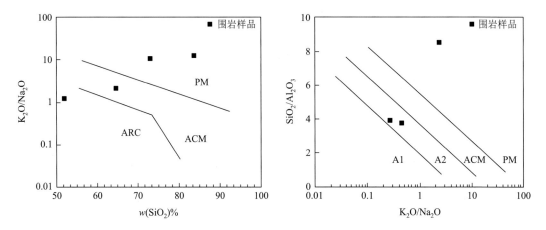

图 5-41   样品 $K_2O/Na_2O\text{-}SiO_2$ 和 $SiO_2/Al_2O_3\text{-}K_2O/Na_2O$ 构造环境判别图

ARC：大洋岛弧；ACM：活动大陆边缘；PM：被动大陆边缘；A1：玄武质和安山质碎屑的岛弧环境；A2：长英质侵入岩碎屑的进化岛弧环境

对地层样品的化学蚀变指数（chemical index of alteration，CIA）进行风化程度判别，地层样品大部分落于平均页岩附近，部分样品落于玄武岩风化区域，表明地层样品风化阶段较高。由于风化作用的影响以及对岩石的改造，造成地层样品的成熟度不同，碎屑岩的成分成熟度通常采用成分变异指数（index of compositional variability，ICV）表示（图 5-42）。样品的数据落于强烈风化区域，进一步证实了地层样品成熟度高。

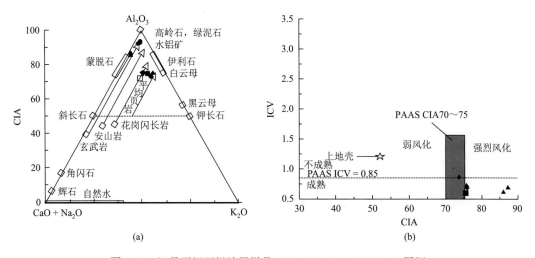

图 5-42   汤丹群望厂组地层样品 $Al_2O_3\text{-}(Na_2O + CaO)\text{-}K_2O$ 图解

2. 构造与铀成矿的关系

东川因民 112 铀矿化的产出位置与构造关系密切，对矿化点进行野外实地考察，发现研究区矿体均发育在构造裂隙及褶皱中，现场对剖面进行 γ 照射量率测定，构造裂隙 γ 测定值明显高于围岩测定值，与样品元素地球化学特征一致，现场可见三期构造（图 5-43）。第一期次含矿脉断裂构造穿插地层，宽度为 20～30cm，斜穿地层，经历后期变形，呈波状起伏，为早期成矿构造（F_1），在构造带上对 γ 值高的岩石进行采样（YM112-9）；第二期次含成矿构造（F_3），宽度为 1～1.5m，陡倾且与围岩斜切，断面起伏变化，见大型褶皱、透镜体，对其进行采样（YM112-3、YM112-4）；第三期次构造宽度为 10cm，呈平直状切穿围岩（F_2），为晚成矿构造，在构造带上对 γ 值高的岩石进行采样（YM112-6-1、YM112-6-2）。矿化区受南北向深大断裂影响，矿化点附近岩石碎裂化严重，褶皱普遍发育，构造裂隙中既有压性特征的构造透镜体，又有张性特征的棱角状角砾岩，构造带岩石镜下可见石英压扁拉长、片理化现象，矿化区同时存在脆性变形和韧性变形，表明研究区构造活动强烈。

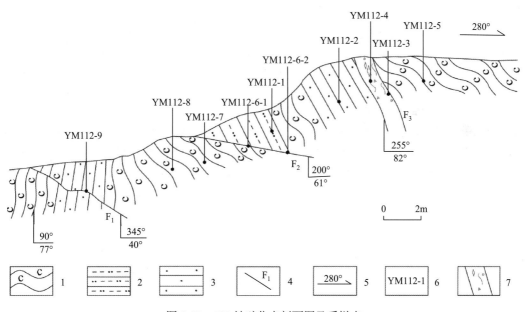

图 5-43　112 铀矿化点剖面图及采样点

1. 碳质板岩；2. 粉砂质泥岩；3. 长英质砂岩；4. 断层；5. 导向；6. 采样点；7. 构造破碎带

东川因民 112 铀矿化点所在的扬子板块西缘，在中元古代到新元古代经历了多个阶段构造运动，其中 1.8～1.1Ga 的多次构造演化均为拉张环境，1.05～0.85Ga 为挤压造山运动，澄江期阶段由于罗迪尼亚大陆裂解导致康滇地轴的构造环境变为拉张环境，为深部流体上涌提供了通道。矿化区受到多期次不同的构造活动影响，褶皱发育明显，后期含矿热液沿断层、裂隙运移，与围岩发生交代作用，富含有机质的地层又为铀元素提供了还原环境和场所，造成了铀的富集。

3. 热液活动与铀成矿的关系

对矿化区样品进行地球化学分析，可知矿化区围岩样品相较于地壳丰度值，Th、U含量均呈现相对较高水平（Th 含量平均值为 8.4×10^{-6}，U 含量平均值为 19.5×10^{-6}），而构造带 F_2 中的矿脉样品具有较高的 U(Th) 含量，YM112-6-1、YM112-6-2 的 Th 含量平均值为 191.5×10^{-6}，U 含量平均值为 19.2×10^{-6}；F_1 构造带矿脉样品 YM112-9 的 Th 含量平均值为 4.5×10^{-6}，U 含量平均值为 500×10^{-6}，铀含量最高。此外，F_1、F_2 构造带矿脉样品均具有较高的 Fe 含量（平均值为 28.1%）。与 F_1、F_2 构造带矿脉样品不同，F_3 构造带样品 U 含量较高，Th 含量较低，YM112-3、YM112-4 的 Th 含量平均值为 5.7×10^{-6}，U 含量平均值为 202×10^{-6}，但 Fe 含量较低，平均值为 10.7%。微量元素地球化学特征表明产于不同构造裂隙的两个矿脉样品受到不同期次的热液活动影响，热液侵入破碎带与脆-韧性剪切带及围岩发生反应，还原环境使得 U、Fe 等元素富集。矿化区稀土元素配分模式图也反映了该地区经历过多次热液作用，结合野外调查情况，通过样品的岩石学特征以及地球化学数据分析，发现矿脉样品 YM112-6 与矿脉样品 YM112-9 存在相互独立的元素富集特征，且差异性较大，暗示了两个矿脉经历的热液作用属于不同期次：矿脉样品 YM112-6 的元素组成说明该期次热液以相对富集 Th、Fe、Pb 为特征；矿脉样品 YM112-9 元素组成特征说明为一期富 U、Fe、Cu、Ni 热液侵入形成；构造岩样品 YM112-3、YM112-4 以富 U、Zn、Ni 为特征，是另一期热液形成。结合野外构造形态、规模、变形特征等地质特征以及元素组合特征，可以判断：第一期次成矿热液为富 U、Fe、Cu、Ni 热液；第二期次成矿热液以富 U、Zn、Ni 为特征；第三期次热液为富 Th、Fe、Pb 热液。

东川因民 112 铀矿化点的形成与热液关系密切，矿化区含矿地层为望厂组浅变质沉积岩地层，区域内热液活动频繁，构造活动为热液运移提供了通道。样品地球化学分析测试结果显示该地区矿脉具有极低的 SiO_2 含量，与围岩样品差别很大。112 铀矿化点成矿模式为望厂组地层沉积之后，由于构造运动使得地层破碎，后期多期次贫 Si 质富铀多金属热液侵入破碎带中，与破碎带中的岩石发生反应，在合适的条件下形成铀矿（化），因此东川因民 112 铀矿化点及其附近类似铀矿化现象为热液成因。

第6章 苏雄组火山岩铀成矿作用

6.1 概 述

苏雄组火山岩分布于四川冕宁和汉源境内，大地构造上属于准扬子地台西缘二级构造单元——康滇地轴北段，泸定-米易台拱之上，与西侧的青藏地块和西南方向印支地块相接（图6-1）。区内断裂构造发育，南北向有昔格达-元谋-绿汁江断裂、安宁河断裂、小江断裂，西北向的红河断裂，北东向的金河-箐河断裂等，深大断裂具有活动频繁、持续时间长的特点，强烈的构造应力、丰富的岩浆热液，为康滇地轴北段铀成矿提供了良好的成矿条件。

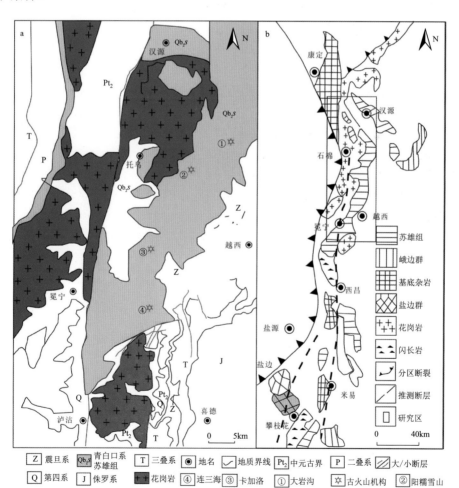

图6-1 研究区大地构造位置图[据 Zhou（2002a、b）修改]

研究区地层发育齐全，是扬子地台前寒武地层主要出露区，区内从古元古界的中-深变质岩系、中元古界的浅变质岩系到未变质的沉积充填物到中生界地层均有较广泛出露。元古宇地层出露有古元古界的康定群、河口群、苴林群，中元古界的会理群、登相营群、盐边群和昆阳群，新元古界苏雄组火山岩，开建桥组，列古六组砾岩、凝灰质砂岩、粉砂岩和火山角砾岩，观音崖组细晶白云岩、页岩和长石砂岩等，灯影组泥岩、砂泥岩、白云岩和泥灰岩等。古生界地层出露较少，研究区较为缺失，主要出露二叠系地层，包含峨眉山玄武岩组（P_3em）和阳新组（P_2y）。中生界地层主要有三叠系的白果湾组（T_3bg）长石石英砂岩、粉砂岩、泥岩和碳质页岩，侏罗系的益门组（$J_{1-2}y$）黄灰色细粒石英砂岩、粉砂岩和紫红色泥岩。新生界地层主要由昔格达组（N_2x）和第四系沉积物组成。

区内断裂构造发育，南北向、东北—西南向和东南—西北向均有分布，南北向断裂以安宁河断裂带、绿汁江断裂带和普定河断裂带为主；东北—西南向断裂以师宗-弥勒断裂带为主；东南—西北向断裂以金沙江-红河断裂带和哀牢山断裂带为主，此外区内还发育多条北东向的次级小断裂，如甘洛-汉源断裂和大洪山断裂带等。

区域内岩浆活动频繁，分布广泛，岩浆岩石类型以玄武岩、辉绿岩、流纹岩、英安岩、安山岩和火山凝灰岩为主。区域内的岩浆活动主要有两个时期，分布集中在元古宙和二叠纪—三叠纪。

6.2　苏雄组岩石学特征

6.2.1　汉源地区苏雄组火山岩类

汉源地区苏雄组火山岩岩体在研究区出露广泛，本次采样区域为汉源纳尔村和省道306公路两侧岩体，主要为灰绿色玄武岩、灰白色钾质英安岩、灰色英安岩和苏雄组底部接触部分的花岗岩，采样位置空间分布如表6-1、图6-2所示，具体岩性描述如下。

表6-1　汉源地区样品采集位置一览表

编号	γ	采样位置	命名
DHY01	95		流纹岩
DHY02	54		玄武岩
DHY03	122	纳尔村	流纹岩
DHY04	40		流纹岩
DHY05	50		流纹岩
DHY06	35		流纹岩
DHY07	45		流纹岩
DHY08	50	纳尔村	英安岩
DHY09	48		流纹岩
DHY10	25		安山岩

续表

编号	γ	采样位置	命名
DHY11	21	纳尔村	安山岩
DHY13	45		流纹岩
DHY14	27		流纹岩
DHY15	34		流纹岩
DHY22	60	省道306	流纹岩
DHY21	28		安山岩
DHY29	38		安山岩
DHY35	30		安山岩
DHY40	40		英安岩
DHY48	26		流纹岩
DHY50	17		流纹岩
DHY58	24		流纹岩
DHY59	60		花岗岩
DHY61	61		花岗岩

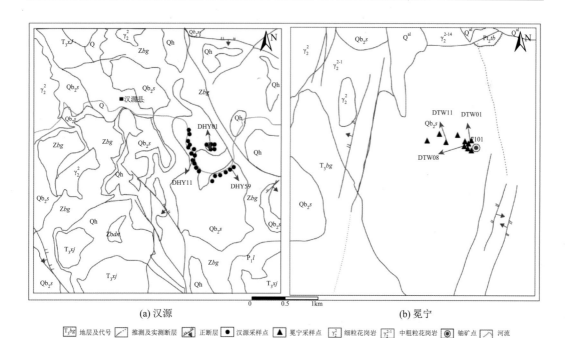

(a) 汉源　　　　　　　　　　　　　　(b) 冕宁

图 6-2　采样位置分布图

　　玄武岩：岩石呈灰绿色，致密坚硬，块状构造。岩石风化面上为褐红色，应为赤铁矿化（图 6-3e），野外露头可见部分岩石发生差异性风化，留下许多孔洞（图 6-3f）。镜下观察显示岩石斜长石含量占矿物的 40%～45%，自形程度较高，自形-半自形，多为短柱-长柱状，零星散乱分布，部分斜长石被绿泥石、绿帘石蚀变（图6-3a）；角闪石（30%～40%）为长柱状、片状，有明显多色性，两组斜交解理，定向分布；黑云母片状，短片状，褐色，散乱混杂分布于角闪石和斜长石周围（图6-3b）；暗色矿物（2%～5%），他形、自形-半自形粒状，部分具有规则的几何断面，零星散乱分布在其他矿物之间。

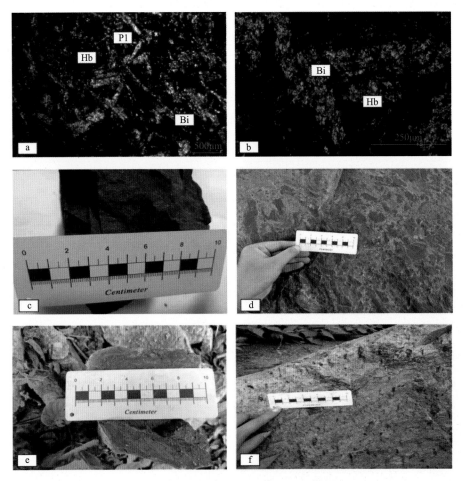

图6-3　汉源基性火山岩手标本及镜下照片

Hb：角闪石；Pl：斜长石；Bi：黑云母

安山岩：呈灰色-灰白色，手标本结构较为松散，部分风化，中细粒结构，可见肉红色钾长石颗粒（20%～25%），颗粒多为短柱状、浑圆状，粒径为0.2～0.5cm（图6-4a），黑色角闪石颗粒（35%～40%），颗粒较小，粒径为0.1～0.3cm，黑云母占2%～5%，片状，镜下可见他形-半自形粒状的石英颗粒，和斜长石交错分布；斜长石呈半自形短柱-板柱状，具聚片双晶，晶纹模糊，多绿泥石化、绿帘石化；钾长石呈自形-半自形短柱状，分布于斜长石附近；黑云母褐色，片状（图6-4a、图6-4b）。

流纹岩：手标本新鲜面表层风化严重，呈黄褐色，核部深灰色，具斑状结构，主要由斑晶（石英占10%～15%，斜长石占10%～15%，黑云母占5%～10%）和基质（占30%～

35%）组成。其中石英呈无色，表面干净，他形粒状，粒径为 0.5～2mm，可见溶蚀湾、棱角状等外形，内部裂纹发育（图 6-4d、图 6-4f、图 6-4g）；斜长石呈无色带灰色调，板状、次棱角状等，粒径为 0.5～1.5mm，部分呈自碎状，可见聚片双晶，具弱黏土化。基质：霏细结构，无色带灰色调，呈丝带状、扁条状等，由隐晶-微晶状长英质组成，具隐晶或显微嵌堪晶结构，与玻屑相间排列，多呈分支聚合状定向排列（图 6-4h）。

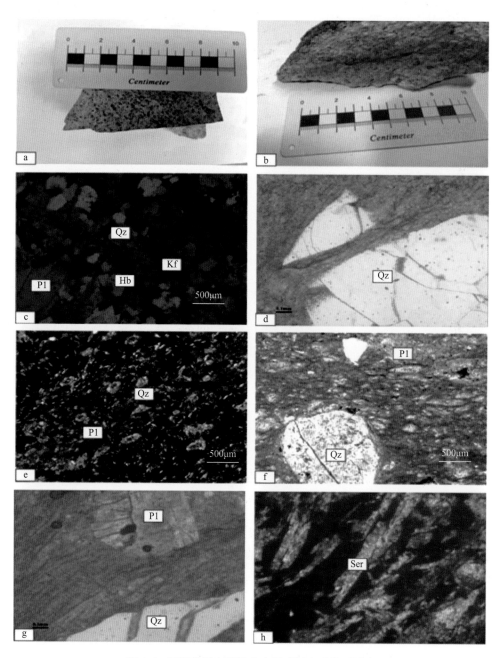

图 6-4　汉源地区中酸性火山岩手标本及镜下照片

Qz：石英；Pl：斜长石；Ser：晶屑；Kf：钾长石；Hb：角闪石

6.2.2　冕宁地区苏雄组火山岩类

冕宁地区苏雄组火山岩主要采集于 7101 铀矿点附近（表 6-2），岩性为玄武岩、英安岩、安山岩、流纹岩和流纹质凝灰岩等。具体描述如下。

表 6-2　冕宁地区样品采集位置一览表

编号	γ	采样位置	命名
DTW01	35		辉绿岩
DTW03	90		玄武岩
DTW04	220		流纹岩
DTW05	120	矿点洞内	流纹岩
DTW06	86		流纹岩
DTW07	540		流纹岩
DTW08	320		流纹岩
DTW09	43		花岗岩
DTW10	45	矿点附近	流纹岩
DTW11	52		安山岩

玄武岩：多呈黑褐色、暗绿色等，结构致密，未见气孔和杏仁状构造等，主要矿物为斜长石、角闪石和辉石，含有少量黑云母（图 6-5）。斜长石（30%～40%），板状，自形-

图 6-5　冕宁地区玄武岩手标本及镜下照片

Prx：辉石；Pl：斜长石；Bi：黑云母

半自形，负低-正低凸起，双晶模糊，一级灰至一级白干涉色，斜消光，散乱分布，多绿泥石化和黏土化。角闪石（30%～35%），半自形-自形，短柱状、菱柱状，两组解理，平行消光。辉石（20%～25%），自形-半自形，短柱状，无多色性，两组近乎垂直的解理，具有阶梯状断口，分布于角闪石和斜长石周围，次生变化不明显。黑云母（5%～10%），一组解理，片状，自形晶，颜色多为褐色。不透明、半透明矿物：他形，呈粒状、粒状集合体状产出，分散分布，多与角闪石伴生，为磁铁矿、钛铁氧化物等（图 6-5c、图 6-5d）。

辉绿岩：灰色-灰绿色，灰绿结构、块状构造。主要由辉石（25%～30%）、基性斜长石（10%～20%）、橄榄石（5%～10%）、石英（2%～8%）和少量副矿物（2%～5%）组成。基性斜长石自形程度较高，晶形较完整，呈板状，未见聚片双晶，部分蚀变为绿泥石和钠长石。辉石粒径为 0.6～1.5mm，相间分布在斜长石四周。石英呈他形粒状，粒径为 0.5～1mm，多分布在斜长石四周，副矿物以磁铁矿和钛铁矿为主。

英安岩：灰色-灰白色，粒径为 0.5～3.8mm，斑状结构，块状构造。与汉源手标本不同，未见肉红色钾长石颗粒。斑晶为斜长石（20%～25%）、角闪石（5%～15%）和黑云母（3%～5%），基质为长石（15%～25%）和石英（10%～15%），镜下可见流纹构造。角闪石颗粒较小，粒径为 0.1～0.3cm，黑云母占 3%～5%，片状，镜下可见他形-半自形粒状的石英颗粒，和斜长石交错分布；斜长石呈半自形短柱-板柱状，具聚片双晶，晶纹模糊，岩石整体蚀变较严重，多见绿泥石化和绿帘石化等。

安山岩：深灰-褐灰色，斑状结构，块状结构。斑晶由斜长石（20%～35%）和暗色矿物（15%～25%）组成。斜长石呈板状、片状，以中长石和拉长石为主，可见溶蚀结构。基质具安山结构，由微晶斜长石、辉石、绿泥石和玻璃质组成，少量石英（2%～5%）充填在微晶间隙中，副矿物以磷灰石、钛铁矿和磁铁矿为主。

流纹岩：褐色，具斑状结构。由斑晶（石英占 15%～25%，斜长石占 10%～15%，黑云母占 5%～8%）和基质（占 25%～35%）组成（图 6-6）。石英斑晶呈无色，表面干净，他形粒状，粒径为 0.5～2mm，可见溶蚀湾、棱角状等外形（图 6-6e、图 6-6f）；斜长石斑晶呈无色带灰色调，板状、次棱角状等，粒径为 0.5～1.5mm，部分呈自碎状，可见聚片双晶，具弱黏土化。基质：灰色调，呈带状、条带状等，由隐晶-微晶状长英质组成，分布于斑晶四周，具定向排列现象。

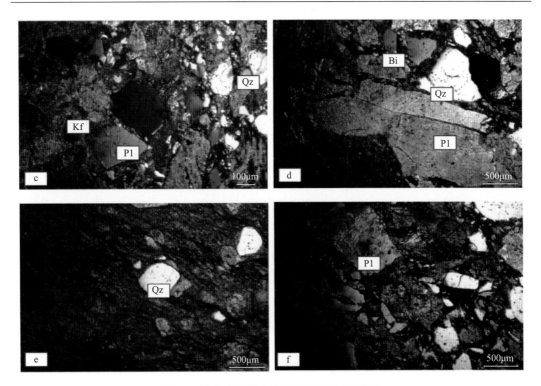

图 6-6　冕宁中酸性火山岩手标本及镜下照片

Qz：石英；Pl：斜长石；Kf：钾长石；Bi：黑云母

　　流纹质凝灰岩：灰色-灰白色，凝灰结构，块状构造，由晶屑（20%～35%）胶结物（35%～55%）组成。晶屑：石英，无色，他形粒状，粒径为 0.5～2mm，正低凸起，一级黄白干涉色，形态多样，常呈自碎状、溶蚀湾状、次圆状、棱角状等外形。碱性长石：无色带灰色调，板状、次棱角状等，具绢云母化和高岭土化。胶结物主要由火山灰和少量黑云母组成。黑云母多绢云母化，无色带褐灰色调，隐晶-显微鳞片状，条纹状富集，定向排列，条纹分支聚合，使岩石显示变余假流纹构造。还有少量不透明矿物（3%～5%），短柱状，粒状集合体状，散乱分布，多为磁铁矿、钛铁氧化物等。

6.3　苏雄组火山岩元素地球化学特征

　　本次系统地采集了研究区基性-酸性火山岩样品共 33 件进行研究，包含汉源地区 23 件、冕宁地区 10 件。汉源、冕宁地区基性火山岩类样品的化学成分分析结果见表 6-3，编号 DH 为汉源样品，编号 DTW 为冕宁样品。33 件样品的全岩主量、微量和稀土元素分析测试均在核工业二三〇研究所测试中心完成。在此基础上，收集前人在该地区所获得的基性岩地球化学测试结果（编号 99KD 为引用李献华等（2005）的数据），并使用相关的地球化学图解进行投图，与本次获得的数据进行对比分析，反映该地区火山岩的地球化学特征，并在后续章节探讨岩石构造动力学背景。

表 6-3　汉源、冕宁地区基性火山岩类主量元素含量表（%）

样品编号	样品描述	MgO	Al_2O_3	SiO_2	P_2O_5	K_2O	Na_2O	CaO	TiO_2	MnO	Fe_2O_3	FeO	LOI
DHY02	玄武岩	7.46	16.46	48.20	0.28	0.54	1.41	2.62	2.12	0.77	12.17	7.67	6.05
DTW01	辉绿岩	4.02	13.71	48.39	0.463	2.04	1.98	7.07	2.61	0.16	11.25	7.92	6.81
DTW03	玄武岩	3.07	13.37	45.05	0.49	1.34	3.58	7.66	2.88	0.23	13.45	6.66	7.05
DTW11	玄武岩	2.63	13.25	52.93	0.49	3.32	1.67	6.04	2.38	0.23	12.98	8.33	2.27
99KD21-1[1]	玄武岩	5.47	14.02	50.29	0.70	2.98	1.42	4.47	3.18	0.31	16.97	/	3.35
99KD22-1[1]	玄武岩	9.03	13.36	45.49	0.31	1.47	1.41	10.68	2.54	0.21	15.18	/	2.05
99KD22-2[1]	玄武岩	8.94	12.87	44.14	0.40	1.22	1.41	10.92	2.62	0.17	17.76	/	2.02
99KD22-3[1]	玄武岩	10.71	13.86	43.93	0.41	1.13	0.99	12.00	2.64	0.17	14.21	/	3.01
99KD22-4[1]	玄武岩	10.08	12.20	47.37	0.50	2.09	2.33	9.10	2.39	0.17	14.23	/	2.78
99KD22-5[1]	玄武岩	11.36	13.43	42.83	0.51	0.70	0.03	15.78	2.30	0.27	12.29	/	3.05
99KD22-6[1]	玄武岩	8.06	14.47	45.27	0.35	1.72	2.33	8.80	2.86	0.19	15.7	/	2.98
99KD22-7[1]	玄武岩	6.88	14.63	44.57	0.32	0.39	1.01	15.10	2.34	0.14	15.14	/	2.51
99KD22-8[1]	玄武岩	7.15	14.12	48.83	0.29	1.49	2.04	10.40	2.59	0.17	13.06	/	1.85

6.3.1　基性火山岩类地球化学特征

1. 主量元素地球化学特征

本次获得数据较李献华等（2005）的数据，烧失量较高，MgO、CaO 和 Fe_2O_3 的含量较低，认为与本次获得样品强烈的蚀变有关。其余氧化物含量相当，数据具有一定的可信度。

苏雄组基性火山岩类样品均具有一定的烧失量（1.85%～7.05%），岩石总量处于误差范围内（98.58%～100.51%）。主量元素中 SiO_2 含量为 42.83%～52.93%，平均含量为 46.71%，Al_2O_3 含量较高，变化范围为 12.20%～16.46%，平均含量为 13.83%；MgO 含量变化范围较大，为 2.63%～11.36%，平均含量为 7.30%；CaO 含量为 2.62%～15.78%，平均含量为 9.28%；K_2O 含量为 0.39%～3.32%，平均含量为 1.57%；Na_2O 含量为 0.03%～3.58%，平均含量为 1.66%；全碱（$Na_2O + K_2O$）含量为 0.73%～4.99%，平均含量为 3.23%，K、Na 含量相近；MnO 含量为 0.14%～0.77%，平均含量为 0.25%；TiO_2 含量为 2.12%～3.18%，平均含量为 2.57%；P_2O_5 含量为 0.28%～0.70%，平均含量为 0.42%；Fe_2O_3 含量为 11.25%～17.76%，平均含量为 14.18%。将本次测试的数据去除烧失量重新换算成 100% 用于样品投图，在基性火山岩全碱-硅（TAS）分类图解（图 6-7）中，岩石样品大部分落于玄武岩和玄武质安山岩区域（碱性和亚碱性岩石均有），DHY10、DHY11、DTW11 落于玄武质安山岩区域内，其他样品投点于玄武岩类和苦橄玄武岩区域。在 SiO_2-K_2O 图解（图 6-8）中，岩石样品大多投点于钾玄武系列和高钾钙碱性系列岩石，样品 DHY02 和

99KD22-7 属于钙碱性系列岩石。考虑到岩石后期蚀变的影响，低场强元素（K、Na、Rb、Sr、Ba 等）易发生迁移改变岩石的元素组成，而高场强元素（Ti、Zr、Hf、Th、Ta 等）和主量元素在变质过程中不易发生迁移，可以代表原岩的岩石成因和构造环境。本书选择 Nb/Y-SiO$_2$ 图解（图 6-9）来进一步讨论岩石的类型，岩石样品投点大多位于亚碱性玄武岩和碱性玄武岩区域；在玄武岩岩浆系列 Ta/Yb-Ce/Yb 图解（图 6-10）中，样品 DHY02、DTW03 和 DTW11 微量元素含量高于其他样品 42～100 倍，具热液改造元素富集效应，投图无意义；其余岩石样品投点于钙碱性系列和钾玄质系列，属于钙碱性钾玄武质岩石。

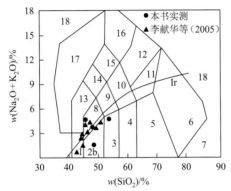

1. 苦橄玄武岩；2b. 亚碱性辉长岩；3. 玄武安山岩；4. 安山岩；5. 英安岩；6. 流纹岩；7. 英石岩；8. 粗面玄武岩；9. 玄武岩质粗面安山岩；10. 粗面安山岩；11. 粗面英安岩；12. 粗面岩；13. 碱玄岩；14. 响质碱玄岩；15. 碱玄质响岩；16. 响岩；17. 副长火山岩；18. 方钠岩/霞石岩/纯白榴岩；Ir. Irvine 分界线，上方为碱性、下方为亚碱性

图 6-7 基性火山岩全碱-硅（TAS）分类图解

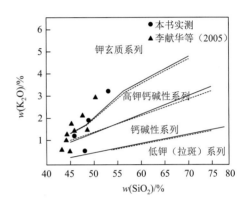

图 6-8 基性脉岩 SiO$_2$-K$_2$O 图解

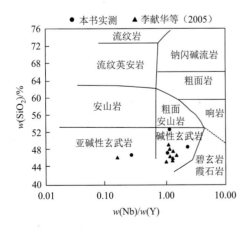

图 6-9 基性火山岩 Nb/Y-SiO$_2$ 判别图解

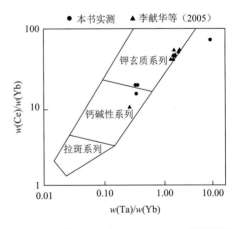

图 6-10 基性火山岩 Ta/Yb-Ce/Yb 判别图解

Fe^{2+} 和 Mn^{2+} 有相同的电价和相近的离子半径，在地幔岩浆熔融和结晶分异过程中，Fe/Mn 已被用于判断岩浆源区组成特征（Humayun et al.，2004）。研究表明，Fe 和 Mn

在橄榄石和辉石中属于中等不相容元素，在辉石中的分配系数比值为 $D_{Fe}/D_{Mn}<1$，橄榄石中分配系数比值为 $D_{Fe}/D_{Mn}>1$（Walter，1998；Pertermann and Hirschmann，2003）。本次获得基性火山岩 Fe/Mn 为 14.37～97.85，区别于地幔橄榄岩包体 Fe/Mn 平均值（60±10），玄武岩 Fe/Mn 平均值为 59±9；MORB（洋中脊玄武岩）Fe/Mn 平均值为 55～59；OIB（洋岛玄武岩）Fe/Mn 平均值小于 60；IAB（岛弧玄武岩）Fe/Mn 平均值为 54～59。在 MgO 与 Cr、Ni 相关关系图（图 6-11）中，MgO 含量低于 10% 时，MgO 和 Cr、Ni 含量呈正相关关系，与橄榄石、辉石的结晶分异有关；MgO 含量大于 10% 时，MgO 与 Cr、Ni 含量呈负相关关系，这种负相关关系推测与绿泥石化相关。Fe/Mn 与 La/Yb 和 Cr 关系图解（图 6-12）中，Fe/Mn 与 La/Yb 呈正相关关系、Fe/Mn 和 Cr 呈明显正相关关系。研究表明经历高分异和地壳混染的岩石的 MgO 和 Cr 含量较低，Fe/Mn 较低，并具有明显的 Nb-Ta 亏损和较低的 Nd/Hf 同位素比值；反之则表明岩浆的结晶分异程度较低，未受到地壳混染作用，其 Fe/Mn 接近原始岩浆 Fe/Mn，表明岩浆结晶分异程度较低。

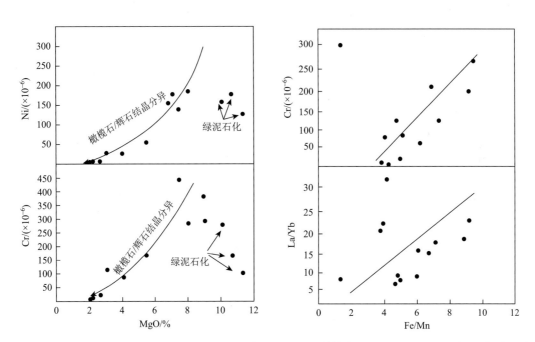

图 6-11　基性火山岩 MgO 与 Cr、Ni 相关关系　　图 6-12　基性火山岩 Fe/Mn、La/Yb 与 Cr 相关关系

本书引入典型基性岩类（夏威夷拉斑玄武岩、大陆拉斑玄武岩、亏损地幔、洋中脊玄武岩和岛弧拉斑玄武岩）主量元素进一步讨论苏雄组基性火山岩主量元素含量特征关系，其主量元素含量见表 6-4。数据表明：研究区苏雄组火山岩 SiO_2 平均含量为 46.71%，高于亏损地幔（DMM）SiO_2 平均含量，低于夏威夷拉斑玄武岩、大陆拉斑玄武岩（CFT）和岛弧拉斑玄武岩（IAT）平均含量，与洋中脊玄武岩（MORB）含量接近；TiO_2 平均含量为 2.57%，与夏威夷拉斑玄武岩含量相近，均高于其他典型基性岩平均含量；Al_2O_3 平均含量为 13.83%，与夏威夷拉斑玄武岩含量相近，远高于亏损地幔（DMM）平均含量，

较低于大陆拉斑玄武岩（CFT）、洋中脊玄武岩（MORB）和岛弧拉斑玄武岩（IAT）平均含量；Fe_2O_3 平均含量为 14.18%，高于夏威夷拉斑玄武岩和亏损地幔（DMM）平均含量，也高于洋中脊玄武岩（MORB）平均含量；MnO 平均含量为 0.25%，均较高于其他典型基性岩平均含量；CaO 平均含量为 9.28%，高于亏损地幔（DMM）平均含量，低于夏威夷拉斑玄武岩、大陆拉斑玄武岩（CFT）、洋中脊玄武岩（MORB）和岛弧拉斑玄武岩（IAT）平均含量；MgO 平均含量为 7.30%，远低于亏损地幔（DMM）平均含量，较低于夏威夷拉斑玄武岩、大陆拉斑玄武岩（CFT）和洋中脊玄武岩（MORB）平均含量，与岛弧拉斑玄武岩平均含量接近；Na_2O 平均含量为 1.66%，远高于亏损地幔（DMM）平均含量，较低于大陆拉斑玄武岩（CFT）、洋中脊玄武岩（MORB）和岛弧拉斑玄武岩（IAT）平均含量，与夏威夷拉斑玄武岩平均含量接近；K_2O 平均含量为 1.57%，均高于其他典型基性岩平均含量；P_2O_5 平均含量为 0.42%，远高于亏损地幔（DMM）和洋中脊玄武岩（MORB）平均含量，较高于夏威夷拉斑玄武岩、大陆拉斑玄武岩（CFT）和岛弧拉斑玄武岩（IAT）平均含量。从主量元素含量关系上得出，苏雄组基性火山岩主量元素含量特征与夏威夷拉斑玄武岩相似，推测具有相似的地球化学行为。

表 6-4　苏雄组基性火山岩类与典型基性岩类主量元素含量表

主要氧化物/%	苏雄组	夏威夷拉斑玄武岩[1]	大陆拉斑玄武岩（CFT）[2]	亏损地幔（DMM）[1]	洋中脊玄武岩（MORB）[2]	岛弧拉斑玄武岩（IAT）[2]
SiO_2	46.71	49.4	50.01	44.71	48.77	51.9
TiO_2	2.57	2.5	1	0.13	1.15	0.8
Al_2O_3	13.83	13.9	17.08	3.98	15.9	16
Fe_2O_3	14.18	11.23	—	8.18	1.33	—
MnO	0.25	0.16	0.14	0.13	0.17	0.17
CaO	9.28	10.3	11.01	3.17	11.16	11.8
MgO	7.30	8.44	7.84	38.73	9.67	6.77
Na_2O	1.66	1.84	2.44	0.13	2.43	2.42
K_2O	1.57	0.38	0.27	0.006	0.08	0.44
P_2O_5	0.42	0.26	0.19	0.019	0.09	0.11

注：[1]引自鄢全树（2008）；[2]引自 Pertermann 和 Hirschmann（2003）。

研究区基性火山岩类 MgO 含量与其他主量元素和 CaO/Al_2O_3 之间的变化关系表明，MgO 含量低于 6% 时，MgO 和 Fe_2O_3、TiO_2 和 CaO 均呈正相关关系，这部分样品的元素在岩浆演化过程中存在橄榄石和辉石的结晶；MgO 和 K_2O、Na_2O 和 P_2O_5 均呈负相关关系，表明该类岩石的元素在岩浆演化过程中未参与结晶演化，岩浆房中元素富集；MgO 含量高于 6% 时，MgO 和 CaO、K_2O 和 P_2O_5 呈正相关关系，而与 Al_2O_3、MnO 和 SiO_2 的相关性不明显，可能与岩石后期遭受部分蚀变影响相关。MgO 含量降低方向代表岩浆演化趋势，橄榄石结晶对 CaO 和 Al_2O_3 的比值影响较小，当 CaO 和 Al_2O_3 比值随着 MgO 比值降低时，则表明岩浆演化过程中更可能存在辉石的结晶分异（张国良等，2010）。

2. 微量及稀土元素地球化学特征

与主量元素相比，微量元素能够提供更加丰富的信息，包括岩浆作用过程、构造动力学背景和地壳演化等。例如，大离子亲石元素（large-ion lithophile element，LILE）K、Rb、Cs、Ba、Sr 等，离子半径大，离子电荷大，易溶于水，化学性质活泼，是地壳演化和地质作用发生的示踪剂；高场强元素（high field-strength element，HFSE）Nb、Ta、Zr、Hf、Th、HREE 等，离子半径小，电荷高，难溶于水，化学性质稳定，常作"原始"物质组成的示踪剂；而放射性生热元素 Th、U 等，可以通过研究演化地球热状态的相关信息（Carlson，1995）；微量元素 Zr/Hf、Nb/Yb、Yb/Nb、Nb/Ta、Ti/V 常用来判别岩石构造环境、岩浆结晶分异程度和岩石部分熔融程度等。

在主量元素中已经探讨了 MgO 与 Cr、Ni 之间的关系，认为其指示了橄榄石和辉石的结晶分异作用。分配系数（D）小于 1 的不相容元素因受其离子半径、电荷和化合键限制，很难进入造岩矿物中，在残余岩浆和热液中相对富集。不相容元素 Y、Sr、Zr 和 Ba 与 MgO 的含量关系表明，部分样品的 Sr、Ba 含量有较大差别，推测与岩浆结晶分异演化过程相关。在 MgO 含量低于 4%时，Y 和 Zr 与 MgO 呈正相关关系，Ba 和 Sr 与 MgO 呈负相关关系；MgO 含量大于 6%时，Y、Zr 和 Ba 与 Mg 不具明显相关关系，Sr 和 MgO 具有正相关关系。这与主量元素中讨论的 MgO 与 Cr、Ni 之间的关系相似，在 MgO 含量较低时，岩石受到橄榄石和辉石结晶分异作用的影响，在 MgO 含量较高时出现的关系与岩石后期遭受绿泥石化和早期结晶分离矿物的堆晶作用影响。大离子亲石元素 Ba 与 MgO 变异图解推测在矿物晶格中，部分 Ba 占据了 K 的位置，因而在结晶分异过程中，部分样品 Ba 在结晶固相中富集，部分在残余熔体中贫化，出现了投点散乱的现象。

为进一步查明研究区基性火山岩微量元素特征，本书引入 OIB（洋岛玄武岩）、N-MORB（大洋中脊玄武岩）、E-MORB（大洋中脊）和原始地幔（PUM）的微量元素平均值进行对比研究，其微量元素原始地幔标准化蛛网图如图 6-13 所示。样品 DHY02、DTW03 中 Th、U、Nb、Ta 元素较其他样品明显富集，属于铀矿化岩石，与后期的热液蚀变相关。除样品 DHY02 和 DTW03 外，本次采集样品和李献华等所作样品微量元素蛛网图具有相似性，区别在于本次采集的基性岩贫 Sr，较富集 Ce，本次采集样品微量元素整体含量更高。相比洋岛玄武岩（OIB）、大洋中脊玄武岩（N-MORB）和大洋中脊异常玄武岩（E-MORB）微量元素蛛网图，苏雄组基性火山岩富集 Rb、U、Th、Ba 等大离子亲石元素和 Ta、Nb 等高场强元素，部分样品出现 Sr 负异常和 Ce 负异常，可能与岩石遭受后期蚀变的影响有关。微量元素含量较 E-MORB 和 N-MORB 更富集，与 OIB 玄武岩微量特征相似，岛弧玄武岩微量元素含量较低且 Nb、Ta 负异常，明显区别于苏雄组基性火山岩，暗示了苏雄组基性火山岩可能与 OIB 同源的岩浆热液相关。

典型玄武岩的不相容元素比值含量如表 6-5 所示，苏雄组基性火山岩 Th/U 平均值为 3.37，与 E-MORB 和 OIB 比值接近，较低于 PUM 比值；Nb/Ta 为 11.94，低于 N-MORB、E-MORB、OIB 和 PUM 比值，本次采集样品微量元素中 U、Ta 含量出现正相关关系，与岩石遭受后期热液相关；Zr/Hf 为 38.33，接近 PUM 比值；La/Nb 为 1.21，接近 N-MORB 的

La/Nb；Rb/Nb 为 3.56，高于其他典型玄武岩的比值；Ce/Yb 为 26.97，接近 OIB 的 Ce/Yb，高于 N-MORB、E-MORB 和 PUM 的比值。总体上看，苏雄组部分不相容元素比值与典型玄武岩相差较大，更加富集 U、Ta、Rb 等元素，与 OIB 元素特征较为接近。

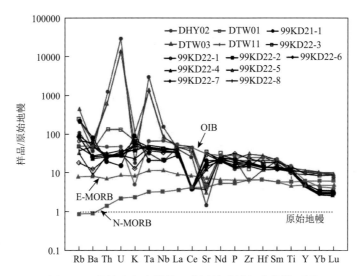

图 6-13　基性火山岩微量元素原始地幔标准化蛛网图

[99KD 样品引自李献华（2005）]

表 6-5　苏雄组火山岩典型玄武岩的不相容元素比值含量表

元素	苏雄组基性火山岩	N-MORB*	E-MORB*	OIB*	PUM*
Th/U	3.37	2.55	3.33	3.92	4.05
Nb/Ta	11.94	17.65	17.66	17.7	17.83
Zr/Hf	38.33	36.1	35.96	35.9	36.25
La/Nb	1.21	1.07	0.76	0.77	0.94
Rb/Nb	3.56	0.24	0.61	0.65	0.87
Ce/Yb	26.97	2.46	6.32	37.04	3.6

注：*引自 Sun 和 McDonough（1989）。

苏雄组基性火山岩稀土元素球粒陨石配分模式曲线如图 6-14 所示。整体上看，富集轻稀土，亏损重稀土，ΣREE（不含 Y）的含量为 $127.4×10^{-6}$～$246.88×10^{-6}$，平均含量为 $168.04×10^{-6}$；LREE 含量为 $4.704×10^{-6}$～$213.24×10^{-6}$，平均含量为 $126.54×10^{-6}$；HREE 含量为 $2.729×10^{-6}$～$38.07×10^{-6}$，平均含量为 $21.63×10^{-6}$，LREE/HREE 为 1.32～9.51，平均值为 6.04。样品$(La/Yb)_N$ 为 3.38～15.20，平均值为 8.99，轻重稀土分馏明显，与岩浆源区部分熔融的程度有关，在熔融程度较低时，轻稀土更易进入熔体之中；配分曲线上 Ce 无明显异常（δCe 为 0.79～1.15，平均值为 0.94），少数样品 δCe 轻微负异常可能与岩体和流体发生的相互作用相关；Eu 无明显异常（δEu 为 0.74～1.12，平均值为

0.98），个别样品 δEu 小于 1，与长石的堆积作用有关（田建民等，2020），Ba 离子半径和 Ca 相近，导致在关系图解中值域较宽。E-MORB 和 N-MORB 的 ΣREE 分别为 49.09×10^{-6} 和 39.11×10^{-6}，均低于苏雄组基性火山岩稀土总含量，稀土总含量和配分模式曲线都与 OIB 接近。

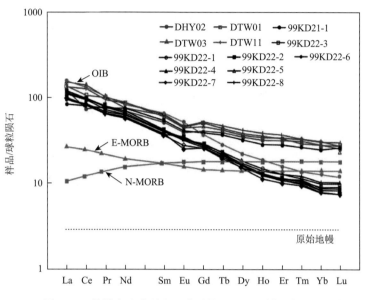

图 6-14　基性火山岩稀土元素球粒陨石配分模式曲线图

［99KD 样品引自李献华（2005）］

6.3.2　中酸性火山岩地球化学特征

1. 主量元素地球化学特征

汉源和冕宁地区样品均具有一定的烧失量（汉源 LOI 为 0.813%～8.06%，平均值为 2.51%；冕宁 LOI 为 0.892%～2.27%，平均值为 1.46%），岩石总量处于误差范围（汉源：99.41%～99.82%；冕宁：99.71%～99.89%）内。

汉源地区中酸性火山岩 SiO_2 含量为 57.25%～77.02%，平均含量为 69.68%，属于酸性岩范畴；MgO 含量为 0.123%～3.93%，平均含量为 0.84%；Al_2O_3 含量较高，变化范围为 11.65%～22.4%，平均含量为 14.84%；P_2O_5 含量为 0.026%～0.636%，平均含量为 0.12%；全碱（$K_2O + Na_2O$）含量为 4.60%～8.38%，平均含量为 6.69%，K 含量高于 Na 含量，K/Na 均大于 1；MnO 含量较低，变化范围为 0.027%～0.297%，平均含量为 0.07%；Fe_2O_3 含量为 0.49%～8.98%，平均含量为 2.85%；FeO 含量为 0.181%～3.53%，平均含量为 0.83%，Fe_2O_3 含量为 1.62%～9.28%，平均含量为 3.39%，处于全国酸性火山岩的平均范围内。铝饱和指数 A/CNK 为 1.10～3.59，平均值为 2.40，A/NK 为 0.98～2.87，平均值为 1.92。

冕宁地区样品 SiO_2 含量为 70.14%～79.69%，平均含量为 74.89%，属于酸性火山岩类别；MgO 含量为 0.11%～0.744%，平均含量为 0.34%；Al_2O_3 变化范围为 10.21%～13.12%，平均含量为 11.83%；TiO_2 含量为 0.088%～0.5%，平均含量为 0.20%；CaO 含量处于 0.12%～2.39%，平均含量为 0.95%；MnO 含量为 0.05%～0.9%，平均含量为 0.06%；P_2O_5 变化范围为 0.02%～0.17%，平均含量为 0.06%；Fe_2O_3 含量为 1.1%～4.05%，平均含量为 1.93%；FeO 含量为 0.21%～1.86%，平均含量为 0.76%；全碱（$K_2O + Na_2O$）含量为 6.42%～7.67%，平均含量为 7.13%；Fe_2O_3 含量为 1.30%～4.85%，平均含量为 2.50%，处于全国酸性火山岩的平均范围内。铝过饱和指数 A/CNK 为 0.82～1.23，平均值为 1.06，A/NK 为 1.05～1.72，平均值为 1.24。

去除烧失量重新换算成 100%后，根据中酸性火山岩 SiO_2 和全碱含量进行岩石全碱硅 TAS 图解投图，汉源和冕宁样品分开投图（图 6-15）。汉源中性岩样品主要投点于安山岩、英安岩和粗面安山岩区域，酸性岩投点位于流纹岩区域；冕宁样品投点均位于流纹岩区域，两区域岩性一致，所有样品均属于亚碱性系列岩石。在 SiO_2-K_2O 图解（图 6-16）中，汉源样品投点于钾玄质系列和高钾钙碱性系列，仅有 DHY03 位于钙碱性系列；冕宁样品投点散乱，四个系列岩石均有，推测岩石 K 元素遭受后期热液活动的改造。在火山岩 A/CNK-A/NK 图解（图 6-17）中，汉源样品仅有 DHY03 落于过碱质区域，其余中酸性火山岩均位于过铝质岩石区域；冕宁中酸性火山岩投点位于准铝质和过铝质区域，主流观点认为过铝质岩石由地壳富含铝质沉积物部分熔融形成（Sylvester，1998）。碱度率 $AR = [Al_2O_3 + CaO + (Na_2O + K_2O)]/[Al_2O_3 + CaO-(Na_2O + K_2O)]$，汉源中酸性火山岩 AR 为 1.93～5.34，平均值为 2.82；冕宁中酸性火山岩 AR 为 2.90～4.28，平均值为 3.63。在 AR-SiO_2 图解（图 6-18）中，汉源、冕宁中酸性火山岩均投点于钙碱性系列和碱性系列区域，属于钙碱性-碱性系列岩石。综上所述，汉源、冕宁地区苏雄组中酸性火山岩主量元素具有相似的地球化学特征，表现为高硅、高钾、高钙、强过铝质特征，属于碱性-钙碱性岩石。

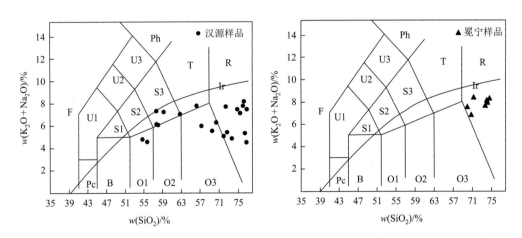

图 6-15　苏雄组中酸性火山岩全碱-硅（TAS）图解

Pc：苦橄玄武岩；B：玄武岩；O1：玄武安山岩；O2：安山岩；O3：英安岩；R：流纹岩；S1：粗面玄武岩；S2：玄武质粗面安山岩；S3：粗面安山岩；T：粗面岩；F：副长石岩；U1：碱玄岩、碧玄岩；U2：响岩质碱玄岩；U3：碱玄质响岩；Ph：响岩；Ir：分界线，上方为碱性，下方为亚碱性

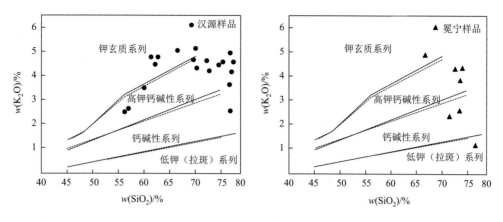

图 6-16 苏雄组中酸性火山岩 SiO₂-K₂O 图解

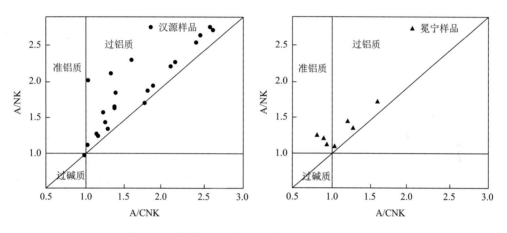

图 6-17 苏雄组中酸性火山岩 A/CNK-A/NK 图解

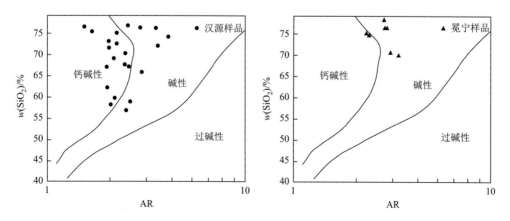

图 6-18 苏雄组中酸性火山岩 AR-SiO₂ 图解

2. 微量及稀土元素地球化学特征

苏雄组中酸性火山岩整体具有低 Y（含量为 $9.9 \times 10^{-6} \sim 223 \times 10^{-6}$，平均含量为 55.71×10^{-6}）、低 Yb（含量为 $1.24 \times 10^{-6} \sim 20.2 \times 10^{-6}$，平均含量为 5.49×10^{-6}）和低 Sr（$7.7 \times 10^{-6} \sim 149 \times 10^{-6}$，平均含量为 33.29×10^{-6}），Sr/Y 为 $0.06 \sim 3.05$，平均值为 0.93，明显区别于埃达克岩的高 Sr 和高 Sr/Y 特征。汉源、冕宁地区中酸性火山岩微量元素蛛网图如图 6-19 所示，两地区的岩石均具有富集 Th、U、Rb 等不相容元素，亏损 Ba、Sr、Ti、P 等元素。汉源地区岩石微量元素图解中 DHY03 样品相比较其他样品富集 U、Th、Ta 元素；DHY09 样品较其他样品富集 La、Ce、Sm、Y 等元素；剩余样品的微量元素蛛网图相近。冕宁地区样品的微量元素蛛网图整体表现富集 U、Th、Ta、Sm、Nd 元素，特别是 DTW05、DTW06 样品，U 含量较低的情况下，Ta 元素也出现异常低值。两地区岩石相比，冕宁样品相比汉源样品更加富集 U、Th，这与采样点位置密切相关（冕宁样品采集于铀矿点附近）；除 U、Th、Ta 等高场强元素外，两地区的微量元素蛛网图相似，具有相似的地球化学特征。原始地幔中 Nb、Ta 的平均丰度为 0.713×10^{-6} 和 0.041×10^{-6}，汉源地区岩石 Nb 含量为 $10.8 \times 10^{-6} \sim 33.9 \times 10^{-6}$，平均含量为 19.56×10^{-6}，Ta 含量为 $0.8 \times 10^{-6} \sim 23.3 \times 10^{-6}$，平均含量为 2.80×10^{-6}，Nb/Ta 为 $1.48 \sim 13.07$，平均比值为 10.58，处于大陆地壳 Nb/Ta（$10 \sim 14$）范围内；冕宁地区岩石 Nb 含量为 $6.59 \times 10^{-6} \sim 69.3 \times 10^{-6}$，平均含量为 33.62×10^{-6}，Ta 含量为 $0.64 \times 10^{-6} \sim 61.1 \times 10^{-6}$，平均含量为 20.5×10^{-6}，Nb/Ta 为 $1.13 \sim 10.72$，平均值为 6.39，低于原始地幔 Nb/Ta 平均值（17.5），较低于大陆地壳 Nb/Ta（$10 \sim 14$）；两地区岩石 Zr、Hf 含量变化范围较大，汉源地区岩石 Zr 最高含量达 377×10^{-6}，冕宁地区岩石 Zr 最高含量达 149×10^{-6}，暗示了苏雄组火山岩中锆石等富含 Zr 元素的矿物在源区富集并发生熔融。汉源地区岩石中基性相容组分 Co（$0.84 \times 10^{-6} \sim 23.3 \times 10^{-6}$，平均含量为 4.65×10^{-6}），Ni（$0.54 \times 10^{-6} \sim 12.3 \times 10^{-6}$，平均含量为 2.94×10^{-6}），Cr（$4.62 \times 10^{-6} \sim 30.4 \times 10^{-6}$，平均含量为 14.57×10^{-6}），变化范围较大，含量较高；冕宁地区岩石中基性相容组分 Co（$0.59 \times 10^{-6} \sim 9.06 \times 10^{-6}$，平均含量为 3.02×10^{-6}），Ni（$1.13 \times 10^{-6} \sim 5.33 \times 10^{-6}$，平均含量为 2.77×10^{-6}），Cr（$8.75 \times 10^{-6} \sim 28.5 \times 10^{-6}$，平均含量为 15.33×10^{-6}），变化范围较大，含量与汉源地区接近；汉源地区岩石中 Sr 含量为 $10.3 \times 10^{-6} \sim 91.7 \times 10^{-6}$，平均含量为 30.38×10^{-6}，小于 100×10^{-6}，Yb 含量为 $3.01 \times 10^{-6} \sim 20.2 \times 10^{-6}$，平均含量为 5.11×10^{-6}，大于 2×10^{-6}，为"非常低 Sr 高 Yb 型"火山岩（张旗等，2012）；汉源地区岩石 Rb/Sr（$1.01 \sim 28.91$，平均比值为 11.41），Th/U（$0.36 \sim 14.82$，平均值为 7.66）；冕宁地区岩石 Rb/Sr（$1.72 \sim 17.73$，平均值为 9.83），Th/U（$0.14 \sim 3.00$，平均值为 0.65），较高的比值暗示了苏雄组中酸性火山岩的原岩物质为陆壳物质。

汉源地区苏雄组中酸性火山岩稀土元素 ΣREE 含量为 $151.54 \times 10^{-6} \sim 1839.2 \times 10^{-6}$，平均含量为 325.34×10^{-6}，较基性岩稀土元素总量较高；LREE 含量为 $122.98 \times 10^{-6} \sim 1641.23 \times 10^{-6}$，平均含量为 287.57×10^{-6}；HREE 含量为 $17.08 \times 10^{-6} \sim 197.98 \times 10^{-6}$，平均含量为 37.76×10^{-6}；LREE/HREE 为 $4.30 \sim 11.61$，平均值为 7.74；La_N/Yb_N 为 $4.10 \sim 19.60$，平均值为 9.85，表明汉源地区中酸性火山岩轻、重稀土分异明显，同时 La_N/Eu_N 平均值为

11.23，Gd_N/Lu_N 平均值为 1.68，表明轻稀土内分异明显，而重稀土内分异不明显。$\delta Eu = 0.07 \sim 1.83$，平均值为 0.44，显著亏损，结合主量元素中较低的 Ca 元素含量，推测在岩浆分异结晶过程中，富含 Ca 的基性斜长石残留在源区，造成 Eu 负异常；$\delta Ce = 0.30 \sim 1.95$，平均值为 0.91，无明显的异常。

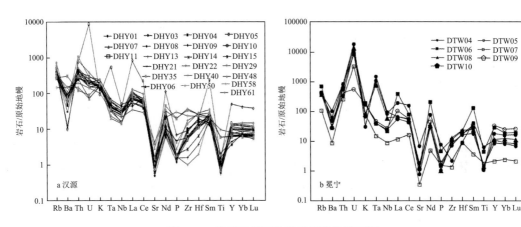

图 6-19　微量元素原始地幔标准化蛛网图

冕宁地区中酸性火山岩稀土元素 ΣREE 含量为 $56.37 \times 10^{-6} \sim 957.06 \times 10^{-6}$，平均含量为 386.37×10^{-6}，与汉源地区稀土总量接近；LREE 含量为 $48.86 \times 10^{-6} \sim 849.43 \times 10^{-6}$，平均含量为 335.89×10^{-6}；HREE 含量为 $7.51 \times 10^{-6} \sim 107.63 \times 10^{-6}$，平均含量为 50.48×10^{-6}；LREE/HREE 为 $3.50 \sim 13.88$，平均值为 6.87；La_N/Yb_N 为 $3.45 \sim 21.29$，平均值为 9.65，表明冕宁地区中酸性火山岩轻、重稀土分异明显，其中 La_N/Eu_N 平均值为 27.33，Gd_N/Lu_N 平均值为 2.03，表明轻稀土内分异明显，而重稀土内分异不明显。$\delta Eu = 0.07 \sim 0.42$，平均值为 0.16，显著亏损；$\delta Ce = 0.24 \sim 1.82$，平均值为 0.96，无明显异常。

在汉源、冕宁地区稀土元素球粒陨石标准化分布型式图（图 6-20）中，大部分样品投图呈右倾"V"字形模式，汉源 DHY09、冕宁 DTW06 稀土元素含量均较其他样品高，有轻微 Ce 负异常，样品 DHY29、DHY35 的 $\delta Eu > 0$，无负异常，DHY08 较其他汉源样品 $\delta Ce > 0$，为正异常；冕宁样品中 DTW06 和 DTW07 的 Ce 元素配分模式不一致，其中 DTW06 的 Ce 正异常，DTW07 的 Ce 负异常，研究指出岛弧岩浆岩中 Ce 负异常是由于岩浆体系中含大量的 Fe^{2+}，岛弧玄武岩 Ce 负异常是由于地壳物质参与地幔物质重熔的结果，实验表明岩浆过程中不可能产生 Ce 异常，经过地表过程之后（沉积和风化作用）的组分参与成岩过程会导致 Ce 异常（Schreiber et al.，1980），反映了托乌岩石样品形成的相对氧化-还原环境，以及原岩发生部分熔融，熔体参与岩浆作用之中，形成具有 Ce 异常的岩浆。整体上看，两地区的稀土元素配分模式曲线变化一致，暗示了两地区岩石形成环境和形成过程相似。

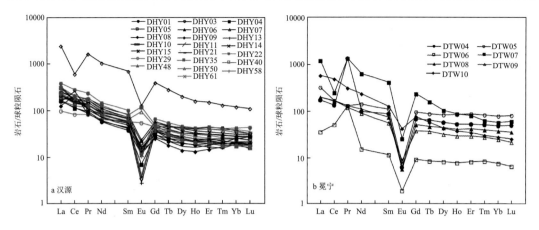

图 6-20　稀土元素球粒陨石标准化分配图

6.4　年代学特征

扬子地台西缘一直是国内外学者研究的重点区域，前人已针对苏雄组双峰式火山岩做了大量的年代学工作，确定了苏雄组火山岩的喷发年龄为 803±12Ma，将苏雄组火山岩年龄限定在 900～800Ma，之后的学者对苏雄组中的流纹岩、沉积凝灰岩、熔结凝灰岩进行 U-Pb 年代学分析，得到的年龄均处于 900～800Ma，为新元古代产物。本书采集铀矿点附近的岩石进行锆石 U-Pb 年代学研究，进一步厘定苏雄组双峰式火山岩的成岩时代和成矿时代，进而为探讨苏雄组火山岩与铀成矿的关系提供支持。

共挑选 7 件样品进行锆石 U-Pb 同位素分析，锆石的挑选、制靶及阴极发光图像拍摄均由广州拓岩检测技术有限公司完成。锆石测年和 Lu-Hf 同位素分析由南京聚普检测科技有限公司分别利用 LA-ICP-MS 和 MC-ICP-MS 完成，按照标准的测试方法和程序进行测试。

6.4.1　汉源地区锆石 U-Pb 测年结果

1. 汉源地区酸性火山岩类样品 DHY01

采集汉源地区苏雄组地层酸性火山岩类地表露头样品 DHY01 进行 U-Pb 同位素定年分析，将晶形完整、透明度高、环带清晰的锆石挑出制成样品靶，在透射光下和反射光下观察后进行阴极发光照相。共挑选出具有代表性的 29 颗锆石进行 LA-ICP-MS U-Pb 同位素定年分析，获得数据 29 组，同时在原点位利用 LA-ICP-MS 进行 Lu-Hf 同位素测试，获得 29 组 Lu-Hf 同位素数据。

1）锆石 CL 图像特征

汉源地区 DHY01 流纹岩样品的锆石阴极发光图像见图 6-21。锆石颗粒大多呈短柱状、长柱状或浑圆状，锆石颗粒大小不一，长 100～200μm，宽 50～100μm，长宽比为 2：1～1：1，晶形多为自形-半自形，具有明显的边界，锆石颗粒表面光滑，无颗粒物，晶体棱角明显，部分锆石颗粒破碎严重。根据锆石形态可以将其分为两类：一类是长：宽为 1∶1 的短柱状锆石，颜色多为灰黑色-灰色，环带较为清晰，晶形完整，少数锆石内部有明显裂纹，核部与边部颜色不一致，有边部暗、核部明亮，也有边部明亮、核部暗；另一类锆石多为长柱状，长：宽为 2∶1，颜色多为浅白色-灰白色，部分锆石晶核为亮白色无分带结构，边部颜色多较核部深。

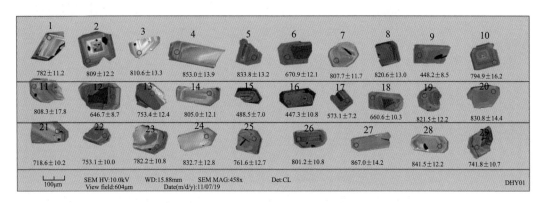

图 6-21 汉源地区 DHY01 流纹岩样品的锆石阴极发光图像

每颗锆石上面的数字为编号，下方数值为测点年龄（Ma）

2）锆石年代学特征

样品 DHY01 的锆石 U-Pb 同位素测试共获得 29 组数据。锆石的 Th-U 含量相关性如图 6-22 所示，所有锆石点位 Th/U 均大于 0.4，再根据锆石微量元素，将 U-Pb 数据协和的点位进行 La/(Sm/La)$_N$ 投图（图 6-23），大部分锆石点位于岩浆锆石系列。

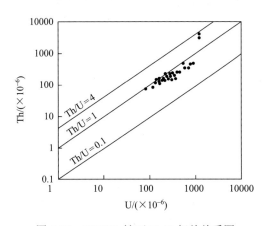

图 6-22 DHY01 锆石 Th/U 相关关系图

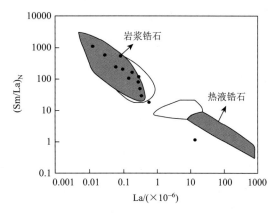

图 6-23 锆石类别判别图解

DHY01-16 测点的 $^{206}Pb/^{238}U$ 年龄为（447.3±10.8）Ma；DHY01-09 测点的 $^{206}Pb/^{238}U$ 年龄为（448.2±8.5）Ma；DHY01-15 的 $^{206}Pb/^{238}U$ 年龄为（488.5±7.0）Ma，三颗锆石的年龄均集中在 450Ma 附近，推测在 450Ma 左右发生过一次热事件。样品 DHY01-27 号测点的 $^{206}Pb/^{238}U$ 年龄为（867±14.2）Ma，为该样品获得的最老年龄，为继承锆石。大部分年龄集

中在（808.1±9.5）Ma，其余各组锆石数据之间具有较好的一致性，$^{206}Pb/^{238}U$ 表面年龄加权平均值为（808.1±9.5）Ma，MSWD=0.22，协和度为95%，为成岩年龄（图6-24）。

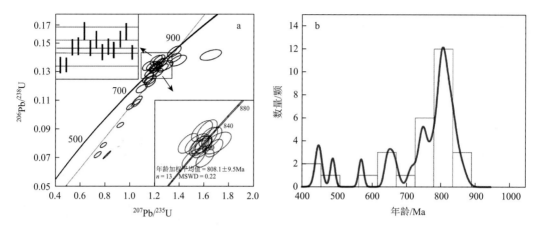

图6-24　汉源地区流纹岩样品DHY01锆石U-Pb年龄协和图及年龄频率分布图

2. 汉源地区中性火山岩类样品DHY11

在汉源地区采集中性岩类（英安岩）样品DHY11进行锆石U-Pb同位素测年研究。共挑选出具有代表性的31颗锆石进行LA-ICP-MS U-Pb同位素定年分析。

1）锆石CL图像特征

汉源地区DHY11英安岩锆石阴极发光图像如图6-25所示，锆石颗粒大多颜色较暗，多为短柱状至长柱状，少数破碎为不规则状，形态大小不一，锆石长60~180μm，宽50~100μm，长：宽为2∶1~1∶1，DHY11-12和DHY11-26号测点锆石具有明显的核-边结构，边部深、核部浅的变质增生边或变质重结晶边，DHY11-25测点锆石颗粒为亮白色振荡环带清晰的岩浆锆石，其余锆石颗粒均为灰色，有清晰的振荡环带，晶体较自形，少数形态破碎严重。

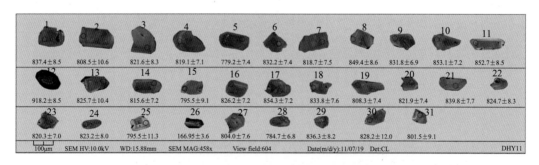

图6-25　汉源地区DHY11英安岩锆石阴极发光图像

每颗锆石上面的数字为编号，下方数值为测点年龄（Ma）

2）年代学特征

样品DHY11锆石Th、U含量相关关系如图6-26所示，大量测点锆石的Th/U在1

附近，仅有 6 颗锆石的 Th/U 大于 1，在锆石的微量元素判别图解（图 6-27）中，投点较为分散，落入岩浆锆石范围内的锆石共有 20 颗，11 颗锆石微量元素投点位于岩浆锆石外，结合锆石阴极发光图像和锆石 U-Pb 年龄协和图，这 11 颗锆石也属于岩浆锆石，投点散乱与锆石遭受后期热液影响有关。

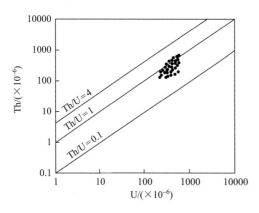 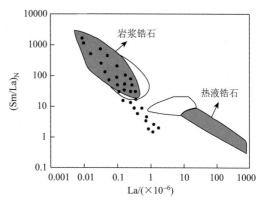

図 6-26　DHY11 锆石 Th/U 相关关系图　　　　図 6-27　锆石类别判别图解

31 颗锆石中，4 颗锆石获得的 U-Pb 同位素数据协和度小于 95%，27 组数据协和度大于 95%，得到锆石的 $^{206}Pb/^{238}U$ 协和曲线如图 6-28 所示，测点 DHY11-26 的 $^{206}Pb/^{238}U$ 年龄为（165.95±3.6）Ma，测点 DHY11-12 的 $^{206}Pb/^{238}U$ 年龄为（918.17±8.5）Ma，剩余 25 组锆石 $^{206}Pb/^{238}U$ 年龄加权平均值为（820.6±8.2）Ma（MSWD = 1.8），代表了英安岩的形成时代为新元古代。

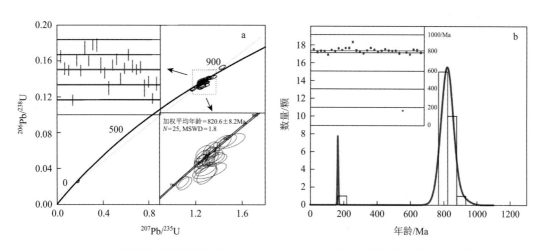

図 6-28　汉源地区英安岩样品 DHY11 锆石 U-Pb 年龄协和图及年龄频率分布图

3. 汉源地区酸性火山岩类样品 DHY59

在汉源地区采集苏雄组底部酸性火山岩类（花岗岩）样品 DHY59 进行锆石 U-Pb 同位素测年研究。共挑选出具有代表性的 30 颗锆石进行 LA-ICP-MS U-Pb 同位素定年分析。

1）锆石 CL 图像特征

汉源地区苏雄组底部与开建桥组接触部位的花岗岩样品锆石阴极发光图像如图 6-29 所示。锆石颗粒大多颜色较暗，多为短柱状至长柱状、浑圆状等，少数破碎为不规则状，晶面整洁光滑，锆石形态大小较均一，长 100~220μm，宽 40~80μm，长：宽为 1：1~2.2：1，DHY59-30 号测点锆石具有明显的核-边结构，边部深、核部浅的变质增生边或变质重结晶边，少数锆石晶核为亮白色无分带结构，大部分锆石可见明显的核-边结构，晶核多为灰黑色的振荡环带的岩浆锆石。

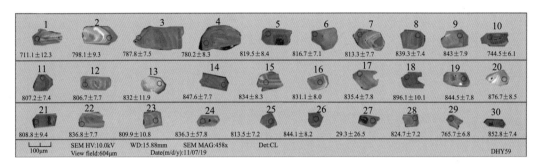

图 6-29　汉源地区 DHY59 花岗岩锆石阴极发光图像

每颗锆石上面的数字为编号，下方数值为测点年龄（Ma）

2）年代学特征

DHY59 锆石的 Th、U 含量相关关系如图 6-30 所示，30 颗测点锆石的 Th/U 范围在 1 附近，在锆石的微量元素判别图解（图 6-31）中，投点较为分散，但总体上以岩浆锆石为主，部分锆石受后期热液影响。

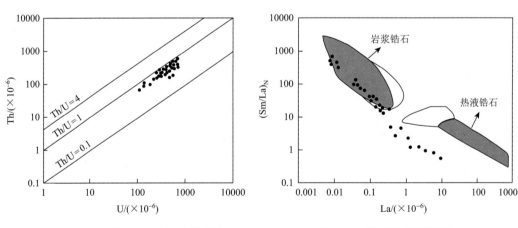

图 6-30　DHY59 锆石 Th/U 相关关系图　　　　图 6-31　锆石类别判别图解

剩余在协和度大于 95% 的 25 组数据中，20 颗锆石的 $^{206}Pb/^{238}U$ 年龄比较集中（图 6-32），在 847.6~798.1Ma，其 $^{206}Pb/^{238}U$ 年龄加权平均值为（823±13）Ma（MSWD = 2.3），代表了其岩浆结晶的时间，也代表了花岗岩的形成时代，为新元古代产物。

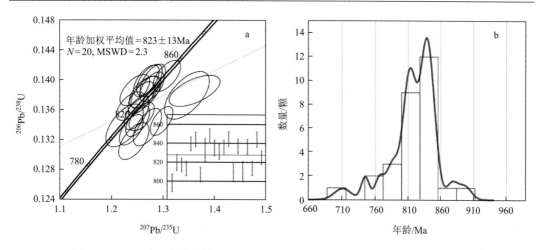

图 6-32　汉源地区花岗岩样品 DHY59 锆石 U-Pb 年龄协和图及年龄频率分布图

6.4.2　冕宁地区锆石 U-Pb 测年结果

1. 冕宁地区基性火山岩类样品 DTW01

采集冕宁地区苏雄组地层基性火山岩类地表露头样品 DTW01 进行 U-Pb 同位素定年分析，共挑选出具有代表性的 16 颗锆石进行 LA-ICP-MS U-Pb 同位素定年分析，获得数据 16 组，同时在原点位利用 LA-ICP-MS 进行 Lu-Hf 同位素测试。

1）锆石 CL 图像特征

冕宁地区基性玄武岩的锆石阴极发光图像如图 6-33 所示，该样品锆石颗粒大小差别较大，根据锆石大小可以分为两组。一组为大颗粒锆石，锆石长 150~220μm，宽 60~100μm，长∶宽为 1.5∶1~3∶1，锆石颗粒多呈长柱状，颜色多偏暗色，除 DTW01-04 测点锆石（亮白色），大部分可见明显的振荡环带；另一组的锆石颗粒较小，锆石长 60~120μm，宽 40~80μm，长∶宽为 2∶1~1∶1，锆石颗粒多为短柱、浑圆状，大多为亮白色，部分可见清晰的振荡环带，整体均表现出岩浆锆石的特点。

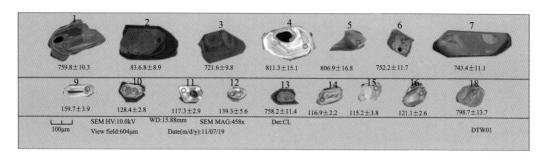

图 6-33　冕宁地区基性火山岩 DTW01 锆石阴极发光图像

每颗锆石上面的数字为编号，下方数值为测点年龄（Ma）

2）年代学特征

样品 DTW01 锆石的 Th、U 含量相关性如图 6-34 所示，大量锆石测点 Th/U 位于 0.1～1，仅有一颗测点锆石 Th/U 大于 1。在锆石微量元素判别图解（图 6-35）中，13 颗锆石投点于岩浆锆石附近，属于岩浆锆石。

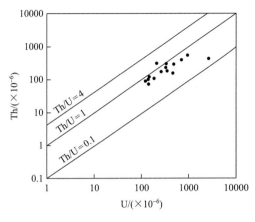

图 6-34　DTW01 锆石 Th/U 相关关系图　　　　图 6-35　锆石类别判别图解

测试结果显示，锆石的 $^{206}Pb/^{238}U$ 的年龄分段集中，如图 6-36 所示。5 颗锆石的 $^{206}Pb/^{238}U$ 年龄加权平均值为（120±54）Ma（MSWD = 1.2），为燕山期锆石；剩余 9 颗锆石的 $^{206}Pb/^{238}U$ 年龄加权平均值为（759±25）Ma（MSWD = 6.2），属于新元古代时期。在整个地质演化时期，主体岩浆的结晶时间应晚于（759±25）Ma，代表冕宁地区基性玄武岩形成时代，在岩浆结晶后期 120Ma 附近经历了一次大的岩浆热液事件。

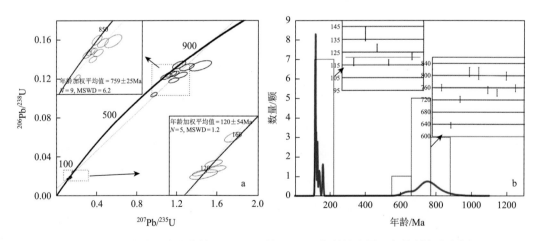

图 6-36　冕宁地区流纹岩样品 DTW01 锆石 U-Pb 年龄协和图及年龄频率分布图

2. 冕宁地区酸性火山岩类样品 DTW08

采集冕宁地区苏雄组地层酸性火山岩类（流纹岩）样品 DTW08 进行 U-Pb 同位素定年

分析，共挑选出具有代表性的 14 颗锆石进行 LA-ICP-MS U-Pb 同位素定年分析，获得数据 14 组，同时在原点位利用 LA-ICP-MS 进行 Lu-Hf 同位素测试。

1）锆石 CL 图像特征

冕宁地区基性玄武岩的锆石阴极发光图像如图 6-37 所示，共选出 14 颗晶形较好的锆石。该样品锆石颗粒形态多为不规则状，少数为短柱状和长柱状。锆石长 100～240μm，宽 80～120μm，长：宽为 1：1～2.2：1。锆石多为灰色（10、14 号测点锆石为亮白色），锆石颗粒破碎严重，基本难以见到完整的形态，锆石局部可见振荡环带，部分锆石具有黑色变质增生边或变质重结晶边。

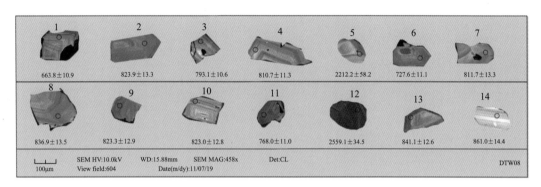

图 6-37　冕宁地区基性火山岩 DTW08 锆石阴极发光图像

每颗锆石上面的数字为编号，下方数值为测点年龄（Ma）

2）年代学特征

DTW08 锆石的 Th、U 含量相关关系如图 6-38 所示，13 颗测点锆石的 Th/U 落于 0.1～1，在锆石的微量元素判别图解（图 6-39）中，落入岩浆锆石区域及其附近的有 12 颗。

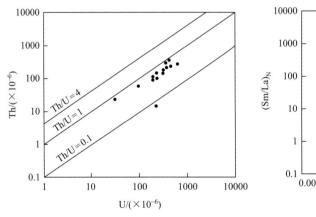

图 6-38　DTW08 锆石 Th/U 相关关系图

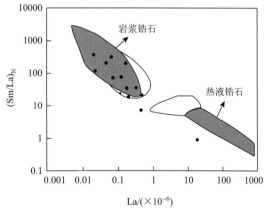

图 6-39　锆石类别判别图解

14 颗测点锆石数据中，5 组 U-Pb 数据的协和度小于 95%，较偏离协和曲线，可能在后期地质演化中锆石发生 Pb 丢失，所得到的年龄无实际指示意义，不参与讨论。

剩余 9 组数据中，8 组数据 $^{206}Pb/^{238}U$ 年龄集中在 861.0～810.7Ma，其 $^{206}Pb/^{238}U$ 年龄加权平均值为（824±18）Ma（MSWD = 2.8），代表了冕宁流纹岩的形成时代属于新元古代（图 6-40）。

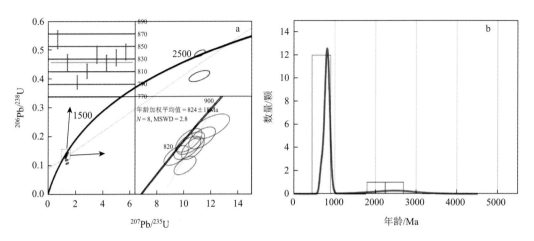

图 6-40　冕宁地区流纹岩样品 DTW08 锆石 U-Pb 年龄协和图及年龄频率分布图

3. 冕宁地区玄武质安山岩样品 DTW11

采集冕宁地区苏雄组地层地表露头玄武质安山岩样品 DTW11 进行 U-Pb 同位素定年分析。共挑选出具有代表性的 30 颗锆石进行 LA-ICP-MS U-Pb 同位素定年分析，获得数据 30 组，同时在原点位利用 LA-ICP-MS 进行 Lu-Hf 同位素测试。

1）锆石 CL 图像特征

冕宁地区基性火山岩 DTW11 锆石阴极发光图像如图 6-41 所示，共选出 30 颗晶形较好的锆石。该样品锆石颗粒形态为短柱状和长柱状，少数为浑圆状。锆石长 100～240μm，宽 50～110μm，长∶宽为 1∶1～3∶1。锆石基本都具有明显的核-边结构，晶核多为灰色、灰白色，具有振荡环带，部分锆石振荡环带不清晰（22 号测点锆石），根据锆石形态的完整度可以将其分为两类：一类晶形保存良好，有完整的边界（28、29 号测点锆石等）；另一类锆石破碎严重，仅保留局部，形态多为不规则状（23、24 号测点锆石等）。

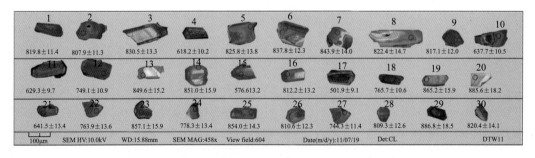

图 6-41　冕宁地区基性火山岩 DTW11 锆石阴极发光图像

每颗锆石上面的数字为编号，下方数值为测点年龄（Ma）

2）年代学特征

DTW11 锆石的 Th、U 含量相关关系如图 6-42 所示，大量锆石 Th/U 投点位于 0.1～1。在锆石的微量元素判别图解（图 6-43）中，落入岩浆锆石区域内的有 24 颗，6 颗落于岩浆锆石区域外。

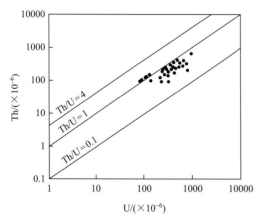

图 6-42　DTW11 锆石 Th/U 相关关系图　　　　图 6-43　锆石类别判别图解（同图 5-3）

在谐和度大于 95%的 24 组数据中，22 组数据 $^{206}Pb/^{238}U$ 年龄集中在 857.1～744.3Ma，其 $^{206}Pb/^{238}U$ 年龄加权平均值为（827±28）Ma（MSWD＝1.5）（图 6-44），代表了冕宁地区玄武质英安岩的形成时代属于新元古代。

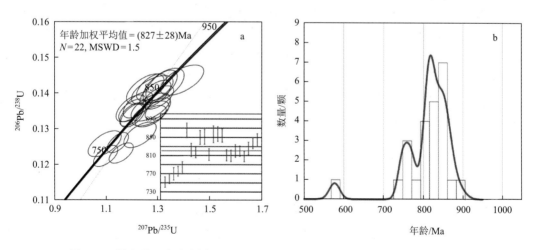

图 6-44　冕宁地区流纹岩样品 DTW11 锆石 U-Pb 年龄协和图及年龄频率分布图

6.5　苏雄组火山岩岩石成因探讨

6.5.1　岩浆源区特征

锆石具有较强的抗风化能力，良好的封闭体系、较高的封闭温度和稳定的 Hf 同位素比值，不仅是 U-Pb 同位素测年的理想矿物，也是 Lu-Hf 同位素分析的重要工具。锆石具有较高的 Hf 含量（0.2%～0.5%），极低的 Lu 含量，因此锆石中 Lu/Hf 很低。由于 ^{176}Lu 放射性衰变产生的 ^{176}Hf 含量很低，无后期放射性成因的 Hf 积累，因此实验所测得的 ^{176}Hf/^{177}Hf 代表了锆石形成时结晶体系的 Hf 同位素比值（Amelin et al.，1999）。近年来，随着测试方法的改进，越来越多的学者获得更为准确的 Hf 同位素数据，对示踪物质来源、大陆地壳增生和演化做了大量科学研究，普遍认为正的 $\varepsilon_{Hf}(t)$ 值代表源区物质不是直接来源于亏损地幔，而是来源于新增生地壳物质的部分熔融，负的 $\varepsilon_{Hf}(t)$ 值代表源于古老地壳物质-古老地壳源区（Taylor and McLennan，1985；吴福元等，2007）。通过开展 Hf 同位素两阶段模式年龄研究，对许多地质问题提出了新的认识（Amelin et al.，2000；Bodet et al.，2000；吴福元等，2005；郑建平，2005；喻星星和张建新，2016；杨凤超等，2016；王秉璋等，2021）。本书将利用锆石 Lu-Hf 同位素体系来研究苏雄组岩石成因和构造动力学背景。

汉源地区酸性火山岩样品 DHY01 的锆石 Lu-Hf 同位素分析结果表明，29 个测点中，仅有 4 个测点的 ^{176}Lu/^{177}Hf 略大于 0.002，其余测点的 ^{176}Lu/^{177}Hf 均小于 0.002，均值为 0.001561。$f_{Lu/Hf}$ 为 −0.970026～−0.923796，小于硅铝质地壳 $f_{Lu/Hf}$（−0.72，Vervoort et al.，1996），远小于铁镁质地壳 $f_{Lu/Hf}$（−0.34，Amelin et al.，2000）。根据锆石结晶年龄计算得到 $(^{176}$Hf/^{177}Hf$)_i$ 和 $\varepsilon_{Hf}(t)$，其中 $(^{176}$Hf/^{177}Hf$)_i$ 为 0.282230～0.282494，平均值为 0.282308，$\varepsilon_{Hf}(t)$ 变化范围较大，为 −7.53～ + 5.22，平均值为 0.46，Hf 同位素模式年龄 t_{DM1} 为 1428～1220Ma，平均年龄为 1304Ma，t_{DM2} 为 1928～1418Ma，平均年龄为 1622Ma。DHY01-06、DHY01-09、DHY01-12、DHY01-15、DHY01-16、DHY01-17、DHY01-18 号测点锆石的 ^{206}Pb/^{238}U 年龄为 670.9～447.3Ma，较其他测点锆石 ^{206}Pb/^{238}U 年龄年轻，7 颗锆石中 DHY01-15 和 DHY01-16 号测点 ^{176}Lu/^{177}Hf 大于 0.002，其余均小于 0.002，$f_{Lu/Hf}$ 为 −0.970026～−0.923796，平均值为 −0.944342，$\varepsilon_{Hf}(t)$ 为 −7.5～−0.7，平均值为 −4.26，Hf 同位素模式年龄 t_{DM1} 为 1428～1284Ma，平均年龄为 1346Ma，t_{DM2} 为（1928～1639）Ma，平均年龄为 1779Ma，表明该样品的锆石来自同一岩浆，属于同源不同期次锆石。

锆石 $\varepsilon_{Hf}(t)$-t 与 $(^{176}$Hf/^{177}Hf$)_i$-t 图解如图 6-45 所示，$\varepsilon_{Hf}(t)$ 值变化范围较大，为 −7.53～5.22，平均值为 0.46，多数投点于球粒陨石演化线之上区域，$\varepsilon_{Hf}(t)$ 为 0.5～5.2，少数落于球粒陨石演化线之下区域（图 6-45a），$\varepsilon_{Hf}(t)$ 为 −7.5～−0.7，表明汉源地区苏雄组火山岩可能来源于新增生地壳物质的部分熔融。图 6-45b 中，样品测点均落于下地壳和地幔之间，显示该地区酸性岩岩浆可能受到地幔物质的混染作用。已有研究表明，新增生地壳物质部分熔融参与的火山岩成岩方式有：地壳物质与幔源岩浆部分熔融形成的长英质岩浆混合形成壳幔混合源岩浆（Belousova et al.，2006），另外一种为地幔物质上涌至地壳基底中形成初生地壳，在经历后期岩浆热液作用下，形成由古老基底和新生地壳混合部分熔融岩浆（Wu et al.，2006）。该样品 $\varepsilon_{Hf}(t)>0$ 的测点锆石共有 21 颗，其 $^{206}Pb/^{238}U$ 年龄为 866.99～753.39Ma，$(^{176}Hf/^{177}Hf)_i$ 为 0.282230～0.282309，平均值为 0.282269，$\varepsilon_{Hf}(t)$ 平均值为 2.1；$\varepsilon_{Hf}(t)<0$ 的测点锆石共有 8 颗，$^{206}Pb/^{238}U$ 年龄为 718.61～447.26Ma，$(^{176}Hf/^{177}Hf)_i$ 为 0.282324～0.282494，平均值为 0.282410，$\varepsilon_{Hf}(t)$ 平均值为–3.83，表明苏雄组火山岩形成经历了后期岩浆热液事件，相比较两种成岩模式，古老地壳基底和新生地壳混合部分熔融形成更为契合。因此，判断苏雄组火山岩岩浆源区可能更符合后一种壳幔混合形成方式。

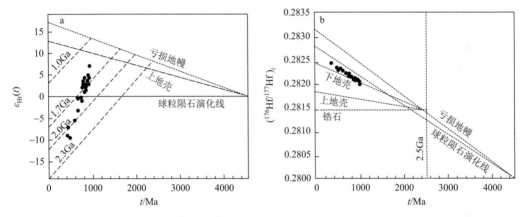

图 6-45　汉源地区苏雄组火山岩锆石 $\varepsilon Hf(t)$-t 与 $(^{176}Hf/^{177}Hf)_i$-t 图解

冕宁地区基性火山岩样品 DTW01 的锆石 Lu-Hf 同位素分析结果表明，16 个测点中，仅有 1 个测点的 $^{176}Lu/^{177}Hf$ 略大于 0.002，其余测点的 $^{176}Lu/^{177}Hf$ 均小于 0.002，均值为 0.001347。$f_{Lu/Hf}$ 为–0.9781～–0.93305，小于硅铝质地壳 $f_{Lu/Hf}$ 值（–0.72，Vervoort et al.，1996），远小于铁镁质地壳 $f_{Lu/Hf}$（–0.34，Amelin et al.，2000）。根据锆石结晶年龄计算得到 $(^{176}Hf/^{177}Hf)_i$ 和 $\varepsilon_{Hf}(t)$，其中 7 颗锆石的 $^{206}Pb/^{238}U$ 年龄集中在 120Ma 附近，$(^{176}Hf/^{177}Hf)_i$ 为 0.282673～0.282701，平均值为 0.282692，$\varepsilon_{Hf}(t)$ 变化范围较大（2.11～5.05），平均值为 3.44，Hf 同位素模式年龄 t_{DM1} 为 701～600Ma，平均年龄为 660Ma，t_{DM2} 为 1039～869Ma，平均年龄为 963Ma。其他 9 颗锆石的 $^{206}Pb/^{238}U$ 年龄集中在 759Ma 附近，$(^{176}Hf/^{177}Hf)_i$ 为 0.2822977～0.2823749，平均值为 0.2823011，$\varepsilon_{Hf}(t)$ 为–6.84～+4.72，平均值为 0.002，Hf 同位素模式年龄 t_{DM1} 为 1574～1179Ma，平均年龄为 1324Ma，t_{DM2} 为 2061～1406Ma，平均年龄为 1658Ma，表明该样品的锆石来自不同时代岩浆，代表不同的地质事件，属于不同源锆石。

锆石 $\varepsilon_{Hf}(t)$-t 与 $(^{176}Hf/^{177}Hf)_i$-t 图解如图 6-46 所示，$\varepsilon_{Hf}(t)$ 变化范围较大，–0.26～5.15，平均值为 1.50，测试点多数投点于球粒陨石演化线之上区域，$\varepsilon_{Hf}(t)$ 为 0.5～5.2，仅有 DTW01-01、DTW01-02、DTW01-03、DTW01-06 测试点落于球粒陨石演化线之下区域（图 6-46a），$\varepsilon_{Hf}(t)$ 分别为–0.2、–5.6、–6.8、–1.1，平均值为–3.4，表明冕宁地区苏雄组火

山岩可能来源于新增生地壳物质的部分熔融。（图 6-46b）中，分析点均落于下地壳和地幔之间，显示该地区酸性岩岩浆可能受到地幔物质的混染作用。已有研究表明，针对地幔玄武岩，Hf 同位素模式年龄大于岩石形成年龄时，表明玄武岩岩浆来源于地幔，相反 Hf 同位素模式年龄大于形成年龄表明玄武岩岩浆受到地壳物质混染或者来源于富集型地幔（吴福元等，2007）。该玄武岩岩浆来源于地壳物质部分熔融并受到了地幔物质的混染。

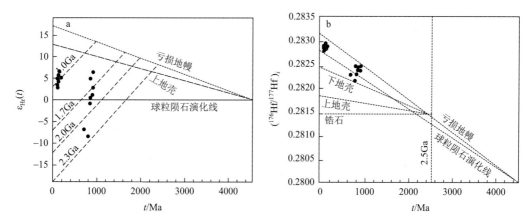

图 6-46 冕宁地区苏雄组火山岩 DTW01 锆石 εHf(t)-*t* 与(^{176}Hf/^{177}Hf)$_i$-*t* 图解（同图 6-1）

冕宁地区酸性火山岩样品 DTW08 的锆石 Lu-Hf 同位素分析结果表明，14 个测点中，仅有 1 个测点的 ^{176}Lu/^{177}Hf 略大于 0.002，其余测点的 ^{176}Lu/^{177}Hf 均小于 0.002，均值为 0.001347。$f_{Lu/Hf}$ 为 -0.968467~-0.959834，小于硅铝质地壳 $f_{Lu/Hf}$（-0.72，Vervoort et al.，1996），远小于铁镁质地壳 $f_{Lu/Hf}$（-0.34，Amelin et al.，2000）。根据锆石结晶年龄计算得到 (^{176}Hf/^{177}Hf)$_i$ 和 $\varepsilon_{Hf}(t)$，其中 12 颗锆石的 ^{206}Pb/^{238}U 年龄集中在 824Ma 附近，(^{176}Hf/^{177}Hf)$_i$ 为 0.282234~0.282358，平均值为 0.282273，$\varepsilon_{Hf}(t)$ 变化范围较大，为 -3.34~$+5.14$，平均值为 1.13，Hf 同位素模式年龄 t_{DM1} 为 1425~1183Ma，平均年龄为 1321Ma，t_{DM2} 为 1799~1389Ma，平均年龄为 1622Ma。其他 2 颗锆石 DTW08-05、DTW08-12 的 ^{206}Pb/^{238}U 年龄分别为 2211Ma、2559Ma，(^{176}Hf/^{177}Hf)$_i$ 为 0.281373、0.281147，$\varepsilon_{Hf}(t)$ 为 0.62、$+4.71$，Hf 同位素模式年龄 t_{DM1} 为 2537Ma、2681Ma，t_{DM2} 为 2739Ma、2758Ma，表明该样品的锆石来自不同时代岩浆，代表不同的地质事件，属于不同源锆石。

锆石 $\varepsilon_{Hf}(t)$-*t* 与(^{176}Hf/^{177}Hf)$_i$-*t* 图解如图 6-47 所示，$\varepsilon_{Hf}(t)$ 变化范围较大，为 -3.34~5.14，平均值为 1.35，测试点多数投点于球粒陨石演化线之上区域，$\varepsilon_{Hf}(t)$ 0.5~5.2，仅有 DTW08-01、DTW08-04、DTW08-11 测试点落于球粒陨石演化线之下区域（图 6-47a），$\varepsilon_{Hf}(t)$ 分别为 -3.3、-0.2、-2.0，平均值为 -1.86，表明冕宁地区苏雄组火山岩可能来源于新增生地壳物质的部分熔融。图 6-47b 中，样品测点落于下地壳和地幔之间，显示该地区酸性岩岩浆可能受到地幔物质的混染作用，DTW08-05、DTW08-12 ^{206}Pb/^{238}U 年龄分别为 2211Ma、2259Ma，落于地幔之中，表明该锆石的岩浆来源于地幔，表明冕宁地区苏雄组火山岩岩浆主要来源于地壳物质部分熔融并受到了地幔物质的混染。

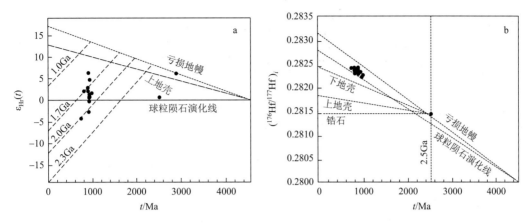

图 6-47　冕宁地区苏雄组火山岩 DTW08 锆石 εHf(t)-t 与 (^{176}Hf/^{177}Hf)$_i$-t 图解

除锆石 Lu-Hf 同位素可用于讨论岩浆源区特征之外，岩石的主量、微量元素特征也是讨论岩浆源区特征的重要工具。Mg$^\#$是区分来自地壳的熔体和有地幔熔体参与的重要指标。当 Mg$^\#$<40 时，一般表示岩浆熔融来自下地壳，当 Mg$^\#$>40 时，表示可能有幔源物质的加入。苏雄组基性岩的 MgO 含量为 0.123%～3.93%，平均含量为 0.84%，Mg$^\#$为 26.48～62.23，平均值为 43.47，中酸性岩的 MgO 含量为 0.123%～3.93%，平均含量为 0.84%，Mg$^\#$为 10.5～63.34，平均值为 25.75，反映苏雄组火山岩为下地壳熔融成因，有幔源物质的加入；基性火山岩的 Th/U 为 0.14～6.15，平均值为 3.37，中酸性火山岩的 Th/U 为 0.14～14.82，平均值为 5.84，接近下地壳 Th/U 平均值（6.0，Rudnick and Gao，2003）；基性岩 Nb/Ta 为 0.88～17.13，平均值为 11.94，中酸性火山岩 Nb/Ta 为 1.13～13.07，平均值为 9.50，接近地壳 Nb/Ta（11～12，Rudnick and Gao，2003；Taylor and Mclennan，1985）；基性岩 Zr/Hf 为 18.04～47.57，平均值为 38.33，接近地壳 Zr/Hf（33，Taylor and McLennan，1985），中酸性火山岩的 Zr/Hf 为 5.59～53.63，平均值为 19.95，低于地壳比值。综合来看，苏雄组火山岩的岩浆源区表现地壳特征，伴有幔源物质的加入。

研究表明，来源于亏损地幔和壳源的基性岩浆和来源于地幔柱的基性岩浆 ΔNb[ΔNb = 1.74 + log(Nb/Y−1.92)×log(Zr/Y)]值有正负差别，其中来源于地幔柱的基性岩浆 ΔNb 小于 0，而来源于亏损地幔和壳源的基性岩浆 ΔNb 大于 0。本次研究的基性火山岩中，大部分样品的 ΔNb 大于 0，仅有两个样品 DHY01、DHY02 的 ΔNb 值小于 0，表明有幔源物质的混入。在微量元素和稀土元素中，苏雄组基性火山岩均表现与 OIB 相似的元素含量特征，在 Nb/Yb-Th/Yb 图解（图 6-48a）中，苏雄组基性火山岩投点于 UC（上地壳）、MC（壳幔混合）和 LC（平均下地壳）附近，在 Zr/Nb-Ce/Y 图解（图 6-48b）中，样品落于 OIB 附近，总体表现 OIB 元素含量特征。研究还表明，Nb 和 U 具有相似的岩浆活动性质，岩浆演化过程中 Nb/U 基本不变，因此采用 Nb/U 来鉴定岩浆源区是否伴有壳幔物质成为主要的工具，其中幔源岩浆 Nb/U 为 37～57，陆壳 Nb/U 为 9～12，苏雄组基性火山岩中 Nb/U 变化范围较大，为 0.17～48.5，较低的比值与富含 U 相关，较高的比值表明苏雄组火山岩受到了幔源物质混染。

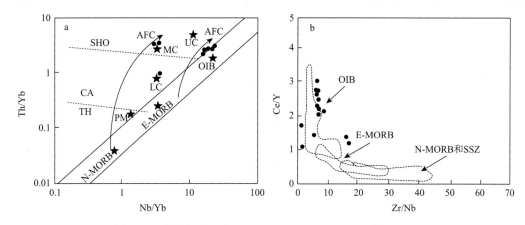

图 6-48　苏雄组火山岩 Nb/Yb-Th/Yb、Zr/Nb-Ce/Y 判别图解

TH：拉斑质；CA：钙碱性；SHO：钾玄质；PM：原始地幔；LC：平均下地壳；UC：上地壳；MC：中地壳；AFC：结晶分异-同化混染；N-MORB：正常洋中脊玄武岩；E-MORB：富集型洋中脊玄武岩；OIB：洋中脊玄武岩；SSZ：上俯冲带

综上所述，苏雄组火山岩岩石样品的岩浆源区不是直接来源于亏损地幔，而是来源新增生地壳物质的部分熔融，并受到了不同程度的幔源物质混染，基性火山岩整体表现与 OIB 岩浆源区相似的地球化学特征。

6.5.2　构造环境

1. 基性火山岩构造环境

由于玄武岩可以形成于不同的构造环境之中，利用玄武岩岩石性质反演源区特征、构造环境和岩石圈演化已受到众多学者的关注。20 世纪 90 年代，根据玄武岩产于不同的构造环境之中，可将其分为洋中脊玄武岩（OIB）、火山弧玄武岩（VAB）、大陆裂谷玄武岩（CRB）和板内玄武岩（WPB）（吴泰然，1991）。其中，洋中脊玄武岩（OIB）和板内玄武岩（WPB）一般起源于地幔，并且在源区受到不同程度的部分熔融而表现出拉斑-碱性的特征，微量元素表现为富集 Rb、Sr、Ba 等大离子亲石元素和 Zr、Hf、Ta 等高场强元素。不同的是，板内玄武岩一般形成于板内俯冲带，需要穿过厚层的大陆地壳，过程中会受到不同程度的壳源物质混染，表现为多变的地球化学特征。火山弧玄武岩（VAB）产于火山弧附近，经历了强烈的构造运动，物质来源通常为壳幔混染，地球化学特征多变。大陆裂谷玄武岩一般形成于裂谷环境中，源区多为形成的地壳（玄武岩和沉积物）与地壳运动中与上地幔发生部分熔融形成，地球化学组成上较亏损高场强元素（HFSE），富集大离子亲石元素（LILE）。

高场强元素常作为形成环境判别的重要指示剂，苏雄组基性火山岩的 Zr/Nb 为 1.15～16.52，平均值为 7.59，明显区别于 N-MORB，与板内玄武岩接近（Zr/Nb = 10），Hf/Th 为 0.1～3.41，平均值为 1.32，也与板内玄武岩 Hf/Th 接近（Hf/Th<8）。同时，利用地球化学图解进一步约束基性火山岩的形成环境，图 6-49a 中，苏雄组基性火山岩投点主要位于富集型大洋中脊玄武岩，少量位于岛弧拉斑玄武岩区域，由于本次部分样品发生铀矿

化，Th 含量较高，造成投点散乱；Zr/Ti 图解（图 6-49b）揭示了苏雄组基性火山岩属于洋中脊玄武岩，指示其形成于洋中脊构造环境之中；在 Y-Sr/Y 图解（图 6-49c）中，岩石样品均落于经典的岛弧岩石，明显区别于埃达克岩；在 Sc/Ni-La/Yb 判别图（图 6-49d）中，样品大部分位于大陆边缘弧区域，表明苏雄组基性火山岩形成于大陆边缘弧环境。Zr-Zr/Y 图解（图 6-49e）中，岩石样品主要投点于板内玄武岩，少量投点于洋中脊玄武岩中，表明具有板内玄武岩特征，并有向洋中脊玄武岩过渡的趋势。

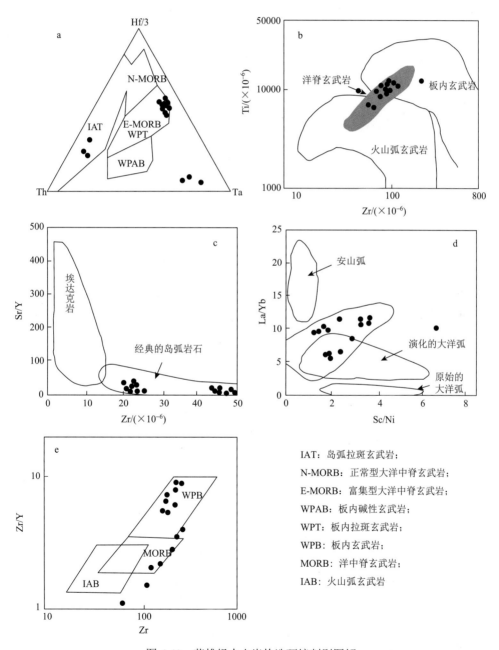

IAT：岛弧拉斑玄武岩；
N-MORB：正常型大洋中脊玄武岩；
E-MORB：富集型大洋中脊玄武岩；
WPAB：板内碱性玄武岩；
WPT：板内拉斑玄武岩；
WPB：板内玄武岩；
MORB：洋中脊玄武岩；
IAB：火山弧玄武岩

图 6-49　苏雄组火山岩构造环境判别图解

已有研究表明，双峰式火山岩主要形成环境为大陆裂谷环境。李献华根据火山岩喷发体积，认为康滇裂谷属于"高火山活动"型裂谷，苏雄组弱碱性双峰式火山岩组合与埃塞俄比亚裂谷的火山岩十分类似，反映华南新元古代大陆裂谷活动与地幔柱有关。为证实前人的观点，采用 Th/Hf-Ta/Hf 图解和 Th/Zr-Nb-Zr 图解（图 6-50）对苏雄组火山岩形成的构造环境作进一步判别，结果显示，苏雄组基性火山岩中 DHY02、DTW03、DTW11经历了后期热液改造导致 Th 含量较高，所投点位图不能代表原岩形成环境，不具意义。在 Ta/Hf-Th/Hf 图解中，样品大多投点于陆内裂谷碱性玄武岩区和地幔柱热玄武岩区，Nb/Zr-Th/Zr 图解中，岩石样品大多落于陆内裂谷环境和大陆拉张带及初始裂谷玄武岩区，与岛弧玄武岩有明显区别。综合来看，苏雄组基性火山岩产于大陆裂谷环境之中，与地幔柱活动相关。

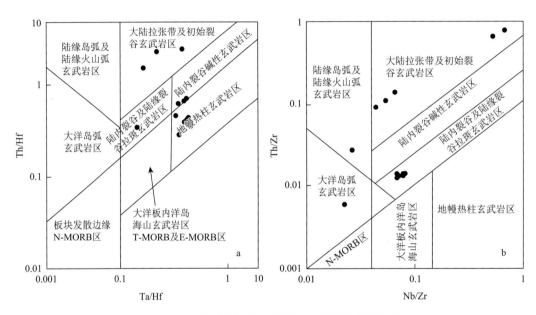

图 6-50　苏雄组基性火山岩微量元素构造判别图解

2. 中酸性火山岩构造环境

针对酸性火山岩构造环境的研究大多集中在花岗岩方面，前人根据花岗岩的形成机理将其分为 I 型、S 型、A 型和 M 型。A 型花岗岩 Zr+Nb+Ce+Y 和 10000Ga/Al$_2$O$_3$ 较高，伴有碱性暗色矿物，产出环境为地壳伸展减薄的构造背景（张旗等，2012）。最早被认为形成于造山环境中，随着大量学者的深入研究，发现 A 型花岗岩也可以形成于与造山作用相关的环境之中。I 型花岗岩一般特征为准过铝质-弱过铝质，伴有暗色矿物角闪石。S 型花岗岩具有低钠、高铝特征，过铝质矿物较多。M 型花岗岩基性矿物含量相比其他类型矿物明显增多。针对苏雄组中酸性火山岩而言，表现为高硅、高钾、高钙、强过铝质特征，微量元素亏损 Ta、Sr、Ti、Nb 等元素，富集 Th、U、Ba 等元素，稀土元素具有明显的富轻稀土、亏损重稀土的特征，并伴有明显的 Eu 负异常，同时苏雄组酸性火山岩的基性元素、基性矿物含量较低，10000Ga/Al$_2$O$_3$ 小于 2.6（0.58～2.58，平均值为 1.77），Zr+Nb+Ce+Y≈300（62.9～706.9，平均值为 301.50），镜下未见碱性暗色矿物。区别于 A 型花岗岩和 M 型花岗岩，样品具有高钾、钠，虽然过铝质，但整体而言与 I 型花岗岩特征相近，林广春（2006）认为苏雄组火山岩表现出 I 型花岗岩的地球化学特征。

关于苏雄组酸性火山岩构造环境争议存在于岛弧环境和板内环境，沈渭洲等（2000）发现岩石具有亏损 Ni、Ta 岛弧环境特征，认为苏雄组火山岩属于岛弧成因。很多情况下，仅仅依靠花岗岩的地球化学特征对构造环境进行判别是不正确的，大多数时候给出的是源岩的构造环境而非火山岩本身的形成环境。林广春（2006）认为亏损 Ni、Ta 的火山岩样品是继承了初生岛弧地壳特征导致的，不能代表形成的构造环境。李献华等（2002）对 Nd 同位素进行研究后指出，苏雄组火山岩岩浆形成陆内裂谷，上升过程中很可能受到地幔楔中年轻岛弧物质的混染。本次采集苏雄组中酸性火山岩岩石在 R1-R2 图解（图 6-51）中，部分中酸性火山岩样品投点落入同碰撞区域及其附近，大量样品投点于造山后区域及其附近，表现为一种造山作用晚期的松弛背景（曲晓明等，2013）。进一步采用微量元素(Yb+Ta)-Rb 构造判别图解（图 6-52a）研究发现，岩石样品主要位于同碰撞花岗岩和板内花岗岩区域中；Y-Nb 图解（图 6-52b）中，岩石样品基本投点于板内花岗岩区域；(Y+Nb)-Rb 判别图解（图 6-52c）中，中酸性火山岩位于板内花岗岩、火山弧花岗岩和同碰撞花岗岩分界线附近，板内花岗岩区域样品更多；Yb-Ta 图解中，岩石投点基本位于板内花岗岩区域。整体来看，苏雄组中酸性火山岩更类似板内花岗岩的地球化学特征。

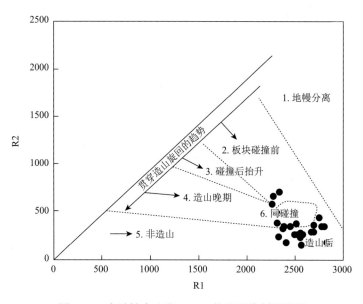

图 6-51　中酸性火山岩 R1-R2 构造环境判别图解

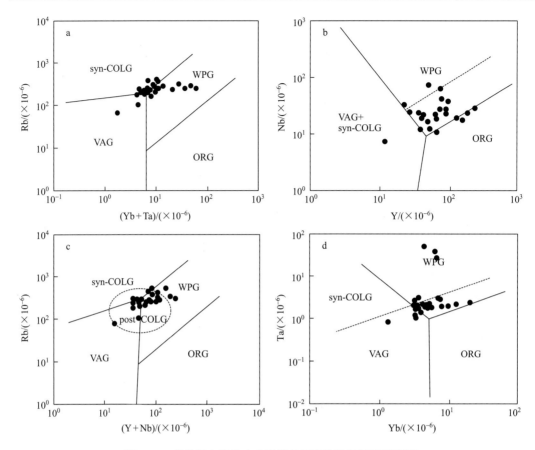

图 6-52　苏雄组中酸性火山岩微量元素构造环境判别图解

syn-COLG：同碰撞花岗岩；post-COLG：后碰撞花岗岩；VAG：火山弧花岗岩；ORG：洋中脊花岗岩；WPG：板内花岗岩

　　张旗等（2007）认为仅依靠岩石的地球化学特征来判别构造环境并不准确，其更多表现的是源区岩石的特征。讨论火山岩的构造环境时需要借助同位素数据，锆石中 Nd 与 Hf 同位素应用最为广泛，通过 $\varepsilon Hf(t)$、$\varepsilon Nd(t)$ 及 Hf 同位素模式年龄可以判别岩浆物质来源。Hf 同位素两阶段模式年龄已在前文表述，表明苏雄组酸性火山岩岩浆物质来源于地壳，受到不同程度幔源物质混染。前人获得苏雄组火山岩 $\varepsilon Nd(t)$ 为 1.1～2.6，表明岩浆来源于年轻的初生地壳。前人认为扬子地台西缘部分岩体具有岛弧特征，提出了火山弧模式（Zhou et al.，2002a），随着研究的深入，得到康定基性岩脉 U-Pb 年龄为 760Ma，云南峨山岩体为（819±8）Ma、贡才岩体为（824±14）Ma、格宗岩体为（829±9）Ma，这些岩体分布于整个扬子块体，有一致的形成年龄，认为是由于地幔柱引发下地壳物质重熔形成，时空上与大陆裂谷关系密切（李献华等，2002）。从另一方面考虑，假如采用大陆岛弧俯冲带解释，俯冲带中低温梯度较低，对于酸性火山岩形成难以满足高温的条件，难以解释热源，地幔柱能够提供充分的热源和幔源物质，理论上支持 Hf 同位素获得的壳幔物质混染，具有板内玄武岩的特征。因此，作者支持是由于地幔柱引起地壳物质重熔形成，产于大陆裂谷环境之中，耦合新元古代时期罗迪尼亚超大陆裂解。

6.6 苏雄组火山岩与铀成矿关系探讨

6.6.1 苏雄组典型铀矿点特征

已经发现苏雄组火山岩中的铀矿化十数处，包括托乌 120、汉源 7301、冕宁 7303、冕宁 7101 和大桥 7302 等，主要集中分布于汉源、冕宁、西昌等地区。已有学者对攀西地区铀成矿做了大量研究，矿物类型以沥青铀矿为主，其中托乌 120 矿点成矿时代为新生代（56Ma），冕宁 7303、7302、7101 和大桥 7302 铀矿点成矿时代均为中生代，属于中生代铀成矿事件（倪师军等，2014）。

本次采集的富铀火山岩主要为 7101 铀矿点岩石，DHY02、DHY03、DTW03、DTW07、DTW08、DTW09、DTW010、DTW11 铀含量分别为 623×10^{-6}、178×10^{-6}、304×10^{-6}、181×10^{-6}、293×10^{-6}、391×10^{-6}、172×10^{-6}、285×10^{-6}，均发生不同程度铀矿化，个别岩石样品 U 含量已达到边界品位。岩石岩性主要为玄武岩、英安岩、安山岩和流纹岩，结合野外 γ 射线能谱实测，酸性岩的放射性高于基性岩。野外地质表明，火山岩与蚀变密切相关，多见赤铁矿化、绿泥石化、绿帘石化、黄铁矿化、硅化、绢云母化和碳酸盐化等，主要的铀矿化产于构造破碎带附近或层间破碎带中，受构造应力的强烈控制。已有资料表明，7101 铀矿化点中铀矿物以板柱状、细脉状和浸染状沥青铀矿产出，次生铀矿有硅钙铀矿、铜铀云母和钙铀云母，并伴有磁铁矿、赤铁矿、黄铁矿和闪锌矿等多金属，围岩蚀变多见绿泥石化、绢云母化、赤铁矿化、绿泥石化、碳酸盐化等，矿化受层位控制明显，与酸性火山岩密切相关，铀矿多产于构造破碎带和岩脉穿插部位。钻探资料表明，主要有 9 个铀矿体（PT-1～PT-9）、2 个矿化体（MT10、MT11），矿体品位最低为 0.052%，最高可达 0.668%，其中主矿体（PT-1）平均品位为 0.221%。

7101 铀矿点已探明铀矿体 9 个，均受到 F5 断裂控制，赋矿围岩主要为流纹岩，英安岩、流纹凝灰岩和沉积凝灰岩，与本次研究结果一致，铀矿点矿化特征如表 6-16 所示。

表 6-16　7101 铀矿点矿化特征表

矿体编号	矿体特征
PT-1	矿体受 F5 断裂构造控制，铀矿化赋存在蚀变辉绿岩两侧及构造破碎带中，矿体走向北东，倾角为 30°，倾向南东，矿体平均长 23m，宽 1.74m，平均品位为 0.221%
PT-2	矿体受 F5 断裂构造控制，产于 F5 断裂喷发角度间歇面下 15m，北东 50°～60°方向展布，倾角较小，为 10°～20°，铀矿赋存于苏雄组流纹岩中，矿体长约 60m，宽 40m，厚 1.2m，平均品位为 0.124%
PT-3	受 F5 次级断裂构造控制，矿体呈透镜状，倾角为 6°～23°，长约 80m，宽约 40m，厚 1.72m，平均品位为 0.052%
PT-4	受 F5 次级断裂构造控制，矿体呈透镜状，倾角为 13°，长宽各约 40m，厚 1.14m，平均品位为 0.668%
PT-5	受 F5 次级断裂构造控制，矿体呈透镜状，长约 70m，宽约 25m，厚 0.54m，平均品位为 0.11%
PT-6	受 F5 次级断裂构造控制，矿体呈透镜状，长宽各约 35m，厚 1.19m，平均品位为 0.12%

矿体编号	矿体特征
PT-7	产于火山岩中，矿体呈北东向小透镜体，倾角为41°，长宽各10～20m，厚0.21m，平均品位为0.24%
PT-8	矿体受与F_5近于平行的辉绿岩脉控制，矿体倾角为78°，长约20m，宽0.58m，垂深100m，平均品位为0.297%
PT-9	矿体水平，长宽各约10m，厚0.64m，平均品位为0.061%
MT-10	产于火山岩中，厚度约0.88m，长宽不清，平均品位为0.048%
MT-11	矿体产于F_5断裂下盘，长宽各约20m，厚1.15m，平均品位为0.047%

7101铀矿点内主要发育的断裂构造有F_5和F_6断裂，其中F_5断裂穿过7101铀矿点，为主要控矿构造。断裂带附近的破碎带内充填黄褐色黏土，破碎幅度较大。

糜棱岩化带、断层泥宽1～3m。断层两盘蚀变发育，尤以下盘较为发育，见绿泥石化、绢云母化、水云母化及碳酸盐化等明显的控矿作用。断层倾角为60°～70°，倾向南东，出露约1km。F_6断裂位于主控矿断裂左侧约100m处，为平行于主控矿断裂的同级构造，地形上表现为近东西向的小沟，因地表掩盖较厚难以观察到。前人钻孔揭露显示该断裂存在，发育20～30m破碎带，铀矿体产于二者断裂夹持区内，受到两个断裂构造的控制。托乌地区遥感解译显示小相岭地区火山机构发育，前人认为在早震旦世北北东向焦顶山至碧波断裂带火山活动强烈，为铀矿化提供了充分的热源和成矿物质来源。

邹家山火山岩型铀矿是我国著名的火山岩型铀矿，前人根据蚀变顺序和矿化关系将邹家山矿床蚀变分为矿前蚀变、成矿期蚀变和矿后蚀变，蚀变类型以黄铁矿化、钠长石化、水云母化和碳酸盐化为主（余驰达，2016），矿床受邹家山-石洞断裂带控制，矿体多呈脉状、透镜状和囊状产出于火山塌陷构造复合部位，铀矿以沥青铀矿、铀钍石、铀石、钛铀矿等独立矿物形式赋存于矿石中。7101铀矿点与邹家山铀矿和白马洞504铀矿主要特征见表6-17，三处铀矿矿体形态、控矿因素和围岩蚀变类型相似。7101铀矿点和邹家山铀矿同为火山岩铀矿，两个铀矿有相似性和一定的差别，赋矿围岩一致，铀矿物类型相似，铀矿均受构造控制明显，以脉状和透镜体状产出，围岩蚀变类型多样，成矿流体均是岩浆水，地层年龄差距较大，成矿年龄相距约100Ma。

表6-17　典型铀矿床（点）主要特征表

	7101铀矿点	邹家山铀矿床	白马洞504铀矿床
含矿地层	苏雄组	鹅湖岭组、打鼓顶组	震旦系地层
铀矿类型	火山岩型铀矿	火山岩型铀矿	碳酸盐岩型
赋矿围岩	流纹岩、英安岩、玄武岩	流纹质碎屑碎斑熔岩、流纹质英安岩	黑色页岩、碳质板岩、碳酸盐岩等
矿体形态	脉状、透镜体状	脉状、透镜体状、囊状	层状、透镜体状
地层年龄	（827±28）Ma～（759±25）Ma	约136Ma	震旦系

续表

	7101 铀矿点	邹家山铀矿床	白马洞 504 铀矿床
铀矿年龄	226Ma	116.8Ma	51.5～44.7Ma
控矿因素	F_5、F_6 断裂	火山塌陷构造	白马洞断裂 F_1
围岩蚀变	赤铁矿化、钾长石化、绿泥石化、绿帘石化	钠长石化、钾长石化、红化、萤石化	硅化、黑色蚀变
流体	岩浆水	岩浆水	变质水
资料来源	本书实测；倪师军等（2014）	陈正乐等（2015）；王勇剑等（2021）	倪师军等（2014）

6.6.2　苏雄组火山岩铀成矿潜力分析

为探讨康滇地轴北段苏雄组火山岩铀成矿潜力，将本次研究成果与邹家山铀矿进行对比研究。岩石学特征表明，邹家山赋矿围岩为安山岩和流纹岩，属于高钾钙碱性系列岩石，7101 铀矿点赋矿围岩为玄武岩、玄武质安山岩和流纹岩，属于碱性系列岩石（图 6-53）。在 A/CNK-A/NK 图解中，7010 铀矿点和邹家山铀矿床岩石数据投点均位于过铝质和准铝质区域，具有准铝质-过铝质岩石特征。利用前人提出的岩石碱度率，得到岩石碱度率和 SiO_2 的含量关系图解（图 6-54），7101 铀矿点和邹家山火山岩投点大都分布于钙碱性和碱性区间界线附近，集中分布，指示了邹家山铀矿岩石起源于同一岩浆房，而7101 铀矿点岩石分布较为散乱，推测岩浆房在后期有部分物质的混入。陈正乐等（2015）指出，江西相山火山岩在形成过程中岩浆房分异结晶作用导致斜长石、单斜辉石、角闪石和黑云母等矿物从液相中分离出来，使得残余岩浆富 SiO_2，贫 Al_2O_3、CaO、MgO 和TiO，7101 铀矿点 SiO_2 含量与 TiO、MgO、CaO、Al_2O_3 含量相关图解一致，随着 SiO_2含量增高，TiO、MgO、CaO 含量降低，指示了结晶分异程度对成矿具有重要的控制意义，表明 7101 铀矿点矿石形成过程中，存在岩浆房结晶分异作用，造成残余岩浆中 TiO、MgO、CaO、Al_2O_3 含量降低，表现碱性火山岩岩石系列特征。

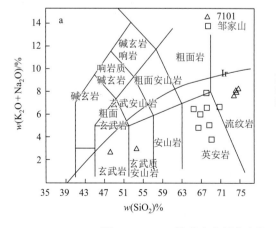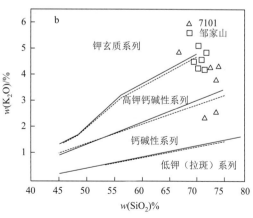

图 6-53　7101 铀矿点和邹家山岩石 TAS 分类图解和 SiO_2-K_2O 图解

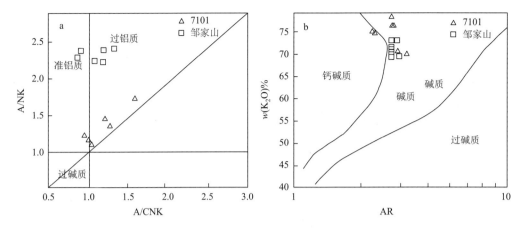

图 6-54 7101 铀矿点及邹家山岩石 A/CNK-A/NK 分类图解和 AR-K₂O 图解

微量元素特征表明，7101 铀矿点岩石微量蛛网图与邹家山铀矿床微量元素蛛网图具有相似的特征：富集 U、Nd、Rb 等元素，亏损 Sr、Ti、Ba、P 元素，不同点在于，7101 铀矿点岩石没有出现 Nb-Ta 谷，P、Ti 元素亏损可能与磷灰石和金红石分异结晶有关，Ba、Sr 亏损与斜长石结晶和物源成分导致，岩浆演化过程中，早结晶矿物中 Ba、Sr 以类质同象形式进入 Ca 离子晶格中，导致亏损，其次，大离子亲石元素易溶于水，易迁出，也会导致贫 Ba、Sr 元素（徐争启等，2014；田建民等，2020）。7101 铀矿点岩石 Nb 元素含量为 $14.2 \times 10^{-6} \sim 69.3 \times 10^{-6}$，平均含量为 52.02×10^{-6}，是地壳 Nb 元素平均丰度（19×10^{-6}）的 2.74 倍，是中国花岗岩体中 Nb 元素平均丰度（13.4×10^{-6}）的 3.88 倍；Ta 元素含量为 $1.68 \times 10^{-6} \sim 61.1 \times 10^{-6}$，平均含量为 41.73×10^{-6}，是地壳 Ta 元素平均丰度（1.6×10^{-6}）的 26 倍，是中国花岗岩 Ta 元素平均丰度（1.27×10^{-6}）的 32 倍。前人研究表明，铌钽矿产主要产于伟晶岩型矿床中，碱性岩石是主要赋存铌钽矿的岩石类型（王汾连等，2012）。7101 铀矿点岩石中 Ta 元素明显富集，结合稀土元素特征，有明显的 Eu 负异常，其特征与碱性花岗岩稀有元素矿床的地球化学特征相似，认为铌钽物质来源与铀矿点酸性火山岩密切相关（郭锐，2020）。研究表明，稀有元素多金属矿床成矿是多期次演化形成的，只有经过高度的结晶分异演化，火山岩才能形成稀有金属多金属矿床（陈骏等，2008），与主量元素特征研究结果一致。稀土元素配分模式曲线表现为富集轻稀土，Eu 负异常，Ce 无异常，与邹家山铀矿床稀土元素配分模式曲线一致，呈右倾"V"字形，与岩石中存在独居石、磷灰石等矿物和斜长石的分异结晶作用相关。相似的微量元素蛛网图和稀土元素配分模式曲线（图 6-55）表明，7101 铀矿点岩石与邹家山矿床岩石形成过程和环境有相似之处，具有一定的成矿潜力。

许多学者根据邹家山火山岩的岩石学地球化学特征和富铝特征，将其归为 S 型火山岩（王德滋等，1991；沈渭洲等，1992；陈繁荣等，1990）。夏林圻等（1992）认为相山火山岩的源区为壳-幔混合物质，与太平洋板块俯冲相关，Sm-Nd、Rb-Sr 同位素数据表明，相山火山岩属于不同期次火山岩岩浆产物，伴有幔源物质的混入（陈正乐等，2015）。本次 Lu-Hf 研究结果显示，苏雄组火山岩岩石是新增生地壳物质部分熔融形成，伴有幔源物质汇入，形成于大陆裂谷环境，岩石成因和形成构造环境与相山铀矿岩石类似。苏雄

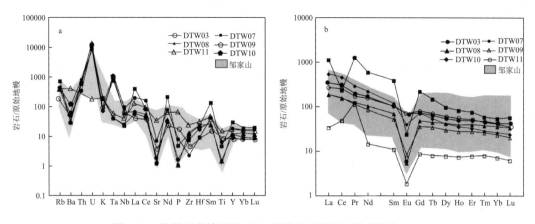

图 6-55　微量元素蛛网图（a）和稀土元素配分模式曲线（b）

组火山岩结晶年龄为 827～759Ma，与在扬子板块西缘康滇地轴南段发现的铀矿床和矿化点铀成矿年龄接近。柏勇等（2019）认为该时期铀成矿与碱交代作用密切相关，K、Na 等碱性元素来源于地幔，在罗迪尼亚大陆裂解过程中，扬子板块处于拉张环境下，导致地幔物质上涌的结果。已有的年代学数据表明，苏雄组火山岩是岩浆多期次喷发的产物，与华南新元古代的幕式构造岩浆热液事件相关（825Ma、800Ma、780Ma、755Ma）（Ernst et al.，2008），本次获得的六组苏雄组火山岩 $^{206}Pb/^{238}U$ 年龄分别为（820±8.2）Ma、（808±9.5）Ma、（852±7.4）Ma、（759±25）Ma、（824±18）Ma、（827±8）Ma，处于华南第一幕（825Ma），华南第二幕（800Ma）和华南第四幕（755Ma）构造岩浆热液事件的延续，除此之外，扬子地台西缘广泛发育 820～780Ma 的岩浆热液活动（表 6-18），均属于华南新元古代幕式构造岩浆热液事件。但对于这类广泛发育的岩浆热液事件背景存在很大的争议：一类认为发生于陆内裂谷环境，与罗迪尼亚大陆裂解和地幔柱活动相关（Li et al.，2003；Ling et al.，2003；Ernst et al.，2008）；另一类认为形成岛弧环境，与洋壳俯冲有关（Zhou et al.，2002a）；以及有学者认为形成了碰撞中的垮塌环境（Wang et al.，2004）。年代学数据表明在扬子板块（东缘、西缘和南缘）上均发现新元古代岩浆热液事件，该时间点与北美西部的岩浆墙（780Ma）（Park et al.，1995）和澳大利亚 Boucuat 火山岩成岩时代一致（783Ma）（Preiss，2000），表明新元古代裂谷盆地岩浆热液活动与罗迪尼亚超大陆裂解是同步的（卓皆文等，2017），可能是其重要的组成部分。从构造背景来看，相山铀矿在古太平洋板块向东亚大陆强烈俯冲，在大陆边缘发育大量的断裂点和热点活动，火山岩带便是在该构造背景下形成（谢家莹和陶奎元，1996），苏雄组火山岩形成于大陆裂解环境下，由地幔柱引起地壳物质熔融形成，成矿环境和成矿因素方面均利于成矿元素的迁移和富集。

　　前人在野外调查中发现托乌花岗岩岩体侵入于苏雄组，火山岩被后期形成的花岗岩体侵入，形成一套酸性、中酸性熔岩和火山碎屑岩建造，岩性以流纹岩、流纹斑岩、流纹质凝灰熔岩、流纹质熔结凝灰岩为主。岩石普遍有不同程度的蚀变和变形，蚀变包括碳酸盐化、绢云母化、绿泥石化，变形主要为片理化。四川省核工业地质局对托乌放射性进行调查研究得到，火山岩铀含量一般为 $4.2×10^{-6}$～$7.0×10^{-6}$。火山岩铀平均含量略高于侵入岩岩性（托乌岩体），其中熔结凝灰岩铀平均含量最高，为 7.0×10^{-6}，英安岩铀平均含量最低，为 4.2×10^{-6}，其余火山岩地层铀含量大致相当，为 $5.2 \times 10^{-6} \sim 5.7 \times 10^{-6}$，均高于地壳平均值（$2.80 \times 10^{-6}$）。本次获得托乌苏雄组火山岩 U 含量为 $2.78 \times 10^{-6} \sim 391 \times 10^{-6}$，平均含量为 192.23×10^{-6}，明显高于地壳平均值（2.80×10^{-6}），认为苏雄组火山岩岩体具有能提供丰富铀源的潜力。Th/U 可以反映火山岩是否经过后期热液作用或表生作用改造，当 Th/U 稳定在 3～5 时则表明火山岩未遭受热液作用，本次托乌苏雄组火山岩 Th/U 为 0.14～4.03，平均值为 0.89，表明岩体遭受了一定程度的流体作用影响。Th/U 最小为 0.14，U 含量大于 10×10^{-6}，证实了存在火山岩中铀元素在大气降水和流体作用下淋滤出来，被搬运到断裂构造带附近，参与成矿作用。Lu-Hf 同位素研究表明苏雄组火山岩岩浆源区不是直接来源于亏损地幔，而是来源于新增生地壳物质的部分熔融，并受到了不同程度的幔源物质混染。DTW01^{206}Pb/^{238}U 年龄加权平均值为（759±25）Ma，DTW08^{206}Pb/^{238}U 年龄加权平均值为（824±18）Ma，DTW11^{206}Pb/^{238}U 年龄加权平均值为（827±28）Ma，其中 DTW01U-Pb 同位素数据显示在岩浆结晶后期～120Ma 经历了一次大的岩浆热液事件，DHY11 26 测点锆石 ^{206}Pb/^{238}U 年龄为（166.95±3.6）Ma，160～120Ma 的锆石 Hf 同位素两阶段模式年龄为 t_{DM1} 为 701～600Ma，平均年龄为 660Ma，t_{DM2} 为 1039～869Ma，平均年龄为 963Ma，表明铀富集在成岩年龄之后。相比邹家山铀矿床，铀的成矿物质来源和围岩没有直接的关系，与后期热液作用密切相关。

表 6-18 华南新元古代裂谷盆地火成岩锆石 U-Pb 年龄统计表

采样位置	岩石单位	样品岩性	测试方法	年龄/Ma	数据来源
四川石棉	康定杂岩	冷碛辉长岩	SHRIMP	808±12	李献华等（2002）
四川冕宁	康定群	花岗片麻岩	SHRIMP	772±15；773±11	陈岳龙等（2004）
四川冕宁	苏雄组	玄武岩	LA-ICP-MS	759±25	本书实测
四川攀枝花	康定群	斜长角闪岩	LA-ICP-MS	816±15	郑玉文（2020）
四川米易	康定群	石英闪长岩	SHRIMP	775±8	Li 等（2003）
云南澄江	澄江组	凝灰岩	SHRIMP	781±11	崔晓庄等（2013）
云南巧家	澄江组	凝灰岩	SHRIMP	785±12	
四川甘洛	苏雄组	英安岩	LA-ICP-Ms	780±12	卓皆文等（2017）
四川甘洛	开建桥组	凝灰粉砂岩	LA-ICP-MS	780±3	Jiang 等（2016）
四川金河口	烂包坪组	凝灰岩	SHRIMP	779±16	熊国庆等（2013）
四川冕宁	苏雄组	凝灰岩	LA-ICP-MS	805.9±4.4	卓皆文等（2015）
四川攀枝花	咱里组	辉绿岩	LA-ICP-MS	780.9±5.9	柏勇等（2019）

通过对稳定同位素和硫同位素进行研究，探明相山铀矿田成矿流体为岩浆水，成矿溶液主要来自大气降水，成矿过程中黄铁矿为铀的沉积提供了还原剂，地表上花岗斑岩与铀成矿密切相关。7101 铀矿点岩石蚀变类型多样（赤铁矿化、绿泥石化、碳酸盐化等），岩石中还发育较多的酸性和基性岩脉体，均可为铀沉淀充当还原剂。研究表明，含 F^{2+} 的硅酸盐矿物和硫化物均可改变溶液中的 Eh 值，可以促使 U^{6+} 还原沉淀，其次溶

液中含有的 H_2S 可以促进铀酰络合物分解，使 U^{6+} 还原沉淀。在相山铀矿中，在围岩蚀变发育和构造破碎带附近，铀更加富集，这是因为围岩蚀变改变了溶液 pH，促使铀沉淀富集，同时脆性的岩石，节理、裂隙发育处，铀含量也更高，表明该类场所有利于铀沉淀和富集。

综上所述，7101 铀矿化点夹持于 F_5、F_6 断裂之间，围岩蚀变以绿泥石化、绢云母化、赤铁矿化、绿泥石化、碳酸盐化为主，主量元素、微量元素和稀土元素特征均与邹家山矿床相似，表明苏雄组火山岩与邹家山铀矿具有相似的地球化学特征。7101 铀矿点岩石产于裂谷环境之中，由地幔柱引起的地壳物质部分熔融形成，赋矿围岩具有提供铀源的良好条件，年代学数据表明岩浆结晶后期约 120Ma 经历了一次大的岩浆热液事件。赋矿围岩、围岩蚀变、铀矿物类型和矿体形态 7101 铀矿点和邹家山铀矿有明显的相似性，但 7101 铀成矿时代早于相山铀矿成矿时代，成矿模式可借鉴相山的 3 期 6 阶段，分为基底变形、早期岩浆活动、早期成矿、中期成矿、晚期成矿和成矿后阶段。

第 7 章　康滇地轴新元古代铀成矿作用及成矿规律

康滇地轴是我国前寒武纪地层分布最为广泛的地区之一，从古元古界、中元古界到新元古界地层及岩石均有分布。在元古宇地层中，分布有众多的铀矿床、铀矿点、铀矿化点及铀异常，这些铀矿化形成时代主要为新元古代。区域内新元古代铀成矿类型复杂，查明不同类型铀矿化之间的时空及成因关系，是研究新元古代铀成矿系列及时空规律的核心。在充分收集前人资料基础上，本书研究团队通过十多年的研究，基本厘清了康滇地轴新元古代铀矿成矿类型以及各自的产出背景。本章主要对康滇地轴新元古代铀成矿类型及分布规律进行简要描述，对新元古代铀成矿作用进行总结。

7.1　康滇地轴新元古代铀矿类型及分布规律

康滇地轴新元古代铀成矿作用发育强烈，新元古代铀矿床、铀矿点、铀矿化点和铀异常点分布十分广泛，北起汉源、冕宁，经米易、攀枝花，南到云南红河，西起攀枝花盐边，东及四川会理会东和云南东川，几乎整个康滇地轴均有分布（图 7-1）。

康滇地轴新元古代铀矿分布广泛，类型亦较多。根据新元古代铀矿赋存岩性、矿物组合特征，以及铀成矿作用，本书将康滇地轴新元古代铀成矿类型分为 4 类：产于康定群-苴林群深变质混合岩中的铀矿、产于变钠质火山岩系中的铀矿、产于浅变质沉积岩系中的铀矿、产于苏雄组火山岩中的铀矿。

康滇地轴新元古代铀矿尽管产于不同时代地层、不同岩性之中，但除产于苏雄组火山岩中的铀矿外，其他类型铀矿均形成于新元古代，而产于新元古代苏雄组火山岩中的铀矿赋矿岩石本身就是新元古代火山岩，因此这四类铀矿均与新元古代构造岩浆活动关系密切，是罗迪尼亚大陆裂解过程的结果，其分布有一定的规律，分为西带、中带、东带。

（1）西带：铀矿（化）产于康定群、苴林群深变质混合岩。该带北起米易，南经攀枝花大田到云南牟定，呈南北向分布，长度超过 250km。该带主要为中-古元古界康定群、苴林群混合岩，在混合岩中产有以粗粒晶质铀矿（粒径可达厘米级）为主要铀矿物的特富铀矿，因其富含粗粒晶质铀矿、矿石呈脉状且特富而闻名于国内。该类型典型铀矿点有：米易海塔 A10 矿点、2811 矿点、A19 矿点，米易垭口 101 矿点，攀枝花大田 505 矿床，牟定戌街 1101 地区 111、165、115 等矿点。经过多种方法进行测试，表明该类铀矿形成时代为 850～770Ma（徐争启等，2017a，2017b；Xu et al.，2021）。

（2）中带：铀矿（化）产于变钠质火山岩系。该带北起会理拉拉铜矿，南到云南新平大红山，南北向超过 400km。岩性主要为河口群、大红山群等钠质火山岩系。该类铀矿（化）最大的特点是与铁铜矿伴生，即传统的 IOCG 型矿床，尽管与国外典型的

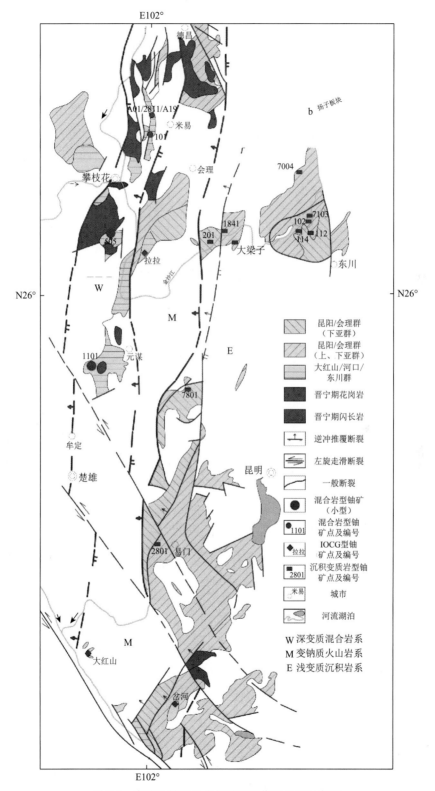

图 7-1 康滇地轴新元古代铀成矿作用分带示意图

IOCG 型铀多金属矿不同，我国康滇地轴与铁铜伴生的铀矿化规模较小，品位较低，但仍有多处分布，表明该类型铀矿仍是康滇地轴一次重要的铀成矿作用。该类型典型铀矿化主要有：拉拉铜矿、大红山铜矿、迤纳厂铜矿、岔河铜矿等铜铁矿床中的铀矿化。经过测试该类型矿化中的晶质铀矿，表明该类铀矿形成时代为 828～824Ma（宋昊，2014；Song et al.，2020）。

（3）东带：铀矿（化）产于浅变质沉积岩系。该带从会东向西到会理，再向南到武定、易门一带，呈倒 L 形分布，长度超过 500km。该类铀矿主要产于中元古界浅变质沉积岩系中，分布在落雪组、因民组、黑山组或其相互界面上，或者断裂带与岩浆岩脉的接触带。该类型典型铀矿点有：会东 102 矿点，会理芭蕉箐 1841 铀矿点、201 矿点，武定 7801 铀矿点，易门 2801 铀矿点，东川 112 矿点、114 矿点、115 矿点等。前人分析该类铀矿成矿时代为 700Ma 左右（倪师军等，2014）。

（4）北带：铀矿（化）产于苏雄组火山岩中。北带主要分布于康滇地轴北部大相岭、小相岭一带。铀矿化点多，分布于新元古代苏雄组火山岩中。该类型典型铀矿点有：汉源地区的 7301 矿点，冕宁地区的 7302 矿点、117 矿点、113 矿点等。苏雄组火山岩形成于 820～800Ma。苏雄组火山岩中铀含量普遍较高，前人测得该火山岩型铀矿形成时代为 260Ma 左右，属于印支期。尽管成矿时间不是新元古代，但赋矿岩性为新元古代，新元古代火山岩是铀的预富集作用，为后期的铀成矿提供丰富的铀源，因而与新元古代铀成矿作用还是有一定的关系。

7.2　康滇地轴新元古代铀矿特征对比

康滇地轴新元古代铀矿分布较为广泛，分带规律较为明显。本书总结梳理出几种不同类型新元古代铀矿的总体特征，并进行对比分析，每一种类型的详细特征及典型矿（床）点在本节中进行分别叙述。

（1）产出层位时代。尽管从成矿时代上来说，康滇地轴是新元古代铀成矿作用最为显著的地区，成矿时代相差不大，但其产出层位有明显的差异。产于深变质混合岩中的铀矿赋矿层位为康定群-苴林群，属于新太古界到古元古界；产于变钠质火山岩中的铀矿赋矿层位为古元古代河口群、大红山群；产于浅变质沉积岩中的铀矿赋矿层位为中元古代会理群、东川群；产于火山岩中的铀矿赋矿层位为新元古代苏雄组。

（2）赋矿围岩岩性。产于深变质混合岩中的铀矿赋矿围岩为花岗片麻岩、斜长片麻岩、斜长角闪岩等组成的混合岩，云母片岩及混合岩，混合岩中往往穿插有长英质脉体和基性脉体；产于变钠质火山岩中的铀矿赋矿围岩是钠质火山岩、火山沉积变质岩系碳质板岩及各类岩脉；产于浅变质沉积岩中的铀矿赋矿围岩是砂质板岩、碳质板岩、泥质板岩，碳酸盐岩及各类脉体；产于苏雄组火山岩中的铀矿赋矿围岩是流纹岩、含斑流纹岩，中酸性火山碎屑岩，中基性岩脉。

（3）铀矿矿物组合。产于深变质混合岩中的铀矿矿物组合为晶质铀矿、沥青铀矿、钛铀矿、次生铀矿，黄铜矿、黄铁矿、辉钼矿，以及榍石、磷灰石、锆石、钠长石等。

产于变钠质火山岩中的铀矿矿物组合为晶质铀矿、钛铀矿、沥青铀矿、次生铀矿，黄铜矿、黄铁矿、磁铁矿、斑铜矿、辉钼矿、辉钴矿、赤铁矿等。产于浅变质沉积岩中的铀矿矿物组合为沥青铀矿、晶质铀矿、钛铀矿、铈铀钛铁矿，黄铜矿、黄铁矿、褐铁矿、赤铁矿、金红石等。产于苏雄组火山岩中的铀矿矿物组合为沥青铀矿、硅钙铀矿、铜铀云母、变钙铀云母，黄铁矿、白铁矿、赤铁矿、黄铜矿、辉钼矿、方铅矿等。

（4）围岩蚀变特征。产于深变质混合岩中的铀矿围岩蚀变包括硅化、绿泥石化、黝帘石化、绢云母化、赤铁矿化、碳酸盐化、钠长石化、红化等。产于变钠质火山岩中的铀矿围岩蚀变包括钠长石化、绢云母化、硅化、赤铁矿化（红化）等。产于浅变质沉积岩中的铀矿围岩蚀变为钠长石化、碳酸盐化、水云母化、叶绿泥石化等。产于苏雄组火山岩中的铀矿围岩蚀变为含铁绿泥石化、含铁绢云母化、红化（赤铁矿化）、叶绿泥石化、硅化、黄铁矿化（浸染状）、白云母化、钠长石化。

（5）铀成矿时代。产于深变质混合岩中的铀矿形成时代为（779±6）～（761±19）Ma、840～830Ma。产于变钠质火山沉中的铀矿形成时代为 828～824Ma。产于浅变质沉积岩中的铀矿成矿时代为 729.1～700Ma。产于苏雄组火山岩中的铀矿成矿时代为印支期，属于晚期成矿。

（6）成矿作用。康滇地轴新元古代铀成矿总体以热液铀成矿作用为主，不同类型成矿作用略有差异。产于深变质混合岩特富铀矿是中高温作用下的产物，是基底岩石低程度部分熔融过程中岩浆作用与岩浆期后热液作用共同作用的结果，后期又受热液作用叠加。产于变钠质火山岩中的铀矿以中高温热液作用为主。浅变质沉积岩中的铀矿以中低温热液作用为主。苏雄组火山岩中的铀矿是典型的中低温热液铀矿。

（7）典型矿床（点）。产于深变质混合岩中的铀矿典型矿床（点）有米易海塔 A10矿点、米易垭口 101 矿点、攀枝花大田 505 矿床、云南牟定 1101 矿点。产于变钠质火山岩中的典型铀矿点有拉拉、大红山、迤纳厂、岔河等铜铁铀矿点。产于浅变质沉积岩中的典型铀矿点有易门 2801 铀矿点、会理芭蕉箐 1841 铀矿点、会理红岩 201 铀矿点、东川 114 矿点。产于苏雄组火山岩中的典型铀矿点有小相岭地区铀矿化点，汉源 7301 矿点，冕宁 7302 矿点、117 矿点、113 矿点等。

7.3　新元古代铀成矿规律

7.3.1　含铀矿石特征讨论

罗迪尼亚超大陆拼合、裂解背景下的康滇地轴在新元古代发生了一系列重大地质事件，使铀富集、活化，在不同的构造、不同的岩性条件下，形成了不同类型的元素组合和矿物组合。通过对铀矿化点围岩特征进行研究，发现铀矿化点围岩蚀变普遍具有硅化、赤铁矿化、绿泥石化、碳酸盐化、钠长石化等特征；通过对铀矿化点矿石特征进行研究，发现不同类型铀矿物组合有差异，但是普遍具有以下规律：铀及含铀矿物主要为晶质铀矿、沥青铀矿、钛铀矿、铀石、铈铀钛铁矿、钍石、方钍石，高温矿物主要为榍石、磷灰石、锆石、独居石、钛铁矿，硫化物主要为辉钼矿、磁黄铁矿、黄铁矿、黄铜矿。

不同类型铀矿化矿物组合有相同之处，亦有差异。

（1）产于深变质混合岩中的铀矿，其铀矿物主要为晶质铀矿，且以粒径较大的晶质铀矿为特征（最大可达厘米级），铀矿化均具有"晶质铀矿-磷灰石-榍石（或金红石）-钠长石"较为固定的矿物组合，此外，在晶质铀矿内部或附近可见少量呈细脉状产出的沥青铀矿脉，但后期叠加铀成矿作用并不明显。大田地区的铀矿石具有"晶质铀矿-透辉石（钙铁辉石）-角闪石-磷灰石-榍石"矿物组合，亦有"晶质铀矿-黄铁矿-辉钼矿-磷灰石-榍石-钠长石"矿物组合，局部发育有少量沥青铀矿脉。

（2）产于变钠质火山岩中的铀矿化以细粒晶质铀矿为特征，与铁铜矿化在空间上一致，但在形成时代上有差异，铀矿化形成时间最晚。矿物组合主要为细粒晶质铀矿，少量沥青铀矿，以及铈铀钛铁矿、钍石等，晶质铀矿和沥青铀矿主要分布于云母、磁铁矿、石榴子石、磷灰石等矿物中。

（3）产于浅变质沉积岩中的铀矿以沥青铀矿、钛铀矿为主要铀矿物，与钠交代关系密切。芭蕉箐地区的铀矿化产于"电气石＋锐钛矿＋绿泥石"组成的暗色细脉中，少量产于钠长岩中，铀矿物主要为钛铀矿，少量为晶质铀矿及沥青铀矿。东川地区的铀矿化以沥青铀矿、钍石等矿物为特征，成矿流体至少有三期，第一期次成矿热液，为富 U、Fe、Cu、Ni 热液；第二期次成矿热液以富 U、Zn、Ni 为特征；第三期次热液为富 Th、Fe、Pb 热液。

在这里，值得指出的是，在康滇地轴发现了大量的辉绿岩等基性脉岩。例如，在攀枝花大田地区，辉绿岩脉发育，其脉体侵入混合岩中，研究认为基性岩浆一般可以代表拉张环境下的岩浆活动。柏勇等（2019）对攀枝花大田地区辉绿岩脉成岩年代进行了研究，得出辉绿岩脉形成于 780～760Ma，属于澄江期构造岩浆活动的产物，这与徐争启等（2017a）得出的大田地区的晶质铀矿年龄为 777.6～774.7Ma 是一致的，并认为这些辉绿岩及花岗质岩脉是在罗迪尼亚超大陆由聚合向裂解的转折期间，受到了地幔柱活动的影响，形成的具有双峰式岩浆活动的产物，是对罗迪尼亚超大陆裂解的响应。辉绿岩脉或花岗质岩脉所属的岩浆活动可以为铀成矿提供热源和流体，促使地层或混合岩等富铀地质体中的铀活化迁移到构造合适地段富集成矿。

7.3.2　成矿时代及成矿物质来源探讨

前人对西南地区重大地质事件与铀成矿作用进行了研究，认为有两次铀预富集作用和 4 次铀成矿事件（倪师军等，2014）。两次铀预富集作用分别是：古-中元古代铀预富集作用和古生代早期铀预富集作用。古-中元古代铀预富集作用是指在古-中元古代地球大气发生无氧到有氧转换过程中形成的大量的富含有机质的"古老碳硅泥岩系"，如会理群、东川群等，在这些地层中铀发生了最早的预富集，形成地层中铀的丰度普遍高于地壳丰度的特点。古生代早期铀预富集作用则发生在寒武纪、志留纪、泥盆纪黑色岩系中，这些黑色岩系发育有大量的铀矿床（点），为后期形成黑色岩系富大铀矿奠定了基础。

4 次铀成矿事件是指新元古代铀成矿事件、古生代晚期铀成矿事件，中生代铀成矿事件和新生代铀成矿事件。在康滇地轴，与新元古代铀矿关系最为密切的是"一作用一事件"，即古-中元古代铀预富集作用和新元古代铀成矿事件。事实上，国外古-中元古代铀成矿作用强烈，是重要的铀矿形成时期，包括加拿大阿萨巴斯卡不整合面型铀矿、澳大利亚奥林匹克坝 IOCG 型铀铜金多金属矿、南非斯维斯特兰德石英卵砾岩型铀矿，这些铀矿规模大、品位高，在国际上具有十分重要的地位。我国古-中元古代铀成矿仅在东北连山关等地发现，连山关铀矿床形成时代为 1700Ma 左右。

长期以来认为国内外新元古代铀成矿作用较弱，但笔者所在研究团队在康滇地轴经过 10 多年的研究，确认了我国新元古代铀成矿作用的存在，并且在康滇地轴最为发育，进而为新元古代铀成矿规律研究提供了研究对象。在研究过程中，本书研究团队做了大量的年代学研究，对晶质铀矿以及与之共生的辉钼矿、磷灰石、榍石等进行了分析测试，获得各铀矿的形成时代分别为：米易海塔 790～760Ma，攀枝花大田 790～770Ma、840～830Ma，牟定 1101 矿点为 800～780Ma、1000～900Ma，会理拉拉为约 830Ma，大红山为～835Ma，会理芭蕉箐 1841 矿点为 720～700Ma，易门 2801 矿点为 700Ma，为新元古代铀成矿，说明新元古代铀成矿作用范围广、强度大，是我国一次重要的铀成矿事件。

在古-中元古代地层形成过程，以及形成之后变质作用过程中，围岩中的铀发生富集，形成富铀的地层，称为铀的预富集事件。结合研究区大田 505、牟定 1101、米易海塔 A10、会理芭蕉箐 1841、易门 2801 等铀矿化点成矿特征，认为康滇地轴新元古代的成矿的铀源均来自围岩，后期岩浆-热液提供热源和能量，说明铀在前期已经发生预富集。这些成矿的围岩岩性较为宽泛，如混合岩、沉积变质岩、灰色砂岩、碳质板岩等，这些围岩的特点是铀元素含量普遍高于地壳铀元素克拉克值。在这里值得指出的是，铀的预富集同样对岩性并没有明确的选择。

综上所述，康滇地轴的铀成矿作用发生在新元古代，时间上限限定在 850Ma；主要发生在澄江造陆运动期间，随着地壳伸展，发生岩浆侵位活动提供热源，将富铀地层中的铀活化出来，在合适的部位富集成矿，时间下限限定在 700Ma。

7.3.3　控矿因素与成矿模式探讨

结合 Li 等（2003）对罗迪尼亚超大陆旋回的研究和胥德恩等（1992b）对铀成矿时代的研究，认为康滇地轴铀矿化期的地质构造环境应为一个拉伸环境，即地壳处于造陆的拉伸阶段，且同时存在着构造活动和双峰型、无造山活动的岩浆活动，并推测康滇地轴铀成矿与地幔柱的爆发存在一定的内在联系。柏勇等（2019）认为大田地区的铀成矿与超级地幔柱的活动具有直接联系。

本书研究认为，康滇地轴新元古代铀成矿作用与岩性选择相关性较低，但是铀成矿的前提是地层或岩体要先发生铀的预富集事件，并在构造破碎带或次级断裂等合适的部位，经过后期的热液作用才能形成铀矿（化）。断裂构造是控制铀矿化的重要因素之一，铀矿化均与一定规模的断裂破碎、层间破碎或岩性界面有关。从区域上看，铀矿化往往发育在区域大断裂或次级大断裂的附近。

新元古代构造-岩浆活动是其总控因素，具有"地层-构造-岩浆岩（辉绿岩脉、中酸性岩脉或碱性岩脉）-热液"四位一体控矿模式，特别是辉绿岩及碱性岩与铀矿化关系密切。

7.4　新元古代铀成矿动力学背景

现有西南地区铀矿（化）点铀成矿年代数据表明，康滇地轴新元古代是铀的重要成矿时期。新元古代最重要的地质事件是晋宁-澄江运动，大体发生时间与罗迪尼亚超大陆形成-裂解转换时期相当，这个时期正是该区大型铜矿和铁矿、锡钨矿、铅锌矿的成矿时期，也是研究区最主要的铀成矿时期（王红军等，2009；倪师军等，2014）。

随着越来越多的科研工作者接受罗迪尼亚超大陆构造事件假说，并且不断提出新的证据证明罗迪尼亚超大陆的存在（McMenamin and McMenamin 1990；Hoffman，1991；Dalziel，1997；郝杰和翟明国，2004），因此将康滇地轴新元古代铀成矿作用放在罗迪尼亚超大陆拼合与裂解的全球背景下进行分析和研究，从罗迪尼亚超大陆演化的角度重新审视康滇地轴新元古代铀成矿作用，具有重要的指导意义。

7.4.1　罗迪尼亚超大陆的形成：铀的预富集事件

20 世纪末，西方地质学家通过对格林威尔造山运动的研究，提出了在中元古代末期—新元古代初期（大约 11 亿年前），由于地球内部的再一次剧烈的造山运动，各大陆板块开始碰撞和漂移，分裂后重新组合成一个全新的大陆板块，称为罗迪尼亚超大陆。其后，通过对罗迪尼亚超大陆的古地理和各陆块拼接方案的大量研究，认为超大陆的主要聚合过程发生在距今 1200～1000Ma 的中元古代晚期，格林威尔造山运动代表着罗迪尼亚超大陆拼合的构造过程，格林威尔期造山带是各陆块拼合的主要对比标志，超大陆的解体发生在距今 900～700Ma 的新元古代早期（Li et al.，1995，1996；Condie，2001；郝杰和翟明国，2004；李三忠等，2019）。

康滇地轴岩浆岩活动频繁，形成大量的侵入岩体和火山岩，其分布受安宁河-绿汁江、汤丹-易门和小江断裂带控制。中酸性侵入岩体主要形成时代为晋宁期，即 1000～800Ma，如摩掌营岩体、平地岩体、长塘岩体、物茂岩体、姚兴村岩体、九道湾岩体和峨山岩体等花岗岩-花岗闪长岩岩体，同期形成的还有大量的混合花岗岩，如米易混合花岗岩体、同德混合花岗岩体、大田混合花岗岩体和大红山混合花岗岩体等。不同类型的花岗岩指示着不同的成因类型（王红军等，2009）。

陆怀鹏等（1999）通过对川西沙坝麻粒岩原岩特征及变质作用进行研究，认为它的原岩化学成分类似于大陆岛弧钙碱性玄武岩，形成于造山带挤压环境，表明在 1000～800Ma 扬子陆块西缘发生过板内俯冲作用，其俯冲作用的实质是在扬子大陆岩石圈内部，克拉通基底向造山带下的俯冲，以至于康滇地轴在新元古代时期地壳增生，引起壳-幔相互作用，从而导致地壳熔融，使康滇地轴在晋宁造山运动中形成大量的中-酸性侵入岩体，在时间上，这与罗迪尼亚超大陆拼合时间一致。

从构造环境及成岩年龄上不难发现，1000～600Ma 是一个重要的地质构造演化时期。从康滇地轴上出露的大量中酸性岩浆岩和大量的年代数据分析，在中—新元古代时期，该区发生过板内俯冲作用，大量的研究表明，这次重大的地质事件与罗迪尼亚超大陆拼合存在密切联系（王红军等，2009）。

在康滇地轴中南段，古-中元古代时期形成的变钠质火山作用和陆缘裂谷系火山岩-细碎屑岩-碳酸盐岩-碳质板岩中，已发现有大红山铀矿点、拉拉铀矿点等一批铀矿点。尽管这些铀矿点产在古-中元古代时期形成的地层（大红山群、河口群、岔河群、会理群、昆阳群等）中，但是铀矿成矿时代均晚于铜矿化和铁矿化时期，沥青铀矿的 U-Pb 同位素年龄显示为新元古代成矿。而大红山群、河口群、岔河群、会理群、昆阳群等地层岩石中铀含量又相对较高（倪师军等，2014），推测康滇地轴古-中元古代时期形成的结晶基底地层（大红山群、河口群、岔河群）和褶皱基底地层（会理群、昆阳群）形成后在罗迪尼亚超大陆拼合时期，即晋宁运动时期，发生陆陆碰撞的构造事件（扬子古陆块同川滇藏古陆块之间的陆陆碰撞事件）（郝杰和翟明国，2004），岩浆入侵和区域变质作用发生了铀的预富集事件，这也是康滇地轴第一次发生铀预富集的重大地质事件。

7.4.2　罗迪尼亚超大陆的裂解：新元古代铀成矿事件

Morgan（1971）最早提出了地幔柱的概念，认为起源于核幔边界的地幔柱是板块运动的驱动力，地幔柱上涌导致大陆隆起、破裂并最终裂解。Storey（1995）认为，地幔柱可以以被动的方式参与大陆裂解，在某种程度上可以决定大陆裂解发生的时间和位置，但是地幔柱不是大陆裂解的最终原因。Burov 和 Gerya（2014）通过建立数据模型认为若地球表面受张应力作用，其内部的岩浆柱会导致大陆裂解。Park 等（1995）首次提出，罗迪尼亚超大陆的分裂可能是由大约 780Ma 的地幔柱引发的。Li 等（1999，2003）研究指出超地幔柱在推动全球板块构造方面发挥了重要作用，超级地幔柱上的穹窿作用和超级地幔柱传导的巨大热量对岩石圈的削弱作用以及长时间、广泛的岩浆活动和大陆裂陷作用，最终导致了罗迪尼亚超大陆的解体，并且指出，这个超级地幔柱的爆发分为两个阶段，分别为 830～795Ma、780～745Ma，且同为双峰型、无造山活动的岩浆活动，后一阶段发生在大陆裂谷期，前一阶段在裂谷期之前开始，在裂谷期开始时达到峰值，约为 820Ma。

陆松年等（2003）将秦岭中-新元古代地质演化和罗迪尼亚超大陆事件进行了对应，并指出秦岭造山带中-新元古代早期裂解记录与扬子克拉通内部同期裂解作用同步进行，扬子板块及其边缘整体处于地壳伸展环境，该时期形成的火山岩具有明显的陆内火山岩的地球化学特征，在成因上可能与板内俯冲向拉张环境演化有关，这也是罗纳尼亚超大陆裂解的重要表现。纵观康滇地轴古宙一系列的岩浆作用和盆地，岩浆作用基本处于超级大陆的聚合时期，而盆地的形成则处于超级大陆的裂解时期，如康滇地轴北部发育的以苏雄组为代表的陆相火山-沉积盆地，在南部发育的以澄江组为代表的陆相断陷盆地（倪师军等，2014）。

晋宁期随着应力的消失，造山运动和区域变质作用消失，开始了由陆内俯冲作用转向澄江造陆时期拉伸环境的演化，康滇地轴地壳表面处于拉张状态，早期形成的断裂在拉张作用下进一步扩大和发展，从而形成了形状各异、大小不等的多个断裂块体，这对康滇地轴后期的地壳演化具有重要作用。在区域构造上，铀矿化往往发育在大断裂以及次级断裂附近，时常伴随着铜金矿化的出现（王红军等，2009）。澄江运动导致大量中酸性岩浆的侵入和喷发活动，为康滇地轴铀成矿提供了热源和流体；地壳的拉张导致强烈的断裂活动，由于各种断裂的位置以及活动方式的不同，从而形成诸多不同的、有利于铀成矿的地质构造环境和储矿空间。中酸性岩浆沿构造断裂和裂隙侵入，提供热源和流体，将围岩中的铀活化出来，在合适的储矿空间富集，这是康滇地轴的第一次铀成矿作用。

第8章 结论及展望

8.1 结 论

1. 深变质混合岩中的铀矿成矿规律

（1）发现并研究了国际罕见的粗粒晶质铀矿的成因机制，揭示了特富铀矿成矿机理。在康滇地轴米易海塔、攀枝花大田、云南牟定地区二百多平方公里的范围内的混合岩中发现了国际罕见的粗粒晶质铀矿。研究了粗粒晶质铀矿的标型矿物学特征，并对其成因进行了深入研究。研究认为米易2811铀矿点赋矿石英脉和A19铀矿点赋矿长英质脉在成因上具有演化关系，提出粗粒晶质铀矿成因类型为岩浆岩型，其形成与高温、低压和赋铀岩石的低程度部分熔融作用密切相关。

（2）系统地总结了以粗粒晶质铀矿为特征的特富铀矿关键控矿因素和成矿规律。富铀结晶基底的形成为铀成矿提供了铀源：康滇地轴富铀结晶基底的形成是铀成矿的前提，为后期铀的富集提供了充足的铀源。大陆裂解活动为铀成矿提供了热源以及容矿空间，罗迪尼亚超大陆裂解为富铀基底的低程度部分熔融提供了充足的热源；罗迪尼亚超大陆裂解引发地壳的拉张，导致强烈的断裂活动，从而形成诸多不同的有利于铀成矿的地质构造环境和储矿空间。结合晶质铀矿的微量元素特征及矿物学特征，认为高温、温度缓慢降低且稳定的还原环境是形成粗粒晶质铀矿的关键因素。

（3）揭示了康滇地轴深变质混合岩铀矿主要控矿因素。研究认为，康滇地轴深变质混合岩铀矿受"地层岩性-构造-岩浆-热事件"四位一体控矿。

①地层岩性与铀矿化。混合岩中的长英质脉体与铀矿化关系密切；辉绿岩脉形成时代与铀矿形成时代一致，为铀成矿带来了热及深部流体。混合岩可能是晶质铀矿的铀源之一。此外，康滇地轴混合岩围岩具有高于平均地壳值的 U 富集系数，也表明混合岩能为铀成矿提供充足的铀源。

②构造与铀矿化。铀矿的分布严格受断裂的控制，表明构造活动是控制铀成矿的重要因素之一，北东向构造与近东西向构造的接合部位是富矿有利部位。

③岩浆活动与铀矿化。表明 780～760Ma 的岩浆热事件为铀成矿提供了热源和流体。因此，研究区与铀成矿相关的重大地质事件为混合岩形成后的构造和脉岩侵入活动。

④碱交代作用与铀矿化。岩石后期可能经历了两期碱性热液流体的蚀变改造。碱性热液流体为蚀变改造变质作用的主控因素。值得注意的是，铀成矿作用往往与热液流体的蚀变作用有关，尤其是与碱性热液流体蚀变作用（碱交代作用）关系密切，因此海塔地区混合岩中的铀成矿与碱性热液流体蚀变的交代作用关系应当引起重视。

2. 变钠质火山岩中的铀矿成矿规律

康滇地轴铜铁矿床中晶质铀矿以规则四边形的形式出现，这与晶质铀矿具萤石型结构，属等轴晶系，晶形以立方体或八面体为主等有关。通过对拉拉铜铁矿床内晶质铀矿较为系统的电子探针化学测年，铀的成矿晚于铁、铜、钼、金等多金属的成矿作用，为新元古代的成矿事件。铀与铜、金、铁、钼、钴、稀土矿物等空间上共生，但形成时间较晚，为820Ma左右的成矿事件，该期区内已发现有较多的酸性侵入岩；铀矿形成温度高，铀矿及多金属成矿可能与热变质事件及岩浆热液活动有关，推测该类铀矿的形成与区内中酸性岩浆作用具有一定的成因联系，从区域上来看，可能与罗迪尼亚超大陆的裂解有关。从区域演化特征来看，古元古代是会理拉拉式铜铁多金属成矿作用的预富集阶段，形成重要的矿源层；之后经过多期次构造运动和热液叠加改造而成矿，尤其是1.4～1.2Ga的变质改造成矿作用和1.1～1.0Ga的热液叠加成矿作用，约0.8Ga铀的成矿富集作用，在多阶段叠加成矿作用下，形成铁、铜、金、钼、铀、钴、稀土等多金属组合富集，形成了会理拉拉铜铁多金属矿床。该项研究对丰富IOCG矿床成矿理论研究，揭示该类型伴生铀的富集规律及同类型铀矿资源的开发利用具有重要意义。

3. 浅变质沉积岩中的铀矿特征及规律

康滇地轴浅变质沉积岩中的铀矿分布广泛，赋矿岩性多样，但总体而言，以碳质板岩、砂质板岩、碳酸盐岩为主。主要铀矿物以沥青铀矿为主，还有钛铀矿物及次生铀矿。围岩蚀变以硅化、碱交代、赤铁矿化为主。通过沥青铀矿测试，可知该类铀矿形成时代为720～700Ma，属于新元古代铀成矿。该类铀矿受构造-岩性-岩脉共同控制，构造提供了成矿空间，地层岩性提供了铀源，岩浆岩脉体及岩性界面提供了成矿突变界面。该类铀矿是典型的热液叠加改造型成因，由于该类铀矿及赋矿地层分布广泛，将原来认为受层位控制的老碳硅泥岩型铀矿认识向热液叠加改造型转变，还是有较好的找矿前景。

4. 苏雄组火山岩中的铀矿特征及成矿规律

苏雄组广泛分布于汉源—冕宁一带，形成时代为830Ma左右，是新元古代一次重要的岩浆喷发事件。苏雄组火山岩以中酸性流纹岩、火山碎屑岩为主，同时亦有基性岩的喷发和侵入。汉源、冕宁地区苏雄组中酸性火山岩主量元素具有相似的地球化学特征，表现出高硅、高钾、高钙、强过铝质特征，属于碱性-钙碱性岩石。苏雄组火山岩岩石样品的岩浆源区不是直接来源于亏损地幔，而是来源于新增生地壳物质的部分熔融，并受到了不同程度的幔源物质混染，基性火山岩整体表现出与OIB岩浆源区相似的地球化学特征。苏雄组基性火山岩产于大陆裂谷环境之中，中酸性火山岩更类似板内花岗岩，与地幔柱活动相关，地幔柱引起地壳物质重熔形成，产于大陆裂谷环境之中，耦合新元古代时期罗迪尼亚超大陆裂解。

苏雄组火山岩铀矿化点中铀矿物以板柱状、细脉状和浸染状沥青铀矿产出，次生铀矿有硅钙铀矿、铜铀云母和钙铀云母，并伴有磁铁矿、赤铁矿、黄铁矿和闪锌矿等多金属，围岩蚀变多见绿泥石化、绢云母化、赤铁矿化、绿泥石化、碳酸盐化等，矿化受层位控制明显，与酸性火山岩密切相关，铀矿多产于构造破碎带和岩脉穿插部位。苏雄组火山岩中的 7101 铀矿点测试沥青铀矿成矿年龄为 226Ma，属于燕山早期成矿。尽管成矿时代较晚，但成矿物质来源于赋矿围岩，苏雄组火山岩形成于新元古代（830Ma 左右），与新元古代地质事件关系密切。

苏雄组火山岩赋矿围岩、围岩蚀变、铀矿物类型和矿体形态与邹家山铀矿有明显的相似性。

5. 揭示了新元古代铀成矿作用和规律，初步构建了康滇地轴新元古代铀成矿理论

赋矿岩性：混合岩、沉积变质岩、碳酸盐岩、碳质板岩等均可，对岩性没有绝对选择性。

围岩蚀变：硅化、红化、绿泥石化、碳酸盐化、碱交代（钠长石化）。

矿物组合：不同类型铀矿矿物组合有差异，但普遍具有以下规律：铀及含铀矿物包括晶质铀矿、沥青铀矿、钛铀矿、铀石、铈铀钛铁矿、钍石、方钍石；高温矿物包括榍石、磷灰石、锆石、独居石、钛铁矿；硫化物包括辉钼矿、磁黄铁矿、黄铁矿、黄铜矿。

成矿时代：新元古代（850～690Ma）。

控矿因素：新元古代构造-岩浆活动是其总控因素，无论是哪一种类型的铀矿化，均具有"地层-构造-岩浆岩（辉绿岩脉、中酸性岩脉或碱性岩脉）-热液"四位一体控矿模式。特别是辉绿岩及碱性岩与铀矿化关系密切。

成矿作用：总体上属于热液铀成矿作用，不同类型成矿温度略有差异，混合岩特富铀矿是中高温作用下的产物，其他类型以中低温为主。

成矿动力学背景：罗迪尼亚超大陆拼合与裂解响应，铀成矿主要与大陆裂解过程及其后续构造运动关系密切，是挤压向伸展转换过程的产物。

康滇地轴新元古代铀成矿类型多，强度大，范围广，潜力大。

8.2 展 望

康滇地轴作为新元古代铀成矿作用较强的地区，是研究新元古代铀成矿作用的重要场所。本书结合前人研究基础，通过十余年的持续研究对康滇地轴新元古代铀成矿作用进行了较为深入的研究，初步揭示了新元古代铀成矿规律，为新元古代铀成矿理论的构建和深化提供了重要的依据。然而，在全球范围内，新元古代铀成矿作用相对较弱，研究程度较低，即便是康滇地轴，由于对已发现的铀矿床（点）的研究程度参差不齐，部分认识尚不完全准确，因此，还有更多的工作要做。总体而言，需要对以下方面开展进一步研究，才能更好地对新元古代铀成矿作用深化认识。

1. 康滇地轴及周缘构造建造演化与铀成矿事件

康滇地轴是我国前寒武纪地层分布区之一，也是元古宙岩浆岩的重要分布区，特别是新元古代岩浆活动频繁，岩浆岩分布广泛，以 840～780Ma 的岩浆岩最为发育。前人在基础地质研究方面做了大量的工作，取得了不少新的认识，也有很多争议。对于新元古

代地质事件主要有两个方面的观点：一种观点认为是地幔柱导致康滇地轴新元古代岩浆岩的发育；另一种观点认为是裂谷作用导致康滇地轴新元古代岩浆活动。从目前来看，康滇地轴岩浆活动最老的岩体以撮科岩体为代表，年龄超过 3.0Ga，为太古宙岩体；之后为 1.9～1.7Ga 的古元古代岩体，分布在会东、会理、大红山一带，主要为一些基性岩体及岩脉；第三次大规模的岩浆活动为 840～780Ma 新元古代的岩浆活动，该期岩浆活动规模大，岩浆类型丰富，包括顶针杂岩、大田石英闪长岩体、黑么花岗岩体、田冲岩体等，以及众多基性和酸性岩脉。在晋宁-澄江运动之后，康滇地轴又经历了历次构造岩浆事件，其中最为重要的是华力西末期以峨眉山地幔柱活动为代表的裂谷事件，形成了分布广泛的二叠纪玄武岩、辉长岩、闪长岩、花岗岩、正长岩等，之后，三叠纪花岗岩分布亦较为广泛。尽管前人研究较多，但均从基础地质角度进行研究，没有从构造-岩浆演化与铀成矿之间的关系进行深入研究。到目前为止，在康滇地轴，发现新元古代构造-岩浆事件与铀成矿关系密切，其他构造-岩浆活动与铀成矿之间的关系尚不清楚，即便新元古代铀成矿作用与构造岩浆事件的关系研究也仅是初步的探讨，两者之间的耦合关系还需要进一步深入研究。

2. 康滇地轴新元古代构造-岩浆-变质作用与铀成矿系统研究

目前认为，康滇地轴新元古代铀成矿是最为重要的一次铀成矿作用，形成了以粗粒晶质铀矿为代表的特富铀矿。前期研究了典型铀矿点的地质特征，并对年代学进行了探讨，但对特富铀矿形成机理和就位机制、控矿因素的研究不够深入，对新元古代铀成矿理论的深化受到制约。因此，在前期对特富铀矿成矿特征与控矿因素研究的基础上，将已发现的众多不同类型铀矿化点对应在构造建造的形成演化过程中，研究其形成作用、控矿要素和成矿规律，从区域尺度对产于元古界混合岩中的特富铀矿进行深入研究与对比，深入查明特富铀矿与混合岩、基性岩脉、钠长岩、构造与热液蚀变等之间的相互关系，揭示特富铀矿的形成机理，建立特富铀矿的成矿模式，结合保矿条件研究，指出该类型矿床的找矿方向，为区内的铀矿工作部署及找矿勘查提供依据。

3. 康滇地轴及周缘铀多金属矿成矿机理研究

康滇地轴及周缘矿产资源丰富，铀多金属矿类型多样，具有综合利用的潜力。总体来看，康滇地轴及周缘铀多金属矿具有分带特征，西部为铀稀有分散元素组合；中部为铀铁铜多金属组合；东部为铀铜多金属组合。对康滇地轴及周缘产于不同地层岩性中的铀多金属矿进行深入研究，查明铀多金属矿在空间上的分布规律和控矿因素，揭示铀多金属矿形成机理及耦合关系，建立铀多金属矿的成矿模式，指出该类型矿床的找矿方向，划出找矿靶区，为工作部署及找矿勘查提供依据。

4. 康滇地轴不整合面型铀成矿机理研究及潜力评价

康滇地轴是我国元古宙地层非常发育的地区，有结晶基底、褶皱基底和多个盖层，发育多个不整合面，是进行不整合面型铀矿研究的理想地区。新元古代与古-中元古代变质基底之间的不整合面、震旦系与前震旦系之间的不整合面，三叠系与前三叠系之间的不整合面，不整合面附近有多个铀矿（化）点，是康滇地轴乃至我国不整合面型铀矿找矿条件较好的地区。前人仅做过初步的调查评价，没有进行深入研究。康滇地轴不同时期不整合面的形成与空间展布特征也是一项重要研究内容，从基础地质、岩性、构造，已有铀矿点的解剖等方面对不整合面型铀矿进行研究，同时，借鉴国外不整合面型铀矿的控矿因素进行研究，建立符合我国地质实际的不整合面型铀矿成矿理论和找矿模型，为该区铀矿找矿提供支持。

5. 康滇地轴及周缘盆地形成演化和铀成矿潜力评价

康滇地轴富铀岩层和铀矿化点都是古老的，在后期多次隆升和风化剥蚀过程中，为不同时期的相邻盆地提供了重要的物源和铀源，对周缘盆地砂岩型铀矿勘查评价方向及选区具有重要意义。在研究康滇地轴隆升剥蚀对周缘盆地影响研究方面不限于中新生代盆地，一些古老的盆地沉积（尽管现在已不是盆地，但在历史上仍然是盆地）也要重视。在对前人资料进行收集和综合研究基础上，通过典型剖面研究及放射性调查，确定康滇地轴及周缘盆地铀成矿条件良好的地区及层位，并进行深入研究。通过与已有典型产铀盆地进行对比，探讨楚雄盆地、剑川盆地砂岩型铀矿的成矿潜力，揭示可能的铀成矿控矿因素。本书重点研究楚雄盆地和剑川盆地，同时其他盆地也要有所关注，如西昌盆地、会理盆地。

6. 康滇地轴及周缘铀成矿理论构建和靶区优选

在前人研究基础上，通过本书的系统研究，揭示康滇地轴构造建造演化与铀成矿作用，查明不同类型铀矿与构造建造时空关系，揭示康滇地轴不整合面型铀矿成矿机理及潜力，揭示康滇地轴形成演化与周缘盆地耦合关系并初步确定盆地铀找矿方向，建立康滇地轴铀成矿理论，优选铀成矿类型，圈定铀成矿靶区，为康滇地轴及周缘铀矿找矿提供科学支撑。

总之，康滇地轴是新元古代铀成矿研究的理想之地，需要不断进行研究，使得新元古代铀成矿作用更加清晰、新元古代铀成矿理论更加完善，为我国铀成矿理论发展和铀矿找矿事业做出贡献。

参 考 文 献

柏勇，徐争启，秦琪瑞，等，2019. 攀枝花大田地区辉绿岩脉/花岗质岩脉年代学特征及其地质意义[J]. 铀矿地质，35（2）：80-87，128.

蔡从定，2006. 大红山铜矿两类斑岩及其与矿床成因关系[J]. 云南地质（4）：418-420.

蔡煜琦，张金带，李子颖，等，2015. 中国铀矿资源特征及成矿规律概要[J]. 地质学报，89（6）：1051-1069.

常丹，2016. 四川米易县海塔地区混合岩型铀矿地质地球化学特征[D]. 成都：成都理工大学.

陈繁荣，沈渭洲，王德滋，等，1990. 1220铀矿田同位素地球化学和矿床成因研究[J]. 大地构造与成矿学（1）：69-77.

陈峰，颜丹平，邱亮，等，2019. 江南造山带西南段摩天岭穹隆脆韧性剪切与铀成矿作用[J]. 岩石学报，35（9）：2637-2659.

陈金勇，范洪海，王生云，等，2016. 纳米比亚欢乐谷地区白岗岩型铀矿成矿物质来源分析[J]. 地质学报，90（2）：219-230.

陈骏，陆建军，陈卫锋，等，2008. 南岭地区钨锡铌钽花岗岩及其成矿作用[J]. 高校地质学报，14（4）：459-473.

陈岳龙，罗照华，赵俊香，等，2004. 从锆石SHRIMP年龄及岩石地球化学特征论四川冕宁康定杂岩的成因[J]. 中国科学（D辑：地球科学）（8）：687-697.

陈正乐，陈柏林，潘家永，等，2015. 江西相山铀矿床成矿规律总结研究[M]. 北京：地质出版社.

崔晓庄，江新胜，王剑，等，2013. 滇中新元古代澄江组层型剖面锆石U-Pb年代学及其地质意义[J]. 现代地质，2013，27（3）：547-556.

邓明国，2007. 新平大红山—元江撮科铜铁多金属成矿系列及成矿预测[D]. 昆明：昆明理工大学.

窦小平，时燕华，吴赞华，等，2015. 江西相山铀矿田构造控矿规律研究[J]. 地质与勘探，51（5）：879-887.

杜乐天，王玉明，1984. 华南花岗岩型、火山岩型、碳硅泥岩型、砂岩型铀矿成矿机理的统一性[J]. 放射性地质（3）：1-10.

段宏波，汪寿阳，2019. 中国的挑战：全球温控目标从2℃到1.5℃的战略调整[J]. 管理世界，35（10）：50-63.

方维萱，柳玉龙，张守林，等，2009. 全球铁氧化物铜金型（IOCG）矿床的3类大陆动力学背景与成矿模式[J]. 西北大学学报（自然科学版）（3）：404-413.

冯明月，1996. 商丹地区产铀伟晶岩成因讨论[J]. 铀矿地质（1）：30-36.

葛良胜，邓军，郭晓东，等，2009. 哀牢山多金属矿集区深部构造与成矿动力学[J]. 中国科学（D辑：地球科学）（3）：271-284.

耿元生，杨崇辉，王新社，等，2007. 扬子地台西缘结晶基底的时代[J]. 高校地质学报（3）：429-441.

耿元生，柳永清，高林志，等，2012. 扬子克拉通西南缘中元古代通安组的形成时代——锆石LA-ICP-MSU-Pb年龄[J]. 地质学报，86（9）：1479-1490.

耿元生，旷红伟，柳永清，等，2017. 扬子地块西、北缘中元古代地层的划分与对比[J]. 地质学报，91（10）：2151-2174.

关俊雷，郑来林，刘建辉，等，2011. 四川省会理县河口地区辉绿岩体的锆石SHRIMPU-Pb年龄及其地

　　质意义[J]. 地质学报, 85 (4): 482-490.

郭葆墀, 钱法荣, 1997. 康滇地轴中南段铀成矿条件及远景分析[J]. 铀矿地质, 13 (4): 202-208.

郭锐, 2020. 云南牟定县戌街地区黄草坝岩体地球化学特征与成岩时代[D]. 成都: 成都理工大学.

郭阳, 王生伟, 孙晓明, 等, 2014. 扬子地台西南缘古元古代末的裂解事件——来自武定地区辉绿岩锆石 U-Pb 年龄和地球化学证据[J]. 地质学报, 88 (9): 1651-1665.

郝杰, 翟明国, 2004. 罗迪尼亚超大陆与晋宁运动和震旦系[J]. 地质科学 (1): 139-152.

侯林, 丁俊, 邓军, 等, 2013. 滇中武定迤纳厂铁铜矿床磁铁矿元素地球化学特征及其成矿意义[J]. 岩石矿物学杂志, 32 (2): 154-166.

胡瑞忠, 毕献武, 苏文超, 等, 2004. 华南白垩—第三纪地壳拉张与铀成矿的关系[J]. 地学前缘 (1): 153-160.

胡瑞忠, 骆金诚, 陈佑纬, 等, 2019. 华南铀矿床研究若干进展[J]. 岩石学报, 35 (9): 2625-2636.

蒋少涌, 王春龙, 张璐, 等, 2021. 伟晶岩型锂矿中矿物原位微区元素和同位素示踪与定年研究进展[J]. 地质学报, 95 (10): 3017-3038.

金景福, 倪师军, 胡瑞忠, 1992. 302 铀矿床热液脉体的垂直分带及其成因探讨[J]. 矿床地质 (3): 252-258.

卡什帕尔, 1974. 晶质铀矿形成的热动力条件[J]. 国外放射性地质 (6): 26-31.

李复汉, 覃嘉铭, 申玉莲, 等, 1988. 康滇地区的前震旦系[M]. 重庆: 重庆出版社.

李巨初, 2009. 试论砂岩型铀矿成矿机制和成矿作用动力学问题[J]. 铀矿地质, 25 (3): 129-136.

李巨初, 罗朝文, 童运福, 1996. 康滇地轴中南段元古宙主要铀矿化类型及其成矿远景初步探讨[J]. 物探化探计算技术 (S5): 94-98.

李三忠, 王光增, 索艳慧, 等, 2019. 板块驱动力: 问题本源与本质[J]. 大地构造与成矿学, 43 (4): 605-643.

李莎莎, 2011. 四川攀枝花 505 地区混合岩地球化学特征及其与铀成矿关系[D]. 成都: 成都理工大学.

李献华, 周汉文, 李正祥, 等, 2002. 川西新元古代双峰式火山岩成因的微量元素和 Sm-Nd 同位素制约及其大地构造意义[J]. 地质科学 (3): 264-276.

李献华, 祁昌实, 刘颖, 等, 2005. 扬子块体西缘新元古代双峰式火山岩成因: Hf 同位素和 Fe/Mn 新制约[J]. 科学通报 (19): 109-114.

李耀菘, 朱杰辰, 夏毓亮, 1995. 锆石特征及铀含量在铀成矿远景评价中的意义[J]. 中国核科技报告 (0): 283-297.

李勇, 苏春乾, 刘继庆, 1999. 东秦岭造山带钠长岩的特征、成因及时代[J]. 岩石矿物学杂志 (2): 26-32.

李子颖, 李秀珍, 林锦荣, 1999. 试论华南中新生代地幔柱构造、铀成矿作用及其找矿方向[J]. 铀矿地质 (1): 10-18, 35.

李子颖, 秦明宽, 范洪海, 等, 2021. 我国铀矿地质科技近十年的主要进展[J]. 矿物岩石地球化学通报, 40 (4): 845-857, 1001.

林广春, 李献华, 李武显. 2006. 川西新元古代基性岩墙群的 SHRIMP 锆石 U-Pb 年龄、元素和 Nd-Hf 同位素地球化学: 岩石成因与构造意义[J]. 中国科学 (D 辑: 地球科学) (7): 630-645.

凌其聪, 刘丛强, 2001. 水-岩反应与稀土元素行为[J]. 矿物学报 (1): 107-114.

刘家铎, 张成江, 刘显凡, 等, 2004. 扬子地台西南缘成矿规律及找矿方向[M]. 北京: 地质出版社.

刘晓东, 庄廷新, 陈德兵, 等, 2021. 辽东前寒武系铀矿床成矿模式及找矿方向[J]. 铀矿地质, 37 (3): 446-454.

刘学龙, 李文昌, 张娜, 等, 2018. 滇西北普朗斑岩铜矿与成矿有关的花岗岩与全球埃达克岩的对比: 大数据研究的初步结果[J]. 岩石学报, 34 (2): 289-302.

陆怀鹏，徐士进，王汝成，等，1999. 川西沙坝麻粒岩原岩特征及变质作用[J]. 南京大学学报（自然科学版）（3）：48-54.

陆松年，李怀坤，陈志宏，2003. 塔里木与扬子新元古代热-构造事件特征、序列和时代——扬子与塔里木连接（YZ-TAR）假设[J]. 地学前缘（4）：321-326.

罗朝文，王剑锋，1990. 铀成矿原理[M]，北京：原子能出版社.

罗一月，魏明基，马光中，1998. 浅析康滇地轴构造运动与铀成矿的关系[J]. 铀矿地质，14（2）：72-81.

牟传龙，周名魁，1998. 四川会理—会东及邻区中元古代的岩相古地理格局[J]. 特提斯地质（00）：32-43.

倪师军，张成江，徐争启，等，2014. 西南地区重大地质事件与铀成矿作用[M]. 北京：地质出版社.

聂逢君，陈安平，胡青华，等，2007. 内蒙古二连盆地早白垩世砂岩型铀矿目的层时代探讨[J]. 地层学杂志（3）：272-279.

聂逢君，严兆彬，夏菲，等，2021. 砂岩型铀矿的"双阶段双模式"成矿作用[J]. 地球学报，42（6）：823-848.

欧阳鑫东，2017. 四川攀枝花大田 505 铀矿地球化学特征及成因探讨[D]. 成都：成都理工大学.

潘杏南，赵济湘，张选阳，等，1987. 康滇构造与裂谷作用[M]. 重庆：重庆出版社.

庞维华，任光明，孙志明，等，2015. 扬子地块西缘古—中元古代地层划分对比研究：来自通安组火山岩锆石 U-Pb 年龄的证据[J]. 中国地质，42（4）：921-936.

漆富成，张字龙，李治兴，等，2012a. 中国黑色岩系非常规铀资源及其开发利用前景[J]. 世界核地质科学，29（4）：187-191，198.

漆富成，张字龙，李治兴，等，2012b. 中国碳硅泥岩型铀矿床时空演化规律[J]. 铀矿地质，28（2）：65-71.

祁家明，赖静，刘斌，等，2020. 粤北花岗岩型铀矿盆岭耦合成矿作用与成矿动力学背景制约[J]. 地质论评，66（S1）：137-138.

钱锦和，沈远仁，1990. 云南大红山古火山岩铁铜矿[M]. 北京：地质出版社.

秦明宽，赵凤民，何中波，等，2009. 二连盆地与蒙古沉积盆地砂岩型铀矿成矿条件对比[J]. 铀矿地质，25（2）：78-84.

秦明宽，何中波，刘章月，等，2017. 准噶尔盆地砂岩型铀矿成矿环境与找矿方向研究[J]. 地质论评，63（5）：1255-1269.

曲晓明，辛洪波，杜德道，等，2013. 西藏班公湖-怒江缝合带中段 A-型花岗岩的岩浆源区与板片断离[J]. 地质学报，87（6）：759-772.

屈李鹏，2019. 四川米易地区顶针杂岩地球化学特征及成岩时代[D]. 成都：成都理工大学.

冉崇英，刘卫华，1993. 康滇地轴铜矿床地球化学与矿床层楼结构机理[M]. 北京：科学出版社.

任光明，庞维华，潘桂棠，等，2017. 扬子陆块西缘中元古代菜子园蛇绿混杂岩的厘定及其地质意义[J]. 地质通报，36（11）：2061-2075.

沈才卿，赵凤民，2014. 八面体晶质铀矿的人工合成实验研究[J]. 铀矿地质，30（4）：252-256.

沈立成，刘洁，张萌，等，2002. 四川会理小青山地区钠长（石）岩成因初探[J]. 沉积与特提斯地质（3）：60-68.

沈苏，金明霞，陆元法，1988. 西昌—滇中地区主要矿产成矿规律及找矿方向[M]. 重庆：重庆出版社.

沈渭洲，陈繁荣，刘昌实，等，1992. 江西两类火山侵入杂岩的同位素地球化学特征和物质来源[J]. 岩石学报，8（2）：177-184.

沈渭洲，凌洪飞，徐士进，等，2000. 扬子板块西缘北段新元古代花岗岩类的地球化学特征和成因[J]. 地质论评（5）：512-519.

宋昊，2014. 扬子地块西南缘前寒武纪铜-铁-金-铀多金属矿床及区域成矿作用[D]. 成都：成都理工大学.

宋昊，徐争启，宋世伟，等，2019. 桂西大新-钦甲地区辉绿岩脉地球化学与锆石 U-Pb 同位素年代学及对碳硅泥岩型铀矿床成因的启示[J]. 岩石学报，35（9）：2845-2863.

田建民，徐争启，尹明辉，等，2020. 临沧地区富铀花岗岩体地球化学特征及其地质意义[J]. 物探与化探，44（5）：1103-1115.

田兰兰，宋昊，张成江，等，2016. 四川拉拉 IOCG 型铜矿床成矿特征[J]. 现代矿业，32（7）：123-126.

涂颖，蒋孝君，任志勇，等，2022. 鄂尔多斯盆地苏台庙地区砂岩地球化学环境和常量元素特征及对铀成矿的指示意义[J]. 地质与勘探，58（1）：61-72.

汪刚，2016. 云南牟定地区混合岩特征及铀成矿作用[D]. 成都：成都理工大学.

汪云亮，张成江，修淑芝，2001. 玄武岩类形成的大地构造环境的 Th/Hf—Ta/Hf 图解判别[J]. 岩石学报，17（3）：413-421.

王秉璋，潘彤，任海东，等，2021. 东昆仑祁漫塔格寒武纪岛弧：来自拉陵高里河地区玻安岩型高镁安山岩/闪长岩锆石 U-Pb 年代学、地球化学和 Hf 同位素证据[J]. 地学前缘，28（1）：318-333.

王德滋，刘昌实，沈渭洲，等，1991. 江西东乡-相山中生代 S 型火山岩带的发现及其地质意义[J]. 科学通报（19）：1491-1493.

王鼎云，刘凤祥，1993. 康滇地轴南段前寒武系铀成矿地质特征[J]. 云南地质（1）：82-91.

王冬兵，尹福光，孙志明，等，2013. 扬子陆块西缘古元古代基性侵入岩 LA-ICP-MS 锆石 U-Pb 年龄和 Hf 同位素及其地质意义[J]. 地质通报，32（4）：617-630.

王汾连，赵太平，陈伟，2012. 铌钽矿研究进展和攀西地区铌钽矿成因初探[J]. 矿床地质，31（2）：293-308.

王凤岗，姚建，2020. 云南牟定地区巨粒晶质铀矿成因新认识：一种与钠长岩有关的新型铀矿化[J]. 地质论评，66（3）：739-754.

王凤岗，孙悦，姚建，等，2017. 四川省米易县海塔地区石英脉中巨粒晶质铀矿特征研究[J]. 世界核地质科学，34（4）：187-193，216.

王凤岗，姚建，吴玉，等，2020. 四川攀枝花大田地区铀矿化透镜地质体特征、成因及其对深源铀成矿的启示[J]. 中国地质：1-22.

王红军，李巨初，薛钧月，2009. 康滇地轴新元古代成矿作用与罗迪尼亚超大陆[J]. 世界核地质科学，26（2）：81-86.

王惠初，康健丽，肖志斌，等，2018. 华北克拉通新太古代板块俯冲作用：来自山西云中山地区变质高镁火成岩组合的证据[J]. 岩石学报，34（4）：1099-1118.

王鲲，邓江洪，郝锡荦，2020. 铀的地球化学性质与成矿——以华南铀成矿省为例[J]. 岩石学报，36（1）：35-43.

王汝植，徐星琪，赵裕亭，等，1988. 西昌—滇中地区沉积盖层及其地史演化[M]. 重庆：重庆出版社.

王生伟，廖震文，孙晓明，等，2013. 云南东川铜矿区古元古代辉绿岩地球化学——Columbia 超级大陆裂解在扬子陆块西南缘的响应[J]. 地质学报，87（12）：1834-1852.

王生伟，蒋小芳，杨波，等，2016. 康滇地区元古宙构造运动I：昆阳陆内裂谷，地幔柱及其成矿作用[J]. 地质论评，62（6）：1353-1377.

王伟，卢桂梅，黄思访，等，2019. 扬子陆块古-中元古代地质演化与 Columbia 超大陆重建[J]. 矿物岩石地球化学通报，38（1）：30-52，203.

王冶，2015. 云南元江岔河铜矿床地质地球化学特征及成因探讨[D]. 成都：成都理工大学.

王勇剑，林锦荣，胡志华，等，2021. 相山铀矿田邹家山矿床英安斑岩脉锆石 U-Pb 年代学、地球化学、Hf 同位素组成及其地质意义[J]. 地球科学，46（1）：31-42.

巫建华，劳玉军，谢国发，等，2017. 江西相山铀矿田火山岩系地层学、年代学特征及地质意义[J]. 中国地质，44（5）：974-992.

吴迪，刘永江，李伟民，等，2020. 辽东铀成矿带连山关地区韧性剪切带与铀成矿作用[J]. 岩石学报，36（8）：2571-2588.

吴福元，杨进辉，柳小明，等，2005. 冀东3.8Ga锆石Hf同位素特征与华北克拉通早期地壳时代[J]. 科学通报（18）：70-77.

吴福元，李献华，郑永飞，等，2007. Lu-Hf同位素体系及其岩石学应用[J]. 岩石学报（2）：185-220.

吴懋德，段锦荪，1990. 云南昆阳群地质[M]. 昆明：云南科学技术出版社.

吴泰然，1991. 玄武岩的构造环境判别[J]. 岩石学报（3）：81-87.

武希彻，段锦荪，1982. 元谋姜驿大红山亚群地层、岩石特征及其时代的讨论[J]. 云南地质（2）：112-128，0211，212.

武勇，秦明宽，郭冬发，等，2020. 康滇地轴中南段牟定1101铀矿区沥青铀矿成矿时代及成因[J]. 地球科学，45（2）：419-433.

夏林圻，夏祖春，张诚，等，1992. 相山高位岩浆房分异机制和演化[J]. 岩石学报（3）：205-221，303.

谢家莹，陶奎元，1996. 中国东南大陆中生代火山地质及火山-侵入杂岩[M]. 北京：地质出版社.

熊国庆，江新胜，崔晓庄，等，2013. 扬子西缘元古宙峨边群烂包坪组地层归属及其锆石SHRIMPU-Pb年代学证据[J]. 地学前缘，20（4）：350-360.

胥德恩，1992a. 康滇地轴地壳演化与铀成矿作用探讨[J]. 铀矿地质（6）：348-353，378.

胥德恩，1992b. 康滇地轴铀矿物年龄的地质意义[J]. 四川地质学报（4）：329-333.

徐进，李余华，1993. 从元江岔河变质岩系的放射性元素分布看其层位归属[J]. 云南地质（1）：31-33.

徐争启，倪师军，张成江，等，2014. 桂北摩天岭地区花岗岩体特征与铀成矿作用[M]. 北京：科学出版社.

徐争启，张成江，陈友良，等，2015. 攀枝花大田含铀滚石特征及其意义[J]. 矿物学报，35（S1）：357.

徐争启，欧阳鑫东，张成江，等，2017a. 电子探针化学测年在攀枝花大田晶质铀矿中的应用及其意义[J]. 岩矿测试，36（6）：641-648.

徐争启，张成江，欧阳鑫东，等，2017b. 攀枝花大田铀矿床年代学特征及其意义[J]. 铀矿地质，33（5）：280-287.

徐争启，陈欢，宋昊，等，2019a. 云南牟定戌街地区铀矿化特征及成因探讨[J]. 物探化探计算技术，41（2）：241-249.

徐争启，宋昊，尹明辉，等，2019b. 华南地区新元古代花岗岩铀成矿机制——以摩天岭花岗岩为例[J]. 岩石学报，35（9）：2695-2710.

许远平，李银彬，张文宽，1995. 拉拉式火山沉积铜矿床的微量元素特征及其找矿意义[J]. 地质地球化学（6）：5-9.

薛力，2008. 核能与天然气：后京都时代中国能源的关键[J]. 世界经济与政治（9）：63-73，5.

鄢全树，2008. 南海新生代碱性玄武岩的特征及其地球动力学意义[D]. 北京：中国科学院研究生院（海洋研究所）.

杨凤超，孙景贵，宋运红，等，2016. 辽东连山关地区新太古代花岗杂岩SHRIMPU-Pb年龄、Hf同位素组成及地质意义[J]. 地球科学，41（12）：2008-2018.

杨时惠，阚梅英，1987. 西昌—滇中地区磁铁矿特征及其矿床成因[M]. 重庆：重庆出版社.

杨应选，仇定茂，阚梅英，等，1988. 西昌-滇中前寒武系层控铜矿[M]. 重庆：重庆出版社.

尧宏福，张全傅，2017. 甘肃红石泉铀矿床晶质铀矿电子探针化学定年[J]. 世界有色金属（6）：94-95.

姚建，2014. 攀枝花市大田地区混合岩成因研究[D]. 成都：成都理工大学.

姚建，李巨初，周君，等，2017. 四川攀枝花大田地区混合岩LA-ICP-MS锆石U-Pb测年及其地质意义[J]. 地质通报，36（2-3）：381-391.

姚莲英，仉宝聚，2014. 相山热液铀矿床实验地球化学[M]. 北京：中国原子能出版社.

伊海生，林金辉，赵西西，等，2008. 西藏高原沱沱河盆地渐新世—中新世湖相碳酸岩稀土元素地球化学特征与正铈异常成因初探[J]. 沉积学报（1）：1-10.

衣龙升，范宏瑞，翟明国，等，2016. 新疆白杨河铍铀矿床萤石 Sm-Nd 和沥青铀矿 U-Pb 年代学及其地质意义[J]. 岩石学报，32（7）：2099-2110.

尹福光，孙志明，张璋，2011. 会理—东川地区中元古代地层-构造格架[J]. 地质论评，57（6）：770-778.

尹福光，孙志明，任光明，等，2012a. 上扬子陆块西南缘早—中元古代造山运动的地质记录[J]. 地质学报，86（12）：1917-1932.

尹福光，王冬兵，孙志明，等，2012b. 哥伦比亚超大陆在扬子陆块西缘的探秘[J]. 沉积与特提斯地质，32（3）：31-40.

尹明辉，徐争启，宋昊，等，2021. 康滇地轴大田地区铀成矿与重大地质事件[J]. 地质与勘探，57（1）：14-29.

于炳松，乐昌硕，1998. 沉积岩物质成分所蕴含的地球深部信息[J]. 地学前缘（3）：105-112.

余驰达，2016. 相山邹家山铀矿床地球化学研究[D]. 上海：东华理工大学.

余达淦，1992. 中国东南部火山岩型铀矿成矿构造环境、岩浆岩体系、成矿系列及成矿模式[J]. 华东地质学院学报（1）：11-22.

喻星星，张建新，2016. 北祁连香子沟榴辉岩相变沉积岩的锆石 U-Pb 年代学、Hf 同位素特征及其地质意义[J]. 岩石学报，32（5）：1437-1451.

喻亦林，刘凤祥，江铁英，等，2006. 云南铜矿天然放射性水平调查研究[J]. 有色金属（4）：132-137.

曾令森，Mihai，Jason，2005. 变泥质岩的深熔作用与具铈（Ce）负异常熔体的成因[J]. 岩石矿物学杂志（5）：425-430.

张成江，陈友良，李巨初，等，2015. 康滇地轴巨粒晶质铀矿的发现及其地质意义[J]. 地质通报，34（12）：2219-2226.

张诚，金景福，1987. 红石泉铀矿床铀的迁移形式及沉淀机制[J]. 西北地质科学（5）：65-74.

张传恒，高林志，武振杰，等，2007. 滇中昆阳群凝灰岩锆石 SHRIMPU-Pb 年龄：华南格林威尔期造山的证据[J]. 科学通报（7）：818-824.

张国良，江少卿，欧阳荷根，等，2010. 上地幔中的岩浆混合作用：东太平洋海隆 13°N 附近玄武岩高 Mg#橄榄石内熔体包裹体证据[J]. 科学通报，55（10）：907-922.

张辉，吕正航，唐勇，2019. 新疆阿尔泰造山带中伟晶岩型稀有金属矿床成矿规律、找矿模型及其找矿方向[J]. 矿床地质，38（4）：792-814.

张家辉，王惠初，田辉，等，2019. 华北克拉通怀安杂岩中"MORB"型高压基性麻粒岩的成因及其构造意义[J]. 岩石学报，35（11）：3506-3528.

张金带，2012. 中国北方中新生代沉积盆地铀矿勘查进展和展望[J]. 铀矿地质，28（4）：193-198.

张龙，李晓峰，王果，2020. 火山岩型铀矿床的基本特征、研究进展与展望[J]. 岩石学报，36（2）：575-588.

张旗，潘国强，李承东，等，2007. 花岗岩构造环境问题：关于花岗岩研究的思考之三[J]. 岩石学报（11）：2683-2698.

张旗，冉皞，李承东，2012. A 型花岗岩的实质是什么？[J]. 岩石矿物学杂志，31（4）：621-626.

张雄，祝新友，姜华，等，2021. 云南东川铜矿成矿特征与找矿方向[J]. 矿产勘查，12（4）：964-971.

赵凤民，2009. 中国碳硅泥岩型铀矿地质工作回顾与发展对策[J]. 铀矿地质，25（2）：91-97.

赵凤民，2012. 中国碳硅泥岩型铀矿特征与勘查问题[J]. 世界核地质科学，29（4）：192-198.

赵剑波，2018. 四川省攀枝花市大田铀矿床热液蚀变与铀成矿的关系[D]. 成都：成都理工大学.

郑建平，2005. 捕虏体麻粒岩锆石 U-Pb 年龄和铅同位素：华北地块下地壳的形成与再造[J]. 矿物岩石地球化学通报（1）：7-16.

郑玉文，2020. 康滇地轴中南段前震旦纪斜长角闪岩类地球化学特征及成岩时代[D]. 成都：成都理工大学.

钟家蓉，1983. 连山关地区下元古界中混合交代作用与铀成矿的关系[J]. 矿床地质（2）：77-86.

周邦国，林明，郭阳，等，2013. 会东-东川地区平顶山组金矿化层位与找矿方向[J]. 沉积与特提斯地质，33（1）：93-98.

周家云，王越，毛景文，等，2011. 扬子地台西缘河口群钠长岩锆石 SHRIMP 年龄及岩石地球化学特征[J]. 矿物岩石，31（3）：66-73.

周名魁，刘俨然，1988. 西昌——滇中地区地质构造特征及地史演化[M]. 重庆：重庆出版社.

朱华平，范文玉，周邦国，等，2011. 论东川地区前震旦系地层层序：来自锆石 SHRIMP 及 LA-ICP-MS 测年的证据[J]. 高校地质学报，17（3）：452-461.

朱志敏，2011. 拉拉铁氧化物铜金矿：成矿时代和金属来源[D]. 成都：成都理工大学.

卓皆文，江新胜，王剑，等，2015. 川西新元古代苏雄组层型剖面底部豆状熔结凝灰岩 LA-ICP-MS 锆石 U-Pb 年龄及其地质意义[J]. 沉积与特提斯地质，35（4）：85-91.

卓皆文，江卓斐，江新胜，等，2017. 川西新元古代苏雄组层型剖面 SHRIMP 锆石 U-Pb 年龄及其地质意义[J]. 地质论评，63（1）：177-188.

邹才能，何东博，贾成业，等，2021. 世界能源转型内涵、路径及其对碳中和的意义[J]. 石油学报，42（2）：233-247.

左立波，任军平，邱京卫，等，2015. 纳米比亚罗辛铀矿床地质特征、地球化学特征及成矿模式[J]. 地质找矿论丛，30（S1）：137-145，180.

Aldanmaz E，Pearce J A，Thirlwall M F，et al.，2000. Petrogenetic evolution of late Cenozoic，postcollision volcanism in western Anatolia，Turkey[J]. Journal of volcanology and geothermal research，102（1-2）：67-95.

Amelin Y，Lee D C，Halliday A N et al.，1999. Nature of the Earth's earliest crust from hafnium，isotopes in single detrital zircons[J]. Nature，399：252-255.

Amelin Y，Lee D C，Halliday A N，2000. Early middle Archean crutal evolution deduced from Lu-Hf and U-Pb isotopic studies of single zircon grains[J]. Geochim. Cosmochim. Acta，64：4205-4225.

Anders E，Grevesse N. 1989. Abundances of the elements：Meteoritic and solar[J]. Geochimica et Cosmochimica acta，53（1）：197-214.

Belousova E A，Griffin W L，OReilly S Y，2006. Zircon crystal morphology，trace element signatures and Hf isotope composition as a tool for petrogenetic modelling：Examples from Eastern Australian granitoids[J]. Journal of Petrology，47（2）：329-353.

Bodet F，Schor C U，2000. Evolution of the Se-Asian continent from U-Pb and Hf isotopes in singles of zircon and baddeleyite from laege rivers[J]. Geochim. Cosmochim. Acta.，64：2067-2091.

Burov E，Gerya T，2014. Asymmetric three-dimensional topography over mantle plumes[J]. Nature，513（7516）：85-89.

Carlson，R W，1995. Isotopic inferences on the chemical structure of the mantle. J. Geodynamics，20（4）：365-386.

Chen H，2013. External sulphur in IOCG mineralization：Implications on definition and classification of the IOCG clan[J]. Ore Geology Reviews，51：74-78.

Cheng L，Zhang C，Song H，et al.，2021. In-Situ LA-ICP-MS uraninite U-Pb dating and genesis of the Datian migmatite-hosted uranium deposit，South China[J]. Minerals，11（10）：1098.

Cheng Y, Mao J, 2010. Age and geochemistry of granites in Gejiu area, Yunnan province, SW China: Constraints on their petrogenesis and tectonic setting[J]. Lithos, 120 (3-4): 258-276.

Condie K C, 2001. Continental growth during formation of Rodinia at 1. 35-0. 9 Ga[J]. Gondwana Research, 4 (1): 5-16.

Constantopoulos J, 1988. Fluid inclusions and rare-earth element geochemistry of fluorite from South-Central Idaho[J]. Economic Geology, 83: 626-636.

Courtney-Davies L, Ciobanu C L, Verdugo-Ihl M R, et al., 2020. ~1760 Ma magnetite-bearing protoliths in the Olympic Dam deposit, South Australia: Implications for ore genesis and regional metallogeny[J]. Ore Geology Reviews, 118: 103337.

Cuney M, 2009. The extreme diversity of uranium deposits[J]. Mineralium Deposita, 44 (1): 3-9.

Cuney M, 2010. Evolution of uranium fractionation processes through time: Driving the secular variation of uranium deposit types[J]. Economic Geology, 105 (3): 553-569.

Dalziel I W D, 1997. OVERVIEW: Neoproterozoic-Paleozoic geography and tectonics: Review, hypothesis, environmental speculation[J]. Geological Society of America Bulletin, 109 (1): 16-42.

Desbarats A J, Percival J B, Venance K E, 2016. Trace element mobility in mine waters from granitic pegmatite U-Th-REE deposits, Bancroft area, Ontario[J]. Applied Geochemistry, 67: 153-167.

Erdmann S, Wang R, Huang F, et al., 2019. Titanite: A potential solidus barometer for granitic magma systems[J]. Comptes Rendus Geoscience, 351 (8): 551-561.

Ernst R E, Wingate M T D, Buchan K L, et al., 2008. Global record of 1600-700 Ma Large Igneous Provinces (LIPs): implications for the reconstruction of the proposed Nuna (Columbia) and Rodinia supercontinents[J]. Precambrian Research, 160 (1-2): 159-178.

Fan H P, Zhu W G, Li Z X, 2020. Paleo- to Mesoproterozoic magmatic and tectonic evolution of the southwestern Yangtze Block, south China: New constraints from ca. 1.7-1.5 Ga mafic rocks in the Huili-Dongchuan area[J]. Gondwana Research, 87: 248-262.

Fan H P, Zhu W G, Li Z X, et al., 2013. Ca. 1. 5 Ga mafic magmatism in South China during the break up of the supercontinent Nuna/Columbia: The Zhuqing Fe-Ti-V oxide ore bearing mafic intrusions in western Yangtze Block[J]. Lithos, 168: 85-98.

Fayek M, Cuney M, Mercadier J, 2021. Introduction to the thematic issue on exploration for global uranium deposits: In memory of T. Kurtis Kyser[J]. Mineralium Deposita, 56 (7): 1239-1244.

Frimmel H E, Schedel S, Brätz H, 2014. Uraninite chemistry as forensic tool for provenance analysis[J]. Applied Geochemistry, 48: 104-121.

Groves D I, Vielreicher R M, Goldfarb R J, et al., 2005. Controls on the heterogeneous distribution of mineral deposits through time[J]. Geological Society, London, Special Publications, 248 (1): 71-101.

Groves D I, Bierlein F P, Meinert L D, et al., 2010. Iron oxide copper-gold (IOCG) deposits through Earth history: Implications for origin, lithospheric setting, and distinction from other epigenetic iron oxide deposits[J]. Economic geology, 105 (3): 641-654.

Guo G, Bonnetti C, Zhang Z, et al., 2021. SIMS U-Pb dating of uraninite from the Guangshigou uranium deposit: Constraints on the paleozoic pegmatite-type uranium mineralization in North Qinling orogen, China[J]. Minerals, 11 (4), 402.

Haskin L A, 1984. Petrogenetic modellinguse of rare earth elements[J]. Developments in Geochemistry, 2: 115-152.

Hayden L A, Watson E B, Wark D A, 2008. A thermobarometer for sphene (titanite) [J]. Contributions to

Mineralogy and Petrology，155（4）：529-540.

Hazen R M，Ewing R C，Sverjensky D A，2009. Evolution of uranium and thorium minerals[J]. American Mineralogist，94（10）：1293-1311.

Hoffman P F，1991. Did the breakout of Laurentia turn Gondwanaland inside-out?[J]. Science，252（5011）：1409-1412.

Hoskin P W O，Schaltegger U，2003. The composition of zircon and igneous and metamorphic petrogenesis[J]. Reviews in Mineralogy and Geochemistry，53（1）：27-62.

Humayun M，Qin L，Norman M D，2004. Geochemical evidence for excess iron in the mantle beneath Hawaii[J]. Science，306（5693）：91-94.

Hunt J A，Baker T，Thorkelson D J，2007. A review of iron oxide copper-gold deposits，with focus on the Wernecke Breccias，Yukon，Canada，as an example of a non-magmatic end member and implications for IOCG genesis and classification[J]. Exploration and Mining Geology，16（3-4）：209-232.

Hutchinson R W，Blackwell J D，1984. Time，crustal evolution and generation of uranium deposits[J]. Uranium Geochemistry，Mineralogy，Geology，Exploration and Resources：89-100.

IAEA，2016. World distribution of uranium deposits（UDEPO）with uranium deposit classification：IAEA-TECDOC-1843[R]. International Atomic Energy Agency：Vienna，Swiss：1-3.

Jefferson C W，Thomas D J，Gandhi S S，et al.，2007. Unconformity-associated uranium deposits of the Athabasca Basin，Saskatchewan and Alberta[J]. Bulletin-geological Survey of Canada，588：23.

Jiang Z F，Cui X Z，Jiang X S，et al.，2016. New zircon U-Pb ages of the pre-Sturtian rift successions from the western Yangtze Block，South China and their geological significance[J]. International Geology Review：1-12.

Jochum K P，1996. Rhodium and other platinum group elements in carbonaceous chondrites[J]. Geochimica et Cosmochimica Acta，60（17）：3353-3357.

Kukkonen I T，Lauri L S，2009. Modelling the thermal evolution of a collisional Precambrian orogen：High heat production migmatitic granites of southern Finland[J]. Precambrian Research，168（3-4）：233-246.

Li Z M G，Chen Y C，Zhang Q W L，et al.，2021. U-Pb dating of metamorphic monazite of the Neoproterozoic Kang-Dian Orogenic Belt，southwestern China[J]. Precambrian Research，361：106262.

Li Z X，Zhang L，Powell C M A，1995. South China in Rodinia：Part of the missing link between Australia-East Antarctica and Laurentia?[J]. Geology，23（5）：407-410.

Li Z X，Zhang L，Powell C M A，1996. Positions of the East Asian cratons in the Neoproterozoic supercontinent Rodinia[J]. Australian Journal of Earth Sciences，43（6）：593-604.

Li Z X，Li X H，Kinny P D，et al.，1999. The breakup of Rodinia：did it start with a mantle plume beneath South China?[J]. Earth and Planetary Science Letters，173（3）：171-181.

Li Z X，Li X H，Kinny P D，et al.，2003. Geochronology of Neoproterozoic syn-rift magmatism in the Yangtze Craton，South China and correlations with other continents：Evidence for a mantle superplume that broke up Rodinia[J]. Precambrian Research，122（1-4）：85-109.

Ling W，Gao S，Zhang B，et al.，2003. Neoproterozoic tectonic evolution of the northwestern Yangtze craton，South China：Implications for amalgamation and break-up of the Rodinia Supercontinent[J]. Precambrian Research，122（1-4）：111-140.

Liu Z C，Wu F Y，Yang Y H，et al.，2012. Neodymium isotopic compositions of the standard monazites used in U Th Pb geochronology[J]. Chemical Geology，334：221-239.

Lu G，Wang W，Ernst R E，et al.，2019. Petrogenesis of Paleo-Mesoproterozoic mafic rocks in the southwestern Yangtze Block of South China: Implications for tectonic evolution and paleogeographic reconstruction[J]. Precambrian Research, 322: 66-84.

Maniar P D, Piccoli P M, 1989. Tectonic discrimination of granitoids[J]. Geological society of America bulletin, 1989, 101 (5): 635-643.

McKay A D, Miezitis Y, 2001. Australia's Uranium Resources, Geology and Development of Deposits[M]. Record 1. Canberra: Geoscience Australia.

McLean R N, 2001. The Sin Quyen iron oxide-copper-gold-rare earth oxide mineralization of North Vietnam[J]. Hydrothermal Iron Oxide Copper-gold & Related Deposits: A Global Perspective, 2: 293-301.

McLennan S M, Nance W B, Taylor S R, 1980. Rare earth element-thorium correlations in sedimentary rocks, and the composition of the continental crust[J]. Geochimica et Cosmochimica Acta, 44 (11): 1833-1839.

McMenamin M A S, McMenamin D L S, 1990. The Emergence of Animals the Cambrian Breakthrough[M]// The Emergence of Animals the Cambrian Breakthrough. Columbia: Columbia University Press.

Mercadier J, Cuney M, Lach P, et al., 2011. Origin of uranium deposits revealed by their rare earth element signature[J]. Terra Nova, 23 (4): 264-269.

Mercadier J, Annesley I R, McKechnie C L, et al., 2013. Magmatic and metamorphic uraninite mineralization in the western margin of the Trans-Hudson orogen (Saskatchewan, Canada): A uranium source for unconformity-related uranium deposits?[J]. Economic Geology, 108 (5): 1037-1065.

Middlemost E A K, 1994. Naming materials in the magma/igneous rock system[J]. Earth-science Reviews, 37 (3-4): 215-224.

Minter W E L, 1977. A sedimentological synthesis of placer gold, uranium and pyrite concentrations in Proterozoic Witwatersrand sediments[D]. Canadian Society of Petroleum Geologists, 801-829.

Morgan W J, 1971. Convection plumes in the lower mantle[J]. Nature, 230 (5288): 42-43.

Nash J T, Granger H C, Adams S S, 1981. Geology and concepts of genesis of important types of uranium deposits[J]. Economic Geology, 63-116.

Neal C R, Mahoney J J, Chazey W J, 2002. Mantle sources and the highly variable role of continental lithosphere in basalt petrogenesis of the Kerguelen Plateau and Broken Ridge LIP: results from ODP Leg 183[J]. Journal of Petrology, 43 (7): 1177-1205.

Oreskes N, Einaudi T, 1990. Origin of rare-earth elements-enriched hematite breccias at the Olympic Dam Cu-U-Au-Ag deposits, RoxbyDowns, South Australia[J]. Economic Geology, 85: 1-28.

Park J K, Buchan K L, Harlan S S, 1995. A proposed giant radiating dyke swarm fragmented by the separation of Laurentia and Australia based on paleomagnetism of ca. 780 Ma mafic intrusions in western North America[J]. Earth and Planetary Science Letters, 132: 129-139.

Pearce J A, 1982. Trace element characteristics of lavas from destructive plate boundaries[J]. Orogenic Andesites and Related Rocks: 528-548.

Pearce J A. 2008. Geochemical fingerprinting of oceanic basalts with applications to ophiolite classification and the search for Archean oceanic crust[J]. Lithos, 100 (1-4): 14-48.

Pearce J A. 2014. Immobile element fingerprinting of ophiolites[J]. Elements, 10 (2): 101-108.

Pearce J A, Cann J R, 1973 Tectonic setting of basic volcanic rocks determined using trace element analyses[J]. Earth and planetary science letters, 19 (2): 290-300.

Peccerillo A, Taylor S R, 1976. Geochemistry of Eocene calc-alkaline volcanic rocks from the Kastamonu area, northern Turkey[J]. Contributions to mineralogy and petrology, 58 (1): 63-81.

Pearce J A, Nony M J, 1979. Petrogenetic implications of Ti, Zr, Y, and Nb variations in Volcanic Rocks[J].

Contributions to Mineralogy and Petrology，69：33-47.

Pertermann M，Hirschmann M M，2003. Anhydrous partial melting experiment on MORB-like eclogites phase relations，phase composition and mineral-melt partitioning of major elements at 2-3GPa[J]. J Petrol，44：2173-2202.

Preiss W V，2000. The Adelaide Geosyncline of South Australia and its significance in Neoproterozoic continental reconstruction[J]. Precambrian Research，100：21-63.

Ran C，Liu W，Zhang Z，et al.，1995. Rifting cycle and storeyed texture of copper deposits and their geochemical evolution in Kangdian region[J]. Science in China（Scienctia Sinica）Series B，5（38）：606-612.

Robb L，2004. Introduction to Ore-Forming Processes[M]. Malden：Blackwell Publishing.

Rudnick R L，Gao S，2003. Composition of the continental crust[C]. The Crust，Treaties on Geochemistry，Oxford：Elsevier Pergamon，3：1-64.

Schreiber H D，Lauer H V，Thanyasir T，1980. The redox state of cerium in basaltic magmas：An experimental study of iron-cerium interaction in silicate melts[J] . Geochimica Cosmochimica Acta，44：1599-1612.

Shu S Y，Yang X Y，Liu L，et al.，2018. Dual geochemical characteristics for the basic intrusions in the Yangtze Block，South China：New evidence for the breakup of rodinia[J]. Minerals，8（6）：228.

Skirrow R G，Bastrakov E N，Barovich K，2006. Metals and fluids in IOCG systems of the Gawler Craton：Constraints from Nd，O，H and S isotopes[J]. Geochimica et Cosmochimica Acta，18（70）：A595.

Song H，Chi G，Zhang C，et al.，2020. Uranium enrichment in the Lala Cu-Fe deposit，Kangdian region，China：A new case of uranium mineralization associated with an IOCG system[J]. Ore Geology Reviews，121：103463.

Storey B C，1995. The role of mantle plumes in continental breakup：Case histories from Gondwanaland[J]. Nature，377（6547）：301-308.

Storey C D，Smith M P，2017. Metal source and tectonic setting of iron oxide-copper-gold（IOCG）deposits：Evidence from an in situ Nd isotope study of titanite from Norrbotten，Sweden[J]. Ore Geology Reviews，81：1287-1302.

Sun S S，McDonough W F，1989. Chemical and Isotopic Systematics of Oceanic Basalts：Implications for Mantle Composition and Processes[M]//Saunders A D，Norry M J，et al. Magmatism in the Ocean Basins. London：Special Publications.

Sylvester P J，1998. Post-collisional strongly peraluminous granites[J]. Lithos，45（1-4）：29-44.

Taylor S R，McLennan S M，1985. The Continental Crust：Its Composition and Evolution[M]. Oxford：Blackwell Scientific Publications.

Vervoort J D，Patchett P J，Gehrels G E，et al.，1996. Constraints on early earth differentiation from hafnium and neodymium isotopes[J]. Nature，379（6566）：624-627.

Walter M J，1998. Melting of garnet peridotite and the origin of komatiite and depleted lithosphere[J]. J Petrol，39：29-60.

Wang X，Zhou J，Qiu J，et al.，2004. Geochemistry of the Meso-to Neoproterozoic basic-acid rocks from Hunan Province，South China：Implications for the evolution of the western Jiangnan orogen[J]. Precambrian Research，135（1-2）：79-103.

Williams P J，Barton M D，Johnson D A，2005. Iron oxide copper-gold deposits：Geology，space-time distribution，and possible modes of origin[J]. Economic Geology，100th Anniversary Volume：371-405.

Williams P J，Corriveau L，Mumin A H，2010. "Magnetite-group" IOCGs with special reference to

Cloncurry (NW Queensland) and northern Sweden: Settings, alteration, deposit characteristics, fluid sources, and their relationship to apatite-rich iron ores[J]. Geological Association of Canada Short Course Notes, 20: 23-38.

Winchester J A, Floyd P A. 1977. Geochemical discrimination of different magma series and their differentiation products using immobile elements[J]. Chemical geology, 20: 325-343.

Wood D A, 1980. The application of a Th Hf Ta diagram to problems of tectonomagmatic classification and to establishing the nature of crustal contamination of basaltic lavas of the British Tertiary Volcanic Province[J]. Earth and planetary science letters, 50 (1): 11-30.

Wright J B. 1969, A simple alkalinity ratio and its application to questions of non-orogenic granite genesis[J]. Geological Magazine, 106 (4): 370-384.

Wu B, Wang R C, Yang J H, et al., 2016. Zr and REE mineralization in sodic lujavrite from the Saima alkaline complex, northeastern China: A mineralogical study and comparison with potassic rocks[J]. Lithos, 262: 232-246.

Wu F Y, Yang Y H, Xie L W, et al., 2006. Hf isotopic compositions of the standard zircons and baddeleyites used in U-Pb geochronology[J]. Chemical Geology: 105-126.

Xiang L, Wang R, Romer R L, et al., 2020. Neoproterozoic Nb-Ta-W-Sn bearing tourmaline leucogranite in the western part of Jiangnan Orogen: Implications for episodic mineralization in South China[J]. Lithos, 360: 105450.

Xie L, Wang R C, Chen J, et al., 2010. Mineralogical evidence for magmatic and hydrothermal processes in the Qitianling oxidized tin-bearing granite (Hunan, South China): EMP and (MC) -LA-ICPMS investigations of three types of titanite[J]. Chemical Geology, 276 (1-2): 53-68.

Xu L, Yang J, Ni Q, et al., 2018. Determination of Sm-Nd isotopic compositions in fifteen geological materials using laser ablation MC-ICP-MS and application to monazite geochronology of metasedimentary rock in the North China Craton[J]. Geostandards and Geoanalytical Research, 42 (3): 379-394.

Xu Z, Yin M, Chen Y, et al., 2021. Genesis of megacrystalline uraninite: A case study of the Haita Area of the western margin of the Yangtze Block, China[J]. Minerals, 11 (11): 1173.

Yin M, Xu Z, Song H, et al., 2021. Constraints of the geochemical characteristics of apatite on uranium mineralization in a uraninite-rich quartz vein in the Haita Area of the Kangdian region, China[J]. Geochemical Journal, 55 (5): 301-312.

Yin M, Zhang S, Xu Z, et al., 2022. Neoproterozoic uranium mineralization in the Kangdian region of the eastern Tibet Plateau, China[OL]. Geosystems and Geoenvironment, https://doi:org110.10161j.geogeo.2022.10035.

Yuan F, Jiang S Y, Liu J, et al., 2019. Geochronology and geochemistry of uraninite and coffinite: Insights into ore-forming process in the pegmatite-hosted uraniferous province, north qinling, central China[J]. Minerals, 9 (9): 552.

Zack T, Moraes R, Kronz A, 2004. Temperature dependence of Zr in rutile: Empirical calibration of a rutile thermometer[J]. Contributions to Mineralogy and Petrology, 148 (4): 471-488.

Zhao X F, Zhou M F, Li J W, et al., 2010. Late Paleoproterozoic to early Mesoproterozoic Dongchuan Group in Yunnan, SW China: Implications for tectonic evolution of the Yangtze Block[J]. Precambrian Research, 182 (1-2): 57-69.

Zhao X, Zhou M, 2011. Fe-Cu deposits in the Kangdian region, SW China: A Proterozoic IOCG (iron-oxide-copper-gold) metallogenic province[J]. Mineralium Deposita, 46 (7): 731-747.

Zhong J，Guo Z，1988. The geological characteristics and metallogenetic control factors of the Lianshanguan uranium deposit，Northeast China[J]. Precambrian Research，39（1-2）：51-64.

Zhong J，Wang S Y，Gu D Z，et al.，2020. Geology and fluid geochemistry of the Na-metasomatism U deposits in the Longshoushan uranium metallogenic belt，NW China：Constraints on the ore-forming process[J]. Ore Geology Reviews，116：103214.

Zhou M F，Kennedy A K，Sun M，et al.，2002a. Neoproterozoic arc-related mafic intrusions along the Northern Margin of South China：Implications for the accretion of Rodinia. The Journal of Geology，110（5）：611-618.

Zhou M F，Yan D，Kennedy A K，et al.，2002b. SHRIMP U-Pb zircon geochronological and geochemical evidence for Neoproterozoic arc-magmatism along the western margin of the Yangtze Block，South China[J]. Earth and Planet Science Letters，196：51-67.